北京理工大学“双一流”建设精品出版工程

# Nonlinear Random Vibration
## Analytical Techniques and Applications

# 非线性随机振动
## 解析方法与应用

[美] 杜楚荣（Cho W. S. To）◎ 编著
靳艳飞 ◎ 译

北京理工大学出版社
BEIJING INSTITUTE OF TECHNOLOGY PRESS

**图书在版编目（CIP）数据**

非线性随机振动：解析方法与应用 /（美）杜楚荣编著；靳艳飞译. -- 北京：北京理工大学出版社，2025. 4.

ISBN 978-7-5763-5315-0

Ⅰ. O324

中国国家版本馆 CIP 数据核字第 2025UK0121 号

北京市版权局著作权合同登记号 图字：01-2025-0728

Nonlinear Random Vibration-Analytical Techniques and Applications, 2nd Edition

By Cho W. S. To / ISBN：9780415898973



**责任编辑**：钟　博　　**文案编辑**：钟　博

**责任校对**：周瑞红　　**责任印制**：李志强

**出版发行** / 北京理工大学出版社有限责任公司

**社　　址** / 北京市丰台区四合庄路 6 号

**邮　　编** / 100070

**电　　话** /（010）68944439（学术售后服务热线）

**网　　址** / http://www.bitpress.com.cn

**版 印 次** / 2025 年 4 月第 1 版第 1 次印刷

**印　　刷** / 北京虎彩文化传播有限公司

**开　　本** / 787 mm×1092 mm　1/16

**印　　张** / 12

**字　　数** / 252 千字

**定　　价** / 88.00 元

**图书出现印装质量问题，请拨打售后服务热线，负责调换**

# 第一版序言

本书的框架思路形成于20世纪80年代末。然而,本书的撰写可追溯至作者在加拿大西安大略大学工作期间,当时作者在美国加州大学伯克利分校进行学术休假(1991.7—1992.6)。作者在结束学术休假返回加拿大之前已完成了本书的一多半内容。之后的种种事情,包括教学、科研、小女儿的出生,以及1996年从加拿大搬到美国内布拉斯加大学,导致本书的撰写一拖再拖,直到最近作者才完成本书的撰写。由于本书的写作周期比较长,故作者可能在引用中漏掉了许多相关文献。

毫无例外,这种性质的书会受到随机振动领域的许多作者和实例的影响。本书的写作初衷是为涉及非线性随机振动分析方法的研究人员提供一本系统的高水平参考书,同时为学习随机振动分析方法的研究人员和研究生提供教材或参考书。

本书的绪论部分(第1章)评述了被引文献中出现的非线性随机振动的一般领域,列出了相关的专业书籍。第2章简要介绍了非线性随机微分方程的马尔可夫和非马尔可夫解。第3章给出了Fokker-Planck-Kolmogorov方程的精确解。第4章讲述了统计线性化方法,总结了该方法得到解的唯一性和精确性。第5章介绍并讨论了统计非线性化方法。第6章讲述了随机平均法,介绍了各种随机平均技巧及其解的精确性。第7章简要讲述了累积量截断法、摄动法和函数级数法。

美国内布拉斯加州林肯市,2000年

杜楚荣(Cho W. S. To)

# 第二版序言

自本书第一版发行以来,非线性随机振动领域的各种理论发展迅速。因此,为了反映这些理论的发展,作者在第一版的基础上略微扩展。同时,对第一版出现的印刷错误进行了修订。第二版增加了5.5节“多自由度系统的改进的统计非线性化方法”,并增添了附录“概率论、随机变量和随机过程”,以及在许多章节增补了详细的步骤。例如,在249页和250页添加了Volterra级数展开的详细步骤[1]。

美国内布拉斯加州林肯市,2011年

杜楚荣(Cho W. S. To)

〔1〕 注:此处的页码为原书的页码,特此说明。后续对类似情形不再重复说明。

# 第一版致谢

作者在英国南安普顿大学本科阶段的最后一年(1972—1973 年)开始学习随机振动。B. L. Clarkson 教授的 6 次讲座深深吸引了作者。在加拿大卡尔加里大学攻读两年硕士学位后,作者于 1975 年 10 月返回英国南安普顿大学担任声与振动研究所的研究员,并在 B. L. Clarkson 教授的指导下攻读博士学位,奖学金是由英国国防部海军水面武器研究所赞助的。在学习期间,作者有幸参加了 Y. K. Lin 教授(在 1976 年受 B. L. Clarkson 教授的邀请在研究所作客座教授)的随机振动讲座。1976 年,国际理论与应用力学联合会举办的"动力学中随机问题的研讨会"吸引了众多随机振动领域的专家和教师参加。作者也受到了这些专家学者的影响和鼓舞。

在本书的撰写过程中作者感谢美国加州大学伯克利分校提供的有利氛围和图书借阅的便利条件,感谢热情好客的退休教授 J. L. Sackman, J. M. Kelly, Leo Kanowitz 和其他美国加州大学伯克利分校的朋友。作者和家人永生难忘这段美好时光。

根据其中一位审阅专家的意见,作者对 131 页的情况(ii)和第 6 章中几乎所有例子中的激励过程进行了重新撰写。根据另一位审阅专家的建议,作者对 7.4 节进行了扩展。作者非常感谢他们对本书的审阅。

作者要感谢现在的两位研究生 Chen Guang 女士和 Liu Wei 先生,他们绘制了本书的所有插图。

最后,作者想要感谢自己的朋友 Fai Ma 教授的鼓励,感谢出版商 Martin Scrivener 先生和出版社工作人员的大力支持。

# 第二版致谢

自2000年本书第一版发行以来,非线性随机振动领域的各种理论发展迅速。因此,需要对第一版进行适当的补充、完善和修订。

第二版本根据审阅人的意见增加了附录“概率论、随机变量和随机过程”。在此感谢审阅人提出的高度评价和宝贵修改意见。

最后,作者要感谢出版商 Janjaap Blom 先生、客服主管 Madeline Alper 女士和出版社工作人员的大力支持。

# 目　录

# 第1章　绪论

在机械或结构系统的设计中，出于安全性、可靠性和经济性的考量，许多受环境和其它随机激励的工程动力系统需要考虑非线性因素的影响。上述原因和精确性的需求推动了非线性随机振动的研究和发展。一般来说，非线性随机振动领域的研究可分为四类，分别为解析理论、计算方法、蒙特卡洛模拟和基于试验方法的系统辨识。本书主要考虑第一类，因此这里引用的参考文献集中于该方面的研究。倘若对计算非线性随机振动感兴趣，请参阅另一本新出版的书[1.1]。

学者普遍认为第一篇关于非线性随机振动的综述是由 Caughey 完成的[1.2]。后来，其他相关的综合性或专题评论陆续发表[1.3-1.15]。文献[1.16-1.24]是专门论述非线性随机振动的专著。同时，很多书[1.25-1.39]也包含非线性随机振动的章节。

虽然在文献中可以找到许多分析随机激励下非线性系统的方法，但是本书主要集中于工程师和应用科学家常用的方法，反映了非线性随机振动解析方法方面当前的研究兴趣。

第2章简要介绍了非线性随机微分方程的马尔可夫解和非马尔可夫解，为本书的后续章节提供了基础。

第3章给出了 Fokker-Planck-Kolmogorov 方程的精确解，包括一般单自由度系统的解及其工程应用，同时考虑了多自由系统和随机激励的哈密尔顿系统。

第4章给出了统计线性化方法，包括单自由度系统的解和多自由度系统的解及工程应用的例子，并总结了统计线性化方法所得到解的唯一性和精确性。

第5章提供了统计非线性化方法，考虑了单自由度系统和多自由度系统的情形，论述了统计非线性化方法的精确性。

第6章引入随机平均法，主要介绍了经典随机平均法、能量包线的随机平均法、其他各种随机平均技巧及相关算例，同时讨论了随机平均法的精确性。

第7章简要给出了求解非线性随机系统的若干近似方法，包括累积量截断法、摄动法、函数级数法。累积量截断法主要包含高斯截断法和非高斯截断法，而函数级数法涉及 Volterra 级数展开法和 Wiener-Hermite 级数展开法。

如果读者在阅读本书之前学习过随机振动或相似主题的课程，则学习效果更好。第2章和第3章为读者更好地理解后续章节的方法和应用提供了必要的基础知识。

附录部分列出了概率论、随机变量和随机过程方面的基本概念和理论，为需要快速回顾基础知识的读者提供了便利。

# 第 2 章　非线性随机微分方程的马尔可夫解和非马尔可夫解

## 2.1　引言

在结构和机械系统的非线性随机振动领域,随机过程的统计复杂性是由其分布函数的性质决定的。在分析中有两种分类十分重要,一种是按过程的统计规则性分类,另一种是按过程的记忆性分类。

上述两种分类分别在 2.1.1 小节和 2.1.2 小节中介绍。2.1.3 小节推导了随机过程所满足的动力学方程,为分布函数和密度函数提供了基础,这些函数对后续的分析十分重要。2.2 节包含非线性随机微分方程马尔可夫解的基本内容。2.3 节介绍了非线性随机微分方程非马尔可夫解的基本特征和相关信息。

### 2.1.1　按统计规则性分类

根据统计规则性分类,随机过程可分为两类:平稳随机过程和非平稳随机过程。假设严格意义上或强平稳随机过程 $X(t)$ 的时间参数为 $t$,其统计性质与时间 $t$ 无关或与绝对时间原点无关,则这类过程称为平稳随机过程。对于非平稳随机过程,其所有统计性质都与时间参数 $t$ 相关。

当平稳随机过程 $X(t)$ 的期望值的绝对值为常数且小于无穷大时,$X(t)$ 平方的期望值也小于无穷大,且 $X(t)$ 的协方差等于 $X(t)$ 的相关函数,这种随机过程称为广义或弱平稳随机过程。当平稳随机过程为高斯随机过程时,它完全由其均值和协方差函数确定。

### 2.1.2　按记忆性分类

随机过程按照其当前状态是否依赖过去状态的方式分类,即按记忆性分类,这种分类是围绕马尔可夫过程进行的。根据记忆性,最简单的随机过程是无记忆过程或纯随机过程,通常称为零阶马尔可夫过程。显然,一个连续参数的纯随机过程在物理上是不可实现的,因为不管其过去和现在之间的时间是否非常接近,都认为二者是绝对独立的。白噪声过程就是一个纯随机过程。2.2.1 小节中定义的马尔可夫过程通常为简单马尔可夫过程。高阶马尔可夫过程在本书中没有涉及,故这里不给出定义。值得注意的是,不要将随机过程的记忆性与非线性变换的记忆性混淆。如果涉及惯性,则非线性变换是有记忆的。

### 2.1.3　随机过程的运动学方程

本小节介绍了一种能给出解过程的联合概率分布函数的显式结果的方法。以下推导基于 Bartlett[2.1],Pawula[2.2] 和 Soong[2.3] 等提出的方法。

随机过程 $X(t)$ 的概率密度函数用 $p(x,t)$ 表示,且满足以下关系:

$$p(x,t+\Delta t)=\int_{-\infty}^{\infty}p(x,t+\Delta t\mid y,t)p(y,t)\,\mathrm{d}y \tag{2.1}$$

其中,对于给定的 $X(t)=y$,$p(x,t+\Delta t\mid y,t)$ 是 $X(t+\Delta t)$ 的条件概率密度函数。

假定 $\psi(u,t+\Delta t\mid y,t)$ 表示在 $X(t)=y$ 条件下随机过程增量 $\Delta X=X(t+\Delta t)-X(t)$ 的条件特征函数,则有

$$\begin{aligned}\psi(u,t+\Delta t\mid y,t)&=\langle \mathrm{e}^{\mathrm{i}u\Delta X}\mid y,t\rangle\\&=\int_{-\infty}^{\infty}\mathrm{e}^{\mathrm{i}u\Delta X}p(x,t+\Delta t\mid y,t)\,\mathrm{d}x,\\ \Delta x&=x-y\end{aligned} \tag{2.2}$$

其中,$\langle\cdot\rangle$ 表示数学期望。

对式(2.2)进行傅里叶逆变换,可得

$$p(x,t+\Delta t\mid y,t)=\frac{1}{2\pi}\int_{-\infty}^{\infty}\mathrm{e}^{-\mathrm{i}u\Delta x}\psi(u,t+\Delta t\mid y,t)\,\mathrm{d}u \tag{2.3}$$

将条件特征函数 $\psi(u,t+\Delta t\mid y,t)$ 在 $u=0$ 处展开成泰勒级数,并代入式(2.3),则

$$\begin{aligned}p(x,t+\Delta t\mid y,t)&=\sum_{k=0}^{\infty}\frac{c_k(y,t)}{2\pi k!}\int_{-\infty}^{\infty}(iu)^k\mathrm{e}^{-\mathrm{i}u\Delta x}\mathrm{d}u\\&=\sum_{k=0}^{\infty}\frac{(-1)^k c_k(y,t)}{k!}\cdot\frac{\partial^k[\delta(\Delta x)]}{\partial x^k},\end{aligned} \tag{2.4}$$

其中,

$$c_k(y,t)=\langle(\Delta X)^k\mid y,t\rangle=\langle[X(t+\Delta t)-X(t)]^k\mid X(t)=y\rangle$$

上述期望称为随机过程 $X(t)$ 的 $k$ 阶增量矩。

将式(2.4)代入式(2.1)并积分得到

$$p(x,t+\Delta t)=\sum_{k=0}^{\infty}\frac{(-1)^k}{k!}\cdot\frac{\partial^k[c_k(x,t)p(x,t)]}{\partial x^k}$$

该方程可以表示为

$$p(x,t+\Delta t)-p(x,t)=\sum_{k=1}^{\infty}\frac{(-1)^k}{k!}\cdot\frac{\partial^k[c_k(x,t)p(x,t)]}{\partial x^k}$$

将上式两边除以 $\Delta t$,当 $\Delta t\to 0$ 时的极限为

$$\frac{\partial p(x,t)}{\partial t}=\sum_{k=1}^{\infty}\frac{(-1)^k}{k!}\cdot\frac{\partial^k[\alpha_k(x,t)p(x,t)]}{\partial x^k} \tag{2.5}$$

其中，

$$\alpha_k(x,t)=\lim_{\Delta t\to 0}\left(\frac{1}{\Delta t}\right)\langle[X(t+\Delta t)-X(t)]^k\,|\,X(t)=x\rangle$$

式(2.5)称为随机过程 $X(t)$ 的运动学方程，$\alpha_k(x,t)$ 是导数矩。式(2.5)是一类确定性抛物型偏微分方程，在随机微分方程的求解中有着重要的应用。

## 2.2 非线性随机微分方程的马尔可夫解

有许多物理量可以用马尔可夫过程描述，例如，非线性系统在随机激励下的响应可以用白噪声过程表示。Kolmogorov 对这一问题提出了严格的基本论述[2,4]。本书所考虑的解析解通常是基于马尔可夫过程的定义。因此，引入马尔可夫过程的定义是必要的。2.2.1 小节给出了马尔可夫过程和扩散过程的定义，2.2.2 小节介绍了 Stratonovich 积分和 Itô 积分。2.2.3 小节考虑了一维 Fokker-Planck 前向方程或 Fokker-Planck-Kolmogorov (FPK)方程。为了进一步阐明 Stratonovich 积分及 Itô 积分的用途，2.2.4 小节讨论了单自由度拟线性系统。

### 2.2.1 马尔可夫过程和扩散过程

定义在区间 $[0,T]$ 上的一个随机过程 $X(t)$ 称为马尔可夫过程，如果它满足以下性质：

$$P[X(t_n)<x_n\,|\,X(t_{n-1})=x_{n-1},\cdots,X(t_0)=x_0]=P[X(t_n)<x_n\,|\,X(t_{n-1})=x_{n-1}],\quad T\geqslant t_n>\cdots>t_1>t_0\geqslant 0 \tag{2.6}$$

其中，$P[\cdot]$ 代表一个事件的概率，则马尔可夫过程 $X(t)$ 的条件概率 $P[X(t)<x\,|\,X(t_0)=x_0]$ 称为转移概率分布函数。如果把 $t_{n-1}$ 时刻作为当前时刻，则式(2.6)表示该过程“忘记”了过去。

应用表示马尔可夫性质的式(2.6)，可以得到

$$p(x_3,t_3\,|\,x_1,t_1)=\int_{-\infty}^{\infty}p(x_3,t_3\,|\,x_2,t_2)p(x_2,t_2\,|\,x_1,t_1)\,\mathrm{d}x_2 \tag{2.7}$$

其中，$p(x_i,t_i\,|\,x_{i-1},t_{i-1})\,(i=2,3)$ 为转移概率密度。式(2.7)描述了从 $t_1$ 到 $t_3$ 时刻概率密度的流动或转移，常称为 Smoluchowski-Chapman-Kolmogorov (SCK)方程。

马尔可夫过程 $X(t)$ 称为扩散过程，如果对于 $\Delta t=t-s$ 和 $\varepsilon>0$，它的转移概率密度满足以下两个条件：

$$\lim_{\Delta t\to 0}\frac{1}{\Delta t}\int_{|y-x|>\varepsilon}p(y,t\,|\,x,s)\,\mathrm{d}y=0 \tag{2.8a}$$

和

$$\lim_{\Delta t\to 0}\frac{1}{\Delta t}\int_{|y-x|\leqslant\varepsilon}(y-x)p(y,t\,|\,x,s)\,\mathrm{d}y=f(x,s), \tag{2.8b}$$

$$\lim_{\Delta t \to 0} \frac{1}{\Delta t} \int_{|y-x| \leqslant \varepsilon} (y-x)^2 p(y,t|x,s) \mathrm{d}y = G^2(x,s) \tag{2.8c}$$

则当 $X(t)$ 是平稳过程时,$f(x,s)$ 和 $G(x,s)$ 分别为独立于时间 $t$ 的漂移系数和扩散系数,因为在这种情况下,$p(y,t|x,s)=p(y,t-s|x)$ 只依赖时间差 $\Delta t$。

### 2.2.2　Itô 积分和 Stratonovich 积分

$$\phi_{[a,b]}(t) = \begin{cases} 1, & a \leqslant t \leqslant b \\ 0, & \text{其他} \end{cases} \tag{2.9}$$

考虑一个定义在区间 $[a,b]$ 上的特征函数,当 $0 \leqslant a < b \leqslant T$ 时,满足

$$\int_0^T \phi_{[a,b]}(t) \mathrm{d}B(t) \equiv B(b) - B(a) \tag{2.10}$$

其中,$B(t)$ 为布朗运动过程,也是鞅,因为

$$\langle |B(t)| \rangle < \infty \tag{2.11a}$$

对所有的 $t_1 < t_2 < \cdots < t_n$ 和 $a_1, \cdots, a_n$,有

$$\langle x(t) | x(t_1) = a_1, \cdots, x(t_n) = a_n \rangle = a_n \tag{2.11b}$$

若 $f(t)$ 是定义在 $[0,T]$ 上的阶跃函数,且 $0=t_0<t_1<\cdots<t_m=b$,则

$$f(t) = \sum_{k=0}^{m-1} f(t_k) \phi_{[t_k,t_{k+1})}(t) \tag{2.12}$$

其中,下标 $[t_k,t_{k+1})$ 代表半闭半开区间。

现定义

$$\int_0^T f(t) \mathrm{d}B(t) \equiv \sum_{k=0}^{m-1} f(t_k) [B(t_{k+1}) - B(t_k)] \tag{2.13}$$

这里 $f(t)$ 可以是 $B(t)$ 的随机函数,$f(t)$ 的值取于划分区间的左端点。对于一切 $s>0$,当 $f(t)$ 是 $B(t)$ 的随机函数时,其独立于增量 $B(t+s)-B(t)$,这样的函数称为非预期函数。

当 $m \to \infty$ 时,式(2.13)称为 Itô 积分。随机积分或 Itô 积分[2.5]的性质与 Riemann-Stieltjes 积分的性质有很多不同之处。对 $f(t)=B(t)$ 应用 Itô 积分,可以得到

$$\int_0^T B(t) \mathrm{d}B(t) = \frac{1}{2}[B^2(T) - T] \tag{2.14}$$

另一种随机积分,即 Stratonovich 积分[2.6],定义为 $B(t)$ 的显式函数:

$$\int_0^T f(B(t),t) \mathrm{d}B(t) = \lim_{\Delta t \to 0} \sum_{k=0}^{n-1} f\left(\frac{B(t_k) + B(t_{k+1})}{2}, t_k\right) [B(t_{k+1}) - B(t_k)] \tag{2.15}$$

其中,$\Delta t = t_{k+1} - t_k$。若 $f(B(t),t) = B(t)$,则通过计算可得式(2.15)等于 $B^2(T)/2$,该结果不同于式(2.14)的结果。

Stratonovich 积分满足经典微积分的所有形式规则。因此,它是流形上随机微分方程的自然选择。然而,Stratonovich 积分不是鞅。相比之下,Itô 积分是鞅,因此它有十分重要的计算优势。

### 2.2.3 一维 FPK 方程

根据 2.1 节推导出的随机过程 $\boldsymbol{X}(t)$ 的运动学方程和 2.2.1 小节定义的扩散过程，一维问题的转移概率密度 $p(x,t|x_0,t_0)$（简记为 $p$）满足以下抛物型偏微分方程：

$$\frac{\partial p}{\partial t}=-\frac{\partial(\alpha_1 p)}{\partial x}+\frac{1}{2}\cdot\frac{\partial^2(\alpha_2 p)}{\partial x^2} \tag{2.16}$$

其中，$\alpha_1$ 和 $\alpha_2$ 分别为一阶和二阶导数矩，

$$\alpha_1=f(\boldsymbol{X},t)\big|_{X=x},\alpha_2=2DG^2(\boldsymbol{X},t)\big|_{X=x} \tag{2.17}$$

其中，$D=\pi S$，$S$ 是高斯白噪声过程的谱密度。式(2.16)称为 Fokker-Planck 前向方程或 FPK 方程，其初始条件为

$$p(x,t|x_0,t_0)=\delta(x-x_0),x_0=x(t_0) \tag{2.18}$$

其中，$\delta(\cdot)$为狄拉克 $\delta$ 函数。

顺便指出，约化的 FPK 方程是一个边值问题。对一维扩散过程的边界，Feller[2.7]提出了清楚的分类标准，Lin 和 Cai[2.8]对此作了很好的总结。Zhang [2.9]提出了一整套新的边界分类标准，它与 Feller 的分类标准相当，但更简单。对于高维问题，边界的分类仍然需要进一步探索。

为了研究非线性随机微分方程的稳定性问题，将奇异边界的新分类标准应用于时间平均法。这样，它就可以用来判定可化为一维问题的非线性系统的平稳概率密度的存在性。然而，用奇异边界分类法得到的稳定性较弱，即概率稳定性。此外，微分算子的时间平均仅限于一种特定形式。

最后，本书不讨论平稳随机激励下非线性系统的稳定性和分岔问题，这些将在另外的专著中涉及。

### 2.2.4 受随机参激的系统

工程中的许多实际系统，其动力学行为可以用包含随机参激的运动方程描述。关于这类系统的争议在于在 Itô 随机微分方程中添加所谓的 Wong 和 Zakai（WZ）或 Stratonovich（S）修正项。Gray 和 Caughey[2.10]，Mortensen[2.11,2.12]和其他学者[2.13-2.21]均讨论过这个问题。例如在文献[2.15,2.20]中，通常给出的理由是指当运动方程中的随机参激是独立的物理高斯白噪声时，为了将方程转换为相应的 Itô 方程，需要添加 WZ 或 S 修正项。但是，文献[2.21]给出了一个例子来论证上述理由是不充分的。

接下来，讨论具有随机参激的拟线性系统的随机微分方程，其中包含了文献[2.21]中的相关结论，因为它们对于理解后面章节中许多非线性系统的解是非常重要的。

**1. 问题陈述**

考虑以下随机微分方程：

$$\frac{d\boldsymbol{Z}}{dt}=\boldsymbol{f}(\boldsymbol{Z},t)+\boldsymbol{G}(\boldsymbol{Z},t)\boldsymbol{W}(t) \tag{2.19}$$

其中，$\boldsymbol{W}(t)$ 是高斯白噪声向量，$\boldsymbol{Z}(t)$ 是一个随过程向量；$\boldsymbol{f}(\boldsymbol{Z},t)$ 和 $\boldsymbol{G}(\boldsymbol{Z},t)$ 是已知的向量和矩阵，它们通常是 $\boldsymbol{Z}(t)$ 和 $t$ 的非线性函数。

式(2.19)可简写为

$$d\boldsymbol{Z}=\boldsymbol{f}dt+\boldsymbol{G}d\boldsymbol{B}, \tag{2.20}$$

其中，$d\boldsymbol{B}=\boldsymbol{W}dt$，$\boldsymbol{B}$ 是布朗运动或维纳过程的向量。式(2.20)称为 Itô 随机微分方程。式(2.20)具有如下形式的解：

$$\boldsymbol{Z}(t_2)-\boldsymbol{Z}(t_1)=\int_{t_1}^{t_2}\boldsymbol{f}(\boldsymbol{Z},s)ds+\int_{t_1}^{t_2}\boldsymbol{G}(\boldsymbol{Z},s)d\boldsymbol{B} \tag{2.21}$$

需要注意的是，式(2.21)中等号右边的第二个积分不能看作普通的 Riemann 或 Lebesque-Stieltjes 积分，因为布朗运动的样本函数是依概率 1 无界变化的[2.22]。文献中对第二个积分有两种解释。第一种[2.22]是用下面的矩阵方程代替式(2.20)：

$$d\boldsymbol{Z}=\left(\boldsymbol{f}+\frac{1}{2}\boldsymbol{G}\frac{\partial G}{\partial \boldsymbol{Z}}\right)dt+\boldsymbol{G}d\boldsymbol{B} \tag{2.22}$$

其中，等号右边括号内的第二项涉及 $\partial G/\partial \boldsymbol{Z}$，严格地说，在矩阵运算中这是不允许的。因此，偏微分项 $\partial G/\partial \boldsymbol{Z}$ 应根据矩阵运算规则使用，则上面的方程可写为

$$dz_i=\left(f_i+\frac{1}{2}\sum_{j=1}^{n}\sum_{k=1}^{n}G_{kj}\frac{\partial G_{ij}}{\partial z_k}\right)dt+\sum_{j=1}^{n}G_{ij}dB_j,i=1,2,3,\cdots \tag{2.23}$$

这个方程是在 Itô 微积分[2.5]的意义下求解的，从而保留了鞅[2.23]的性质。式(2.23)中等号右边括号内的第二项为 WZ 或 S 修正项。式(2.23)的解与式(2.20)的解相等的前提是，方程式(2.20)是根据第二种解释进行求解的，其中式(2.21)中等号右边的第二个积分是在 Stratonovich 微积分[2.6]的意义下定义的。在这种定义下，可以用类似光滑函数的普通积分处理。

如 2.2.2 小节所述，Itô 和 Stratonovich 积分的规则完全不同。因此，添加 WZ 或 S 修正项并不是要将物理高斯白噪声转换为理想白噪声。不妨回顾一下，白噪声过程只是数学上的理想化。在应用数学方法描述物理现象时(例如动力学行为或响应)，人们通常会采用某些理想化的形式。下面通过一个受随机参激的拟线性随机微分方程来讨论添加 WZ 或 S 修正项的原因。

**2. 一个例子**

考虑一个同时受参激和外部平稳高斯白噪声激励的单自由度系统，系统由以下运动方程支配：

$$\ddot{x}+a[1+w(t)]\dot{x}+b[1+w(t)]x=w(t)$$

或简写为

$$\ddot{x}+a(1+w)\dot{x}+b(1+w)x=w \tag{Ⅰ-1}$$

其中，$x$ 是随机位移；上标“ · ”和“··”分别表示关于时间 $t$ 的一阶和二阶导数；$a$ 和 $b$ 是常数，

而 $w$ 是高斯白噪声激励。令 $z_1=x, z_2=\dot{x}$ 和 $\mathbf{Z}=[z_1\ z_2]^{\mathrm{T}}$,式(Ⅰ-1)可以转换成两个一阶微分方程

$$\frac{\mathrm{d}\mathbf{Z}}{\mathrm{d}t}=\begin{bmatrix}0 & 1\\ -b(1+w) & -a(1+w)\end{bmatrix}\begin{bmatrix}z_1\\ z_2\end{bmatrix}+\begin{bmatrix}0 & 0\\ 0 & 1\end{bmatrix}\begin{bmatrix}w\\ w\end{bmatrix}$$

或写成类似式(2.20)的形式:

$$\mathrm{d}\mathbf{Z}=\begin{bmatrix}z_2\\ -bz_1-az_2\end{bmatrix}\mathrm{d}t+\begin{bmatrix}0 & 0\\ 0 & (1-bz_1-az_2)\end{bmatrix}\mathrm{d}\boldsymbol{B} \tag{Ⅰ-2}$$

上标"T"表示矩阵的转置。

式(Ⅰ-2)中的扩散系数 $\boldsymbol{G}$ 是 $\mathbf{Z}$ 的函数。因此,根据文献[2.10,2.11,2.22]的结论,需要考虑 WZ 或 S 修正项。相应地,式(2.23)变为

$$\mathrm{d}z_i=\left(f_i+\frac{1}{2}\sum_{j=1}^{2}\sum_{k=1}^{2}G_{kj}\frac{\partial G_{ij}}{\partial z_k}\right)\mathrm{d}t+\sum_{j=1}^{2}G_{ij}\mathrm{d}B_j, i=1,2 \tag{Ⅰ-3}$$

将此方程应用于式(Ⅰ-1)所描述的系统,得到

$$\begin{aligned}&\mathrm{d}z_1=f_1\mathrm{d}t,\\ &\mathrm{d}z_2=\left[f_2-\frac{1}{2}a(1-bz_1-az_2)\right]\mathrm{d}t+(1-bz_1-az_2)\mathrm{d}B_2\end{aligned} \tag{Ⅰ-4}$$

式(Ⅰ-4)中第二个方程等号右边方括号内的第二项是 WZ 或 S 修正项,只要 $a$ 不等于 0 或 $bz_1+az_2$ 不等于 1,该项就不为零。

**3. 附注**

上面的例子清楚地表明,无论高斯白噪声激励 $w$ 是理想的还是物理的,都需要考虑 WZ 或 S 修正项。实际上,当与运动方程的次高阶导数相关的参数平稳白噪声激励为零时,用 Itô 的运算规则所得方程的解与用普通或 Stratonovich 运算规则得出的解是相同的,因此不需要添加 WZ 或 S 修正项。换句话说,在上述单自由度系统中需要考虑 WZ 或 S 修正项,是因为存在与速度项相关的随机参激。如果与速度项相关的随机参激为零,且与恢复力相关的随机参激保持不变,则 WZ 或 S 修正项为零,这意味着无论采用 Stratonovich 还是 Itô 运算规则,在这种情况下解都是相同的。

## 2.3 非线性随机微分方程的非马尔可夫解

虽然在实际中结构和机械系统中出现的许多物理现象可以用马尔可夫过程描述,但在其他领域,也有一些重要的情形必须用非马尔可夫过程描述。例如,在波动磁场中的磁共振问题[2.24,2.25]、向列型液晶[2.26]和单模染料激光器的强度行为[2.27]中,需要采用非马尔可夫过程。实际上,前面章节中的马尔可夫过程是非马尔可夫过程的特例。因此,研究非线性随机微分方程的非马尔可夫解的本质特征和相关信息是非常重要的。

### 2.3.1　一维问题

考虑由以下随机微分方程[2.28]描述的一维系统：

$$\dot{q}(t)=f(q(t))+g(q(t))\xi(t) \tag{2.24}$$

其中，$f(q(t))$（简记为$f(t)$或$f$），$g(q(t))$（简记为$g(t)$或$g$）是关于$q(t)$的一般非线性函数；$\xi(t)$（简记为$\xi$）是色噪声激励，也称为 Ornstein-Uhlenbeck 过程。后者是一个具有零均值的高斯过程，其相关函数为

$$\langle\xi(t)\xi(t')\rangle=\left(\frac{D}{\tau}\right)\mathrm{e}^{-\frac{|t-t'|}{\tau}} \tag{2.25}$$

其中，$\tau$ 是有限相关时间；$D$ 是随机扰动 $\xi(t)$ 的噪声参数。由于式(2.24)的任何解都是非马尔可夫和非平稳的，所以式(2.24)定义了一类非马尔可夫非平稳随机过程。后者在初始条件的选择上有所不同。在极限情形 $\tau\to0$ 下，式(2.24)定义了初始条件分布是平稳条件下的平稳马尔可夫过程。正如文献[2.28]所指出的，在式(2.24)定义的一类过程中，非马尔可夫和非平稳性质的影响是不能分开的，这是因为两种性质都有相同的起源 $\tau$。

在一般情况下，式(2.24)定义过程的矩和相关函数的精确解是无法获得的，因此推导出零阶马尔可夫极限 $\tau=0$ 时的近似解。

通过对 $\tau$ 的幂次展开，可按照文献[2.28]对式(2.24)进行平均得到一阶矩的近似解 $\langle q(t)\rangle$（简记为$\langle q\rangle$）所满足的方程：

$$\frac{\mathrm{d}\langle q\rangle}{\mathrm{d}t}=\langle f(q)\rangle+\langle g(q)\xi(t)\rangle \tag{2.26}$$

其中，假设 $t>>\tau$，式(2.26)中等号右边的第二项可以表示为

$$\langle g(q)\xi(t)\rangle=D\left\langle\frac{\partial g(q)}{\partial q}g(q)\right\rangle-\tau D\left\langle\frac{\partial g(q)}{\partial q}N(q)\right\rangle$$

其中，

$$N(q)=-\frac{\partial f(q)}{\partial q}g(q)$$

二阶矩$\langle q(t)q(t')\rangle$满足的微分方程为

$$\frac{\mathrm{d}\langle q(t)q(t')\rangle}{\mathrm{d}t}=\langle f(t)q(t')\rangle+\langle g(t)\xi(t)q(t')\rangle \tag{2.27}$$

对于一维非线性问题，应用上述方程得到的结果可以在文献[2.27]中找到。

需要指出的是，对于一维线性非马尔可夫非平稳随机问题，在式(2.24)中有以下关系成立：

$$f(q)=-aq,\ a>0,\ g(q)=1$$

因此，

$$\langle\xi(t)\xi(t')\rangle=2D(t)\delta(t-t')$$

其中，

$$D(t)=\frac{D}{1+\tau a}\left[1-e^{-\left(\frac{1}{\tau}+a\right)t}\right]$$

稳态松弛时间 $\tau_r$ 为

$$\tau_r=\frac{1}{a}+\tau \tag{2.28}$$

在极限情形 $\tau\to 0$ 下，稳态松弛时间 $\tau_r\to 1/a$，即马尔可夫问题的稳态松弛时间。

### 2.3.2 多维问题

上述方程可以推广到多维问题中，因此，式(2.24)和式(2.25)对应的方程分别为[2.28]

$$\dot{q}_i(t)=f_i(q(t))+g_{ij}(q(t))\xi_j(t), \tag{2.29}$$

$$\langle\xi_i(t)\rangle=0,\ \langle\xi_i(t)\xi_j(t')\rangle=\left(D\frac{\delta_{ij}}{\tau_i}\right)e^{-\frac{|t-t'|}{\tau_i}} \tag{2.30}$$

其中，$\delta_{ij}$ 为 Kronecka delta，当 $i=j$ 时 $\delta_{ij}=1$，在其他情况下 $\delta_{ij}=0$。

一阶矩满足的微分方程为

$$\frac{d\langle q_i\rangle}{dt}=\langle f_i\rangle+D\left\langle\frac{\partial g_{ij}}{\partial q_k}g_{kj}\right\rangle-D\tau_j\left\langle\frac{\partial g_{ij}}{\partial q_k}N_{kj}\right\rangle-D\tau_j\left\langle\frac{\partial g_{ij}}{\partial q_k}K_{klj}\right\rangle \tag{2.31}$$

其中，

$$N_{kj}=f_l\frac{\partial g_{kj}}{\partial q_l}-\frac{\partial f_k}{\partial q_l}g_{lj},\ K_{klj}=g_{sl}\frac{\partial g_{kj}}{\partial q_s}-\frac{\partial g_{kl}}{\partial q_s}g_{sj}$$

二阶矩满足的微分方程为[2.28]

$$\begin{aligned}\frac{d\langle q_i(t)q_j(t')\rangle}{dt}=&\langle f_i(t)q_j(t')\rangle+D\left\langle\frac{\partial g_{is}(t)}{\partial q_k(t)}g_{ks}(t)q_j(t')\right\rangle-D\tau_s\left\langle\frac{\partial g_{is}(t)}{\partial q_k(t)}[N_{ks}(t)+K_{klj}(t)\xi_l(t)]q_j(t')\right\rangle\\&+De^{-\frac{t-t'}{\tau_s}}\{\langle g_{is}(t)g_{js}(t')\rangle-\tau_s\langle g_{is}(t)[N_{js}(t')+K_{jls}(t')\xi_l(t')]\rangle\}\end{aligned} \tag{2.32}$$

虽然对于一维和多维拟线性问题[2.28,2.29]及一维非线性问题[2.27]，已经得到了上述一阶近似解，但一般的多维非线性非马尔可夫和非平稳随机问题的求解仍然是一个巨大的挑战。

在结束本小节之前，通过一个单自由度或二维问题来说明上述方法的应用。考虑具有单位质量的系统，其运动方程为

$$\ddot{x}+\beta\dot{x}+[\Omega^2+\xi(t)]x=w(t)$$

或简写为

$$\ddot{x}+\beta\dot{x}+[\Omega^2+\xi]x=w, \tag{Ⅰ-1}$$

其中，$w$ 是均值为零的高斯白噪声，且 $\langle w(t)w(t')\rangle=2\pi S\delta(\lambda)$，$\lambda=t-t'$，$S$ 为白噪声过程的谱密度；$\xi$ 为 Ornstein-Uhlenbeck 过程，其相关函数由式(2.25)定义，其余符号具有其通常的意义。

进一步可以将上述振子的某些量表示为 $x=q$ 和 $\mathrm{d}x/\mathrm{d}t=p$，从而使运动方程可以改写为如下两个一阶随机微分方程：

$$\begin{aligned}&\dot{q}=p,\\&\dot{p}=-\beta p-(\Omega^2+\xi)q+w\end{aligned} \tag{Ⅰ-2}$$

式(Ⅰ-2)的解是非马尔可夫和非平稳的随机过程，这是由于 $\xi$ 不是白噪声造成的。记 $q(t)=q, p(t)=p$，可以得到一阶矩的近似方程为

$$\begin{aligned}&\frac{\mathrm{d}\langle q\rangle}{\mathrm{d}t}=\langle p\rangle,\\&\frac{\mathrm{d}\langle p\rangle}{\mathrm{d}t}=(-\Omega^2+D\tau)\langle q\rangle-\beta\langle p\rangle\end{aligned} \tag{Ⅰ-3}$$

通过展开 $\tau$[2.28]，可以得到

$$\begin{aligned}&\langle q(t)w(t)\rangle=0,\\&\langle p(t)w(t)\rangle=\pi S,\\&\langle\xi(t)q^2(t)\rangle=-2D\tau\langle q^2(t)\rangle+O(\tau^2),\\&\langle\xi(t)q(t)p(t)\rangle=-D(1-\beta\tau)\langle q^2(t)\rangle+O(\tau^2)\end{aligned} \tag{Ⅰ-4}$$

在 $\tau$ 的一阶近似下，系统的二阶矩方程为

$$\begin{aligned}&\frac{\mathrm{d}\langle q^2\rangle}{\mathrm{d}t}=2\langle pq\rangle\\&\frac{\mathrm{d}\langle pq\rangle}{\mathrm{d}t}=-(\Omega^2-2D\tau)\langle q^2\rangle+\langle p^2\rangle-\beta\langle pq\rangle,\\&\frac{\mathrm{d}\langle p^2\rangle}{\mathrm{d}t}=2D(1-\beta\tau)\langle q^2\rangle-2\beta\langle p^2\rangle-2\Omega^2\langle pq\rangle+2\pi S\end{aligned} \tag{Ⅰ-5}$$

式(Ⅰ-3)和式(Ⅰ-5)在闭合情形下是可求解的，可以用数值积分算法求解，如四阶 Runge-Kutta 方法(RK4)。解过程是依赖 $\tau$ 的，其中 $\tau$ 是解过程的非马尔可夫性质的度量。当 $\tau\to0$ 时，式(Ⅰ-3)和(Ⅰ-5)中的解过程是马尔可夫的。

# 第 3 章　Fokker-Planck-Kolmogorov 方程的精确解

## 3.1　引言

近 30 年来,随机参激和外激下一般非线性振子的响应问题得到了广泛的研究。例如,Rayleigh[3.1],Fokker[3.2]和 Smoluchowski[3.3]等早期的工作为此研究奠定了基础。在一般情形下,精确解难以得到。当激励理想化为高斯白噪声时,系统的响应可以用马尔可夫向量表示,响应的概率密度函数可以用 FPK 方程描述,从而得到精确的平稳解。FPK 方程的求解可参考文献[3.4–3.15]。下面的方法是由 To 和 Li[3.15]提出的,后一种方法似乎给出了一类最广泛的可解的约化 FPK 方程,它是基于 Lin 及其同事[3.11–3.14]给出的方法,并应用了一阶常微分方程的初等或积分因子理论。在文献[3.14]中,约化 FPK 方程的解是通过应用广义平稳势理论得到的,该理论比采用细致平衡概念[3.12]的限制性小,后者类似 Graham 和 Haken[3.16]提出的方法,其基本思想是将每个漂移系数分成可逆和不可逆部分。

本章首先介绍向量过程的 FPK 方程,3.2 节给出一般单自由度非线性系统的解,3.3 节介绍随机振动领域中经常遇到的各种系统的解,3.4 节和 3.5 节讨论多自由度非线性系统的解。

第 2 章的一维 FPK 方程很容易推广到多维的情形。

考虑 $n$ 自由度系统的 Itô 方程:

$$\mathrm{d}\boldsymbol{X}=\boldsymbol{f}(\boldsymbol{X},t)\,\mathrm{d}t+\boldsymbol{G}(\boldsymbol{X},t)\,\mathrm{d}\boldsymbol{B},\ t\geqslant t_0 \tag{3.1}$$

其中,$\boldsymbol{X}=(x_1,x_2,\cdots,x_{2n})^{\mathrm{T}}$,$\boldsymbol{f}(\boldsymbol{X},t)$(简记为$\boldsymbol{f}$)和 $\boldsymbol{G}(\boldsymbol{X},t)$(简记为 $\boldsymbol{G}$)分别是 $2n\times1$ 的漂移向量和 $2n\times2n$ 的扩散矩阵。值得注意的是,$\boldsymbol{B}$ 是布朗运动的向量过程,$B_j$ 是向量 $\boldsymbol{B}$ 的元素,后者不应与二阶导数矩的矩阵$[\boldsymbol{B}]$混淆,$[\boldsymbol{B}]$的元素是 $B_{ij}$。

式(3.1)对应的 FPK 方程为

$$\frac{\partial p(\boldsymbol{X},t)}{\partial t}=-\sum_{i=1}^{2n}\frac{\partial[f_i(\boldsymbol{X},t)p(\boldsymbol{X},t)]}{\partial x_i}+\sum_{i=1}^{2n}\sum_{j=1}^{2n}\frac{\partial^2[(\boldsymbol{GDG}^{\mathrm{T}})_{ij}\,p(\boldsymbol{X},t)]}{\partial x_i\partial x_j} \tag{3.2}$$

其中,$p(\boldsymbol{X},t)$为联合转移概率密度函数,或简称为转移概率密度;$\boldsymbol{D}$ 为激励强度矩阵,第 $ij$ 个元素为 $D_{ij}=\pi S_{ij}$,其中 $S_{ij}$ 为白噪声过程的交叉谱密度。

对于一导数矩 $A_i$ 和二阶导数矩 $B_{ij}$ 而言,有

$$\frac{\partial p(\boldsymbol{X},t)}{\partial t}=-\sum_{i=1}^{2n}\frac{\partial[A_i p(\boldsymbol{X},t)]}{\partial x_i}+\frac{1}{2}\sum_{i=1}^{2n}\sum_{j=1}^{2n}\frac{\partial^2[B_{ij}p(\boldsymbol{X},t)]}{\partial x_i\partial x_j} \tag{3.3}$$

这里，

$$A_i = f_i(\boldsymbol{X}, t)\,,\ B_{ij} = 2(\boldsymbol{GDG}^{\mathrm{T}})_{ij} \tag{3.4a,b}$$

可以理解为一阶和二阶导数矩是在 $X=x$ 处计算的。FPK 方程的初始条件为

$$p(\boldsymbol{X}, t \mid \boldsymbol{X}_0, t_0) = \prod_{i=1}^{2n} \delta(x_i - x_{i0})\,,\ x_{i0} = x_i(t_0) \tag{3.5}$$

FPK 方程在时间 $t$ 的平移下是不变的，换句话说，

$$\frac{\partial p(\boldsymbol{X}, t)}{\partial t} = -\frac{\partial p(\boldsymbol{X}, t_0)}{\partial t_0} \tag{3.6}$$

这样可以写出后向 Kolmogorov 方程或后向 FPK 方程和前向 FPK 方程分别为

$$\frac{\partial p}{\partial t} = Lp\,,\ \frac{\partial p}{\partial t} = L^* p$$

其中，$L^*$ 是 $L$ 的伴随算子。

设 $s=t_0$，后向 FPK 方程变为

$$\frac{\partial p(X,s)}{\partial s} = -\sum_{i=1}^{2n} \frac{\partial [A_i p(X,s)]}{\partial x_{i0}} - \frac{1}{2}\sum_{i=1}^{2n}\sum_{j=1}^{2n} \frac{\partial^2 [B_{ij} p(X,s)]}{\partial x_{i0}\partial x_{j0}} \tag{3.7}$$

其中一阶导数矩和二阶导数矩是 $X(s)$ 或 $X(t_0)$ 的函数，初始条件由式(3.5)确定。后向 FPK 方程可用于推导系统响应矩的偏微分方程，而前向 FPK 方程主要用于计算转移概率密度。

最后，对于马尔可夫过程向量 $\boldsymbol{X}(t)$ 的任意函数 $\boldsymbol{Y}(\boldsymbol{X},t)$(简记为 $\boldsymbol{Y}$)，其 Itô 微分规则对于后续的应用是十分重要和有用的，因此在这部分给出。由经典的链式法则可得

$$\mathrm{d}\boldsymbol{Y}(\boldsymbol{X}, t) = \sum_{i=1}^{2n} \frac{\partial \boldsymbol{Y}(\boldsymbol{X}, t)}{\partial x_i}\mathrm{d}x_i + \frac{\partial \boldsymbol{Y}(\boldsymbol{X}, t)}{\partial t}\mathrm{d}t \tag{3.8}$$

将 $\mathrm{d}\boldsymbol{X}$ 代入式(3.1)，并记后一个向量的元素为 $x_i$，并将 WZ 或 S 修正项添加到式(3.8)中，可以得到

$$\mathrm{d}\boldsymbol{Y}(\boldsymbol{X}, t) = \left[\frac{\partial \boldsymbol{Y}(\boldsymbol{X}, t)}{\partial t} + \wp_{\boldsymbol{X}}(\boldsymbol{Y})\right]\mathrm{d}t + \sum_{i=1}^{2n}\sum_{j=1}^{2n} G_{ij}\frac{\partial \boldsymbol{Y}(\boldsymbol{X}, t)}{\partial x_i}\mathrm{d}B_j \tag{3.9}$$

其中，$\wp_{\boldsymbol{X}}(\cdot)$ 是马尔可夫过程 $\boldsymbol{X}$ 的生成微分算子，定义为

$$\wp_{\boldsymbol{X}}(\boldsymbol{Y}) = \sum_{i=1}^{2n} f_i(\boldsymbol{X}, t)\frac{\partial \boldsymbol{Y}(\boldsymbol{X}, t)}{\partial x_i} + \frac{1}{2}\sum_{i=1}^{2n}\sum_{j=1}^{2n} B_{ij}\frac{\partial^2 \boldsymbol{Y}(\boldsymbol{X}, t)}{\partial x_i \partial x_j}$$

式(3.9)称为 Itô 微分规则，又称为 Itô 引理或 Itô 公式。

## 3.2　单自由度系统的解

考虑如下随机系统：

$$\ddot{x} + h(x_1, x_2) = f_i(x_1, x_2) w_i(t)\,,\ i = 1, 2, \cdots, n \tag{3.10}$$

其中，$x_1=x$，$x_2=\mathrm{d}x/\mathrm{d}t$；上标“..”表示关于时间 $t$ 的二阶导数；$h(x_1,x_2)$(简记为 $h$)和 $f_i(x_1,x_2)$(简记为 $f_i$)是关于 $x_1$ 和 $x_2$ 的一般非线性函数；$w_i(t)$(简记为 $w_i$)是具有 delta 型相关函数

的高斯白噪声：

$$\langle w_i(t)w_j(t+\tau)\rangle = 2\pi S_{ij}\delta(\tau) \tag{3.11}$$

应用 3.1 节中的方法，由式(3.10)所描述系统的 FPK 方程为

$$\frac{\partial p}{\partial t}+x_2\frac{\partial p}{\partial x_1}+\frac{\partial}{\partial x_2}\left[\left(-h+\pi S_{ij}f_i\frac{\partial f_i}{\partial x_2}\right)p\right]-\pi S_{ij}\frac{\partial^2}{\partial x_2^2}(f_if_jp)=0 \tag{3.12}$$

在一般情况下，转移概率密度函数 $p$ 的精确表达式无法得到，只能从约化 FPK 方程得到平稳概率密度函数 $p_s$：

$$x_2\frac{\partial p_s}{\partial x_1}+\frac{\partial}{\partial x_2}\left[\left(-h+\pi S_{ij}f_i\frac{\partial f_i}{\partial x_2}\right)p_s\right]-\pi S_{ij}\frac{\partial^2}{\partial x_2^2}(f_if_jp_s)=0 \tag{3.13}$$

式(3.13)的一阶导数矩 $A_i$ 和二阶导数矩 $B_{ij}$ 分别为

$$A_1=x_2,\ A_2=-h+\pi S_{ij}f_i\frac{\partial f_j}{\partial x_2},$$

$$B_{11}=B_{12}=B_{21}=0,\quad B_{22}=2\pi S_{ij}f_if_j$$

利用文献[3.14]中给出的方法，一阶和二阶导数矩可分为

$$A_1^{(1)}=0,\ A_1^{(2)}=x_2,\ A_2^{(1)}=-h+\pi S_{ij}f_i\frac{\partial f_j}{\partial x_2}-A_2^{(2)},$$

$$B_{22}^{(1)}=\frac{1}{2}B_{22},\quad B_{12}^{(1)}=-B_{21}^{(2)}$$

方程式(3.13)是可解的——若其满足以下条件：

$$B_{12}^{(1)}\frac{\partial\phi}{\partial x_2}=\frac{\partial}{\partial x_2}B_{12}^{(1)}, \tag{3.14}$$

$$B_{21}^{(2)}\frac{\partial\phi}{\partial x_1}+\pi S_{ij}f_if_j\frac{\partial\phi}{\partial x_2}=\frac{\partial B_{21}^{(2)}}{\partial x_1}+h+\pi S_{ij}f_i\frac{\partial f_i}{\partial x_2}+A_2^{(2)}, \tag{3.15}$$

$$-x_2\frac{\partial\phi}{\partial x_1}-A_2^{(2)}\frac{\partial\phi}{\partial x_2}+\frac{\partial A_2^{(2)}}{\partial x_2}=0 \tag{3.16}$$

平稳概率密度函数可以表示为

$$p_s=p_s(x_1,x_2)=C\mathrm{e}^{-\phi} \tag{3.17}$$

其中，$\phi$ 是 $x_1$ 和 $x_2$ 的函数；$C$ 是归一化常数。应该注意的是，除了 $A_2^{(2)}$ 被文献[3.14]中的$(-\lambda_x/\lambda_y)$所替代，式(3.14)~式(3.16)与文献[3.14]中的式(17)~式(19)是类似的。

利用特征函数法，由式(3.16)可得

$$\frac{\mathrm{d}x_1}{-x_2}=\frac{\mathrm{d}x_2}{-A_2^{(2)}}=\mathrm{d}\phi\left(-\frac{\partial A_2^{(2)}}{\partial x_2}\right)^{-1} \tag{3.18}$$

由式(3.18)的前两项可知，

$$A_2^{(2)}\mathrm{d}x_1-x_2\mathrm{d}x_2=0 \tag{3.19}$$

为了得到方程(3.19)的精确解，并将其纳入更广泛的一类非线性系统，采用积分因子法[3.15]。

设 $M(x_1, x_2)$（简记为 $M$）为方程（3.19）的积分因子，则

$$\frac{\partial(Mx_2)}{\partial x_1}=-\frac{\partial(MA_2^{(2)})}{\partial x_2} \tag{3.20}$$

由式（3.20）可得

$$x_2\frac{\partial M}{\partial x_1}+M\frac{\partial A_2^{(2)}}{\partial x_2}+A_2^{(2)}\frac{\partial M}{\partial x_2}=0 \tag{3.21}$$

因此，

$$\frac{\partial A_2^{(2)}}{\partial x_2}=-\frac{1}{M}\cdot\frac{\partial M}{\partial x_2}A_2^{(2)}-\frac{x_2}{M}\cdot\frac{\partial M}{\partial x_1} \tag{3.22}$$

由式（3.22）可得

$$A_2^{(2)}=\frac{1}{M}\left[C_1(x_1)-\int_0^{x_2}x_2\frac{\partial M}{\partial x_1}\mathrm{d}x_2\right] \tag{3.23}$$

其中，$C_1(x_1)$ 是任意函数；$M$ 具有特定非线性系统的一般函数特征。

将式（3.23）代入式（3.19），得

$$-\frac{1}{M}\left[C_1(x_1)-\int_0^{x_2}x_2\frac{\partial M}{\partial x_1}\mathrm{d}x_2\right]\mathrm{d}x_1+x_2\mathrm{d}x_2=0 \tag{3.24}$$

对式（3.24）积分得到

$$r=\int_0^{(x_1,x_2)}\left\{\left[-C_1(x_1)+\int_0^{x_2}x_2\frac{\partial M}{\partial x_1}\mathrm{d}x_2\right]\mathrm{d}x_1+Mx_2\mathrm{d}x_2\right\} \tag{3.25}$$

式（3.25）的积分项为常数。式（3.25）是方程式（3.19）的隐式解，其中 $A_2^{(2)}$ 由式（3.23）给出。

由式（3.18）的第一式和第三式可得

$$\frac{\mathrm{d}x_1}{-x_2}=\frac{\mathrm{d}\phi}{(-\partial A_2^{(2)}/\partial x_2)}$$

由上式可知

$$\mathrm{d}\phi=\frac{1}{x_2}\cdot\frac{\partial A_2^{(2)}}{\partial x_2}\mathrm{d}x_1 \tag{3.26}$$

将式（3.22）代入式（3.26）得

$$\mathrm{d}\phi=\frac{1}{x_2}\left(-\frac{x_2}{M}\cdot\frac{\partial M}{\partial x_1}-\frac{1}{M}\cdot\frac{\partial M}{\partial x_2}A_2^{(2)}\right)\mathrm{d}x_1=-\frac{1}{M}\cdot\frac{\partial M}{\partial x_1}\mathrm{d}x_1-\frac{1}{M}\cdot\frac{\partial M}{\partial x_2}\cdot\frac{A_2^{(2)}}{x_2}\mathrm{d}x_1 \tag{3.27}$$

应用式（3.19），式（3.27）可简化为

$$\mathrm{d}\phi=-\left(\frac{1}{M}\cdot\frac{\partial M}{\partial x_1}\mathrm{d}x_1+\frac{1}{M}\cdot\frac{\partial M}{\partial x_2}\mathrm{d}x_2\right)=-\frac{1}{M}\mathrm{d}M$$

由此可得

$$\phi=-\ln M+\phi_0(r) \tag{3.28}$$

其中，$\phi_0(r)$ 是任意函数。

将式(3.28)代入式(3.17),有

$$p_s = CM\mathrm{e}^{-\phi_0(r)} \tag{3.29}$$

将式(3.28)和式(3.23)代入式(3.15),并重新整理可得

$$h = B_{21}^{(2)}\frac{\partial\phi}{\partial x_1} + \pi S_{ij}f_if_j\frac{\partial\phi}{\partial x_2} - \frac{\partial B_{21}^{(2)}}{\partial x_1} - \pi S_{ij}f_i\frac{\partial f_j}{\partial x_2} - A_2^{(2)},$$

$$h = B_{21}^{(2)}\frac{\partial\phi}{\partial x_1} - \frac{\partial B_{21}^{(2)}}{\partial x_1} + \pi S_{ij}f_if_j\left(-\frac{1}{M}\cdot\frac{\partial M}{\partial x_2} + \frac{\mathrm{d}\phi_0}{\mathrm{d}r}\cdot\frac{\partial r}{\partial x_2}\right) - \pi S_{ij}f_i\frac{\partial f_j}{\partial x_2} - \frac{1}{M}\left[C_1(x_1) - \int_0^{x_2}x_2\frac{\partial M}{\partial x_1}\mathrm{d}x_2\right] \tag{3.30}$$

由式(3.14)和式(3.28)有

$$-B_{21}^{(2)} = B_{12}^{(1)} = \frac{1}{M}C_2(x_1)\mathrm{e}^{\phi_0(r)} \tag{3.31}$$

其中,$C_2(x_1)$是$x_1$的任意函数。

将式(3.31)代入式(3.30)等号右边的前两项,可得

$$B_{21}^{(2)}\frac{\partial\phi}{\partial x_1} - \frac{\partial B_{21}^{(2)}}{\partial x_1} = -B_{21}^{(1)}\frac{\partial\phi}{\partial x_1} + \frac{\partial B_{12}^{(1)}}{\partial x_1} = \frac{1}{M}C_3(x_1)\mathrm{e}^{\phi_0(r)} \tag{3.32}$$

其中,$C_3(x_1)$是$x_1$的任意函数。

将上式代入式(3.30)可得

$$h = \pi S_{ij}f_if_j\left(-\frac{1}{M}\cdot\frac{\partial M}{\partial x_2} + \frac{\mathrm{d}\phi_0}{\mathrm{d}r}\cdot\frac{\partial r}{\partial x_2}\right) - \pi S_{ij}f_i\frac{\partial f_j}{\partial x_2} - \frac{1}{M}\left[C_1(x_1) - \int_0^{x_2}x_2\frac{\partial M}{\partial x_1}\mathrm{d}x_2\right] + \frac{1}{M}C_3(x_1)\mathrm{e}^{\phi_0(r)} \tag{3.33}$$

值得注意的是,式(3.29)和式(3.33)构成了最广泛的一类单自由度非线性系统,其约化 FPK 方程是可解的。文献[3.4-3.14]中已有的结果也包含在此类中。

若函数$M=\lambda_y(x,y)$表示$\lambda(x,y)$关于$y$的偏导数,其中$y=x_2^2/2$,$x=x_1$,$\lambda(x,y)$(简写为$\lambda$)是$x$和$y$的任意函数,则由式(3.25)得到

$$r = -\int_0^{x_1}C_1(x_1)\mathrm{d}x_1 + \int_0^{(x_1,x_2)}\left[\left(\int_0^{x_2}x_2\lambda_{xy}\mathrm{d}x_2\right)\mathrm{d}x_1 + \lambda_y x_2\mathrm{d}x_2\right]$$

不失一般性,设$C_1(x_1)=0$,上式变为

$$r = \int_0^{(x_1,x_2)}\left(\lambda_x\mathrm{d}x_1 + \frac{\partial\lambda}{\partial x_2}\mathrm{d}x_2\right) = \lambda \tag{3.34}$$

由式(3.28)得

$$\phi = -\ln\lambda_y + \phi_0(\lambda) \tag{3.35}$$

将式(3.35)代入式(3.17)得

$$p_s = C\lambda_y\mathrm{e}^{-\phi_0(\lambda)} \tag{3.36}$$

式(3.36)为文献[3.17]中 Cai 和 Lin 得到的式(7)。

由式(3.33)和式(3.34)得

$$h=\pi x_2 S_{ij} f_i f_j\left[\lambda_y \frac{\mathrm{d}\phi_0(\lambda)}{\mathrm{d}\lambda}-\frac{\lambda_{yy}}{\lambda_y}\right]-\pi S_{ij} f_i \frac{\partial f_j}{\partial x_2}+\frac{\lambda_x}{\lambda_y}+\frac{C_3(x_1)}{\lambda_y}\mathrm{e}^{\phi_0(\lambda)} \tag{3.37}$$

式(3.37)为文献[3.14]中的式(21)和文献[3.17]中的式(6)。

由上可知,式(3.36)是式(3.29)的一个特例,而式(3.37)是式(3.33)的一个特例。Zhu 和 Yu 在文献[3.18]的式(3)中给出了依赖能量的单自由度非线性系统的平稳概率密度函数,它也是式(3.29)的特例。在与文献[3.18]中式(3)对应的运动方程中,速度的系数和随机激励的系数均是振子总能量的函数。这种情况将在下面的例 V 中讨论。

下面利用几个数学模型来说明上述方法的应用,这些数学模型以前曾被研究过。它们仅用于说明每种情况下系统的概率密度函数。

**例 I**　考虑文献[3.19]中的模型:

$$\ddot{x}+\zeta(\lambda)\dot{x}+g(x)=w(t) \tag{I-1}$$

其中,$w(t)$是谱密度为 $S$ 的高斯白噪声;$g(x)$为非线性恢复力;$\zeta(\lambda)$是 $\lambda$ 的任意函数,$\lambda$ 是系统的总能量:

$$\lambda=\frac{1}{2}\dot{x}^2+\int_0^x g(u)\,\mathrm{d}u \tag{I-2}$$

利用与上述方法相同的符号,式(I-1)的两个 Itô 随机微分方程为

$$\mathrm{d}x_1=x_2\mathrm{d}t, \tag{I-3}$$

$$\mathrm{d}x_2=[-\zeta(\lambda)x_2-g(x_1)]\mathrm{d}t+\sqrt{2\pi S}\,\mathrm{d}B(t) \tag{I-4}$$

其中,$B(t)$(简记为 $B$)是单位维纳过程,其对应的约化 FPK 方程为

$$x_2\frac{\partial p_s}{\partial x_1}-\frac{\partial\{[\zeta(\lambda)x_2+g(x_1)]p_s\}}{\partial x_2}-\pi S\frac{\partial^2 p_s}{\partial x_2^2}=0 \tag{I-5}$$

除了根据式(3.23)选择 $A_2^{(2)}=-g(x_1)$,并在式(3.32)中设 $C_3(x_1)=0$以满足式(3.14),利用与上述方法相同的方法将一、二阶导数矩分为两部分。当$f_1=1$时,对于约化 FPK 方程式(I-5),式(3.15)变为

$$-\zeta(\lambda)x_2+\pi S\frac{\partial\phi}{\partial x_2}=0 \tag{I-6}$$

由式(I-2)可知,$\partial\lambda=x_2\partial x_2$。因此,对式(I-6)积分得

$$\phi=\frac{1}{\pi S}\int_0^\lambda \zeta(u)\,\mathrm{d}u+C_2(x_1) \tag{I-7}$$

由于 $C_2(x_1)$是任意常数,所以不失一般性,可以将其设为零。由式(3.17)可得

$$p_s=C\mathrm{e}^{-\frac{1}{\pi S}\int_0^\lambda \zeta(u)\,\mathrm{d}u} \tag{I-8}$$

**例 II**　考虑如下 Rayleigh 或改进的 van der Pol 振子[3.19]:

$$\ddot{x}-\beta[1-(x^2+\dot{x}^2)]\dot{x}+x=w(t) \tag{II-1}$$

其中,$\beta$ 是正常数。若

$$H=\frac{1}{2}(x^2+\dot{x}^2) \tag{Ⅱ-2}$$

则式(Ⅱ-1)变为

$$\ddot{x}-\beta(1-2H)\dot{x}+x=w(t) \tag{Ⅱ-3}$$

该方程属于上述例Ⅰ中式(Ⅰ-1)所描述的类型,式(Ⅰ-1)中的 $\lambda$ 在这里用 $H$ 代替。因此,

$$\zeta(H)=-\beta(1-2H) \tag{Ⅱ-4}$$

将式(Ⅱ-4)代入式(Ⅰ-8)得

$$p_s=p_s(x,\dot{x})=Ce^{-\frac{\beta}{\pi S}H(H-1)} \tag{Ⅱ-5}$$

其中,$C$ 是归一化常数。由于

$$H(H-1)+\frac{1}{4}=\frac{1}{4}(1-2H)^2 \tag{Ⅱ-6}$$

所以将其代入式(Ⅱ-2),并重新整理为

$$H(H-1)=\frac{1}{4}[1-(x^2+\dot{x}^2)]^2-\frac{1}{4} \tag{Ⅱ-7}$$

根据式(Ⅱ-7),将式(Ⅱ-5)写为

$$p_s=p_s(x,\dot{x})=Ce^{-\frac{\beta}{4\pi S}[1-(x^2+\dot{x}^2)]^2+\frac{\beta}{4\pi S}} \tag{Ⅱ-8}$$

式(Ⅱ-8)还可改写为

$$p_s=Ce^{\frac{\beta}{4\pi S}}e^{-\frac{\beta}{4\pi S}[1-(x^2+\dot{x}^2)]^2} \tag{Ⅱ-9}$$

式(Ⅱ-9)可进一步简化为

$$p_s=C_1e^{-\frac{\beta}{4\pi S}[1-(x^2+\dot{x}^2)]^2} \tag{Ⅱ-10}$$

其中,$C_1$ 是归一化常数。因此,由方程式(Ⅱ-1)描述的系统的响应是非高斯的。

**例Ⅲ** 考虑同受参激和外激的非线性振子:

$$\ddot{x}+(\alpha+\beta x^2)\dot{x}+\Omega^2[1+w_1(t)]x=w_2(t) \tag{Ⅲ-1}$$

其中,$w_i(t)$ 是谱密度为 $S_{ii}$ 的独立高斯白噪声;$\alpha$,$\beta$ 和 $\Omega$ 是常数。此为文献[3.11]中 Yong 和 Lin 所研究的例子。应用式(3.15)和式(3.23),令 $A_2^{(2)}=-\Omega^2x_1$,以及在式(3.32)中令 $C_3(x_1)=0$,可得如下结果:

$$\pi(S_{11}x_1^2+S_{22})\frac{\partial\phi}{\partial x_2}=(\alpha+\beta x_1^2)x_2 \tag{Ⅲ-2}$$

由于 $f_1=-\Omega^2x_1$,$f_2=1$,所以对式(Ⅲ-2)积分得

$$\phi=\frac{(\alpha+\beta x_1^2)x_2^2}{2\pi(S_{11}x_1^2+S_{22})}+C_2(x_1) \tag{Ⅲ-3}$$

特别地,若$\frac{S_{22}}{S_{11}}=\frac{\alpha}{\beta}$,则

$$\phi=\frac{\beta x_2^2}{2\pi S_{11}}+C_2(x_1) \tag{Ⅲ-4}$$

不失一般性,可以选择

$$C_2(x_1)=\frac{\beta\Omega^2x_1^2}{2\pi S_{11}} \tag{Ⅲ-5}$$

因此,系统的平稳概率密度函数为

$$p_s=C\mathrm{e}^{-\frac{\beta}{2\pi S_{11}}(x_2^2+\Omega^2x_1^2)} \tag{Ⅲ-6}$$

其中,$C$ 是归一化常数。Yong 和 Lin 在文献[3.11]中指出,在适当的高斯随机参激和外激的组合激励下,上述非线性系统的响应是高斯的。

**例Ⅳ**　考虑如下系统的运动方程(Dimentberg[3.8],Yong 和 Lin[3.11]):

$$\ddot{x}+[\zeta(\Lambda)+w_1(t)]\dot{x}+\Omega^2[1+w_2(t)]x=w_3(t) \tag{Ⅳ-1}$$

其中,$w_i(t)$是谱密度为 $S_{ii}$ 的独立高斯白噪声;$\Omega$ 为常数,且

$$\Lambda=\frac{1}{2}\dot{x}^2+\frac{1}{2}\Omega^2x^2 \tag{Ⅳ-2}$$

由于式(Ⅳ-1)中速度的系数含有参数随机激励,所以需要考虑 WZ 修正项[3.20],则式(Ⅳ-1)的 Itô 方程为

$$\mathrm{d}x_1=x_2\mathrm{d}t, \tag{Ⅳ-3}$$

$$\mathrm{d}x_2=-\{[\zeta(\Lambda)-\pi S_{11}]x_2+\Omega^2x_1\}\mathrm{d}t+\sqrt{2\pi(S_{11}x_2^2+S_{22}\Omega^4x_1^2+S_{33})}\,\mathrm{d}B(t) \tag{Ⅳ-4}$$

对应的约化 FPK 方程为

$$x_2\frac{\partial p_s}{\partial x_1}-\frac{\partial\{[\zeta(\Lambda)x_2-\pi S_{11}x_2+\Omega^2x_1]p_s\}}{\partial x_2}-\pi\frac{\partial^2[(S_{11}x_2^2+\Omega^4S_{22}x_1^2+S_{33})p_s]}{\partial x_2^2}=0 \tag{Ⅳ-5}$$

应用上述方法,参考式(3.23),设 $A_2^{(2)}=-\Omega^2x_1$,并在式(3.32)中设 $C_3(x_1)=0$,则由式(3.15)得

$$\frac{\partial\phi}{\partial x_2}=\frac{[\zeta(\Lambda)+\pi S_{11}]x_2}{\pi(S_{11}x_2^2+\Omega^4S_{22}x_1^2+S_{33})} \tag{Ⅳ-6}$$

由于$f_1=-x_2,f_2=-\Omega^2x_1,f_3=1$,所以当 $S_{11}=S_{22}\Omega^2$时,由式(Ⅳ-6)可得

$$\phi=\int_0^{\Lambda}\frac{\zeta(u)+\pi S_{11}}{\pi(2S_{11}u+S_{33})}\mathrm{d}u+C_4(x_1) \tag{Ⅳ-7}$$

由式(3.16)可知 $C_4(x_1)$为常数。因此,将其代入式(3.17)并积分得到

$$p_s=\frac{C_5}{\sqrt{(2S_{11}\Lambda+S_{33})}}\mathrm{e}^{-\frac{1}{\pi}\int_0^{\Lambda}\frac{\zeta(\mu)}{2S_{11}u+S_{33}}\mathrm{d}u} \tag{Ⅳ-8}$$

若$\zeta(\Lambda)=\beta\Lambda+\alpha$,其中 $\alpha$ 和 $\beta$ 为常数,则对式(Ⅳ-8)积分得

$$p_s=C(2S_{11}\Lambda+S_{33})^{\frac{1}{2}\left(\frac{\beta S_{33}}{2\pi S_{11}^2}-\frac{\alpha}{\pi S_{11}}-1\right)}\mathrm{e}^{-\frac{\beta\Lambda}{2\pi S_{11}}} \tag{Ⅳ-9}$$

其中，$C$ 是归一化常数。文献[3.8]和[3.11]使用不同的符号独立地给出了式(Ⅳ-9)。

**例Ⅴ** 考虑如下能量依赖系统的运动方程(Zhu 和 Yu[3.18])：

$$\ddot{x}+\zeta(\lambda)\dot{x}+g(x)=f(\lambda)w(t) \tag{Ⅴ-1}$$

其中，$w(t)$ 是谱密度为 $S$ 的高斯白噪声；$g(x)$ 是非线性恢复力；$\zeta(\lambda)$ 和 $f(\lambda)$ 是 $\lambda$ 的任意函数，$\lambda$ 是系统总能量：

$$\lambda = \frac{1}{2}\dot{x}^2 + \int_0^x g(u)\,\mathrm{d}u \tag{Ⅴ-2}$$

注意，式(Ⅴ-1)除了等号右边外，与上述式(Ⅰ-1)相似。应用与上述方法相同的符号，式(Ⅴ-1)中的两个 Itô 随机微分方程写为

$$\mathrm{d}x_1 = x_2\mathrm{d}t \tag{Ⅴ-3}$$

和

$$\mathrm{d}x_2 = [-\zeta(\lambda)x_2 - g(x_1)]\mathrm{d}t + \sqrt{2\pi S}f(\lambda)\mathrm{d}B(t) \tag{Ⅴ-4}$$

$B(t)$(简记为 $B$)是单位维纳过程。相应的约化 FPK 方程为

$$x_2\frac{\partial p_s}{\partial x_1} - \frac{\partial\{[\zeta(\lambda)x_2+g(x_1)]p_s\}}{\partial x_2} - \pi S[f(\lambda)]^2\frac{\partial^2 p_s}{\partial x_2^2} = 0 \tag{Ⅴ-5}$$

除了根据式(3.23)选择 $A_2^{(2)}=-g(x_1)$，并在式(3.32)中设 $C_3(x_1)=0$ 以满足式(3.14)之外，一、二阶导数矩仍按上述方法分为两部分。令 $f_1=f(\lambda)$，则对于约化 FPK 方程式(Ⅴ-5)，式(3.15)简化为

$$-\zeta(\lambda)x_2 - \pi S f(\lambda)\frac{\partial f(\lambda)}{\partial x_2} + \pi S[f(\lambda)]^2\frac{\partial\phi}{\partial x_2} = 0 \tag{Ⅴ-6}$$

由式(Ⅴ-2)可得 $\partial\lambda = x_2\partial x_2$。因此，对式(Ⅴ-6)积分得

$$\phi = \frac{1}{\pi S}\int_0^\lambda \frac{\zeta(u)}{[f(u)]^2}\mathrm{d}u + \int\frac{\mathrm{d}f(\lambda)}{f(\lambda)} + C_2(x_1) \tag{Ⅴ-7}$$

由于 $C_2(x_1)$ 是任意常数，所以不失一般性，可以将其设为零。由式(3.17)可得

$$p_s = \frac{C}{f(\lambda)}\mathrm{e}^{-\frac{1}{\pi S}\int_0^\lambda \frac{\zeta(u)}{[f(u)]^2}\mathrm{d}u} \tag{Ⅴ-8}$$

式(Ⅴ-8)与文献[3.18]中的式(3)一致，只是符号不同。

## 3.3 工程系统应用

本节将上一节所述的广义平稳势理论和相应推导过程的推广应用于工程中经常遇到的各种单自由度系统中。这些系统可分为以下三类：①具有线性阻尼和非线性刚度的系统；②具有非线性阻尼和线性刚度的系统；③同时具有非线性阻尼和非线性刚度的系统。

除了系统的平稳概率密度函数，还包含每个系统的响应的均方或方差。除非另有说明，以下假定非线性系统存在平稳概率密度函数。

### 3.3.1　具有线性阻尼和非线性刚度的系统

这类系统包括具有多项式型弹性力、三角函数型弹性力、具有加速度跳跃的弹性力、双线性型恢复力，以及平面或轴向随机激励的非线性系统。在可能的情况下，每个系统的运动方程都将直接进行求解，同时利用 3.2 节给出的方法中的方程进行说明。

**例Ⅰ**　Duffing 振子是最简单的一个具有多项式型弹性力的系统，它可以用于描述具有大位移[3.21]或所谓的几何非线性的系统，其在高斯白噪声激励下的运动方程为

$$\ddot{x}+\beta\dot{x}+\Omega^2x+\varepsilon x^3=w(t) \tag{Ⅰ-1}$$

其中，$\beta$ 为正阻尼系数；$\Omega$ 为对应线性振子的固有频率；$\varepsilon$ 为非线性强度，且假设 $\varepsilon$ 均为正。

式(Ⅰ-1)对应的两个 Itô 微分方程为

$$\mathrm{d}x_1=x_2\mathrm{d}t \tag{Ⅰ-2}$$

$$\mathrm{d}x_2=[-\beta x_2-g(x_1)]\mathrm{d}t+\mathrm{d}B(t) \tag{Ⅰ-3}$$

其中，$g(x_1)=\Omega^2x+\varepsilon x^3$。式(Ⅰ-2)和式(Ⅰ-3)对应的约化 FPK 方程为

$$x_2\frac{\partial p_s}{\partial x_1}-\frac{\partial[\beta x_2+g(x_1)]p_s}{\partial x_2}-\pi S\frac{\partial^2 p_s}{\partial x_2^2}=0 \tag{Ⅰ-4}$$

为求解方程式(Ⅰ-4)，可将其改写为

$$\left(\frac{\partial}{\partial x_1}-\beta\frac{\partial}{\partial x_2}\right)\left[\left(x_2+\frac{\pi S}{\beta}\cdot\frac{\partial}{\partial x_2}\right)p_s\right]-\frac{\partial}{\partial x_2}\left\{\left[g(x_1)+\frac{\pi S}{\beta}\cdot\frac{\partial}{\partial x_1}\right]p_s\right\}=0 \tag{Ⅰ-5}$$

方程式(Ⅰ-5)是可解的，若其满足以下两个方程：

$$\left(x_2+\frac{\pi S}{\beta}\cdot\frac{\partial}{\partial x_2}\right)p_s=0, \tag{Ⅰ-6}$$

$$\left[g(x_1)+\frac{\pi S}{\beta}\cdot\frac{\partial}{\partial x_1}\right]p_s=0 \tag{Ⅰ-7}$$

则由式(Ⅰ-6)得

$$p_s=C_1(x_1)\mathrm{e}^{-\frac{\beta}{2\pi S}(x_2^2)} \tag{Ⅰ-8}$$

由式(Ⅰ-7)得

$$p_s=C_2(x_2)\mathrm{e}^{-\frac{\beta}{\pi S}\int_0^{x_1}g(u)\mathrm{d}u}=C_2(x_2)\mathrm{e}^{-\frac{\beta}{\pi S}\left(\frac{\Omega^2x_1^2}{2}+\frac{\varepsilon x_1^4}{4}\right)} \tag{Ⅰ-9}$$

将式(Ⅰ-8)和式(Ⅰ-9)结合可得

$$p_s=C\mathrm{e}^{-\frac{\beta}{4\pi S}(2x_2^2+2\Omega^2x_1^2+\varepsilon x_1^4)} \tag{Ⅰ-10}$$

其中，$C$ 是归一化常数。

在推导位移的方差之前，应用 3.2 节中所述的方法对 Duffing 振子求解。参考 3.2 节的式(Ⅰ-8)，$\lambda$ 为该振子的总能量：

$$\lambda=\frac{1}{2}x_2^2+\int_0^{x_1}g(u)\mathrm{d}u$$

此时3.2节中式(Ⅰ-8)的$\zeta(\mu)$对应当前系统中的$\beta$。因此，应用3.2节的式(Ⅰ-8)，得到与上述式(Ⅰ-10)相同的结果。

位移的均方值为

$$\sigma_x^2 = \langle x^2 \rangle = \int_{-\infty}^{\infty}\int_{-\infty}^{\infty} x^2 p_s(x,\dot{x})\,\mathrm{d}x\mathrm{d}\dot{x} \tag{Ⅰ-11}$$

在将式(Ⅰ-10)代入式(Ⅰ-11)之前，将联合平稳概率密度函数分成两部分，即$p_s=p_2(x_2)p_1(x_1)$，其中，

$$p_2(\dot{x})=\frac{1}{\sqrt{2\pi}\sigma_{\dot{x}_0}}\mathrm{e}^{-\frac{1}{2}\left(\frac{\dot{x}}{\sigma_{\dot{x}_0}}\right)^2} \tag{Ⅰ-12}$$

和

$$p_1(x)=C\sqrt{2\pi}\,\Omega\sigma_{x_0}\mathrm{e}^{-\frac{1}{4\Omega^2\sigma_{x_0}^2}(2\Omega^2x^2+\varepsilon x^4)} \tag{Ⅰ-13}$$

其中，归一化常数$C$为

$$C=\frac{1}{\sqrt{2\pi}\sigma_{x_0}\Omega\int_{-\infty}^{\infty}\mathrm{e}^{-\frac{1}{\sigma_{x_0}^2}\left(\frac{x^2}{2}+\frac{\varepsilon x^4}{4\Omega^2}\right)}\mathrm{d}x} \tag{Ⅰ-14}$$

这里，

$$\sigma_{x_0}^2=\frac{\pi S}{\beta\Omega^2},\quad \sigma_{\dot{x}_0}^2=\frac{\pi S}{\beta}$$

令$\rho=\pi S\varepsilon/(\Omega^4\beta)$，并定义

$$Q(\rho)=\frac{1}{\sqrt{2\pi}\sigma_{x_0}}\int_{-\infty}^{\infty}\mathrm{e}^{-\frac{1}{4\sigma_{x_0}^4}(2\sigma_{x_0}^2x^2+\rho x^4)}\mathrm{d}x \tag{Ⅰ-15}$$

故有

$$C=\frac{1}{2\pi\Omega\sigma_{x_0}^2Q(\rho)} \tag{Ⅰ-16}$$

根据式(Ⅰ-13)~式(Ⅰ-16)，可将式(Ⅰ-11)表示为

$$\sigma_x^2=\int_{-\infty}^{\infty}x^2p_1(x)\,\mathrm{d}x=\int_{-\infty}^{\infty}\frac{x^2}{\sqrt{2\pi}\sigma_{x_0}Q(\rho)}\mathrm{e}^{-\frac{1}{\sigma_{x_0}^2}\left(\frac{x^2}{2}+\frac{\rho x^4}{4\sigma_{x_0}^2}\right)}\mathrm{d}x \tag{Ⅰ-17}$$

利用抛物柱面函数和伽马函数，方程式(Ⅰ-15)和方程式(Ⅰ-17)均可求解。根据以下等式：

$$U(a,z)\Gamma\left(a+\frac{1}{2}\right)\mathrm{e}^{z^2/4}=\int_0^{\infty}\mathrm{e}^{-2u-\frac{u^2}{2}}u^{a-\frac{1}{2}}\mathrm{d}u \tag{Ⅰ-18}$$

其中，$U(a,z)$为抛物柱面函数。记

$$\mu=\sqrt{\frac{\rho}{2}}\cdot\frac{x^2}{\sigma_{x_0}^2}$$

则可得

$$x=\sigma_{x_0}\left(\frac{2}{\rho}\right)^{\frac{1}{4}}\mu^{\frac{1}{2}},\ \frac{x^2}{2\sigma_{x_0}^2}=\frac{\mu}{\sqrt{2\rho}},\ \mathrm{d}x=\sigma_{x_0}\left(\frac{2}{\rho}\right)^{\frac{1}{4}}\frac{\mathrm{d}\mu}{2\sqrt{\mu}} \qquad (\text{Ⅰ}-19)$$

将式(Ⅰ-19)代入式(Ⅰ-15),并利用式(Ⅰ-18)可得

$$Q(\rho)=\left(\frac{1}{2\pi}\right)^{\frac{1}{2}}\left(\frac{2}{\rho}\right)^{\frac{1}{4}}\int_0^{\infty}\mathrm{e}^{-\frac{\mu}{\sqrt{2\rho}}-\frac{\mu^2}{2}}\mu^{-\frac{1}{2}}\mathrm{d}\mu=\frac{1}{(2\pi^2\rho)^{\frac{1}{4}}}U\left(0,\frac{1}{\sqrt{2\rho}}\right)\Gamma\left(\frac{1}{2}\right)\mathrm{e}^{\frac{1}{8\rho}} \qquad (\text{Ⅰ}-20)$$

对上式进行简化得

$$Q(\rho)=\frac{\mathrm{e}^{\frac{1}{8\rho}}}{(2\rho)^{\frac{1}{4}}}U\left(0,\frac{1}{\sqrt{2\rho}}\right) \qquad (\text{Ⅰ}-21)$$

利用式(Ⅰ-19),对式(Ⅰ-17)进行与式(Ⅰ-21)类似的推导得

$$\sigma_x^2=\sqrt{\frac{\pi S}{2\beta\varepsilon}}U\left(1,\frac{1}{\sqrt{2\rho}}\right)U\left(0,\frac{1}{\sqrt{2\rho}}\right)^{-1} \qquad (\text{Ⅰ}-22)$$

若 $S=\Omega=\varepsilon=1.0$,$\beta=0.1$,则由式(Ⅰ-22)得 $\sigma_x^2=3.534\ 3$,取其他值的情况绘制在图 3.1 中。对于后一种情况,位移均方值随非线性强度的增大而减小,但随高斯白噪声激励谱密度的增大而增大。

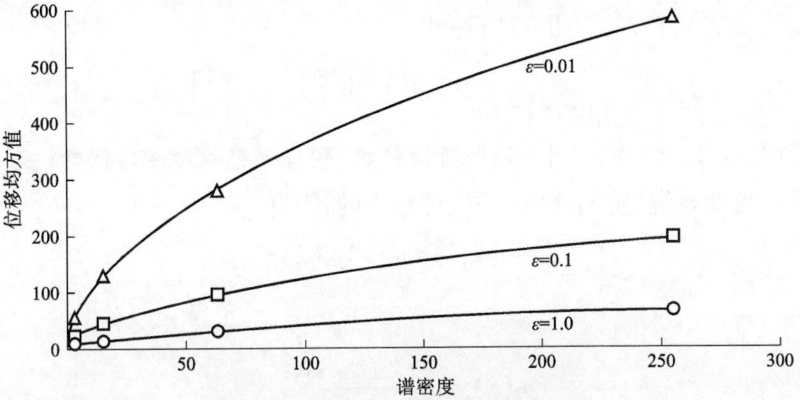


**图 3.1　Duffing 振子的位移均方值**

**例Ⅱ**　考虑以下具有三角函数型弹性力的系统:

$$\ddot{x}+\beta\dot{x}+\left(\frac{2k_0x_0}{m\pi}\right)\tan\left(\frac{\pi x}{2x_0}\right)=w(t) \qquad (\text{Ⅱ}-1)$$

其中,$k_0$ 为初始弹簧刚度;$x_0$ 为无穷大的力作用下可获得的最大挠度,故 $-x_0<x<x_0$;$m$ 为系统质量;其余符号具有其通常含义。这种线性弹性力如图 3.2 所示。显然,该振子与式(Ⅰ-1)中描述的系统类似,只是将多项式型弹性力替换为所谓的切线弹性特性[3.22]。式(Ⅱ-1)所描述的弹性力表示一个硬化弹簧,即使在受到无穷大力的情况下,其挠度也是有限的。式(Ⅱ-1)的计算可参考 Klein[3.23] 的工作。以下的结果均来自 Klein 的工作,只是更改了符号。一个可能

的应用实例就是在隔振器的分析中,使用弹性体(如氯丁橡胶)作为弹簧元件。这种类型的隔振器可用于保护飞机和导弹中的电子设备免受振动[3.23]。

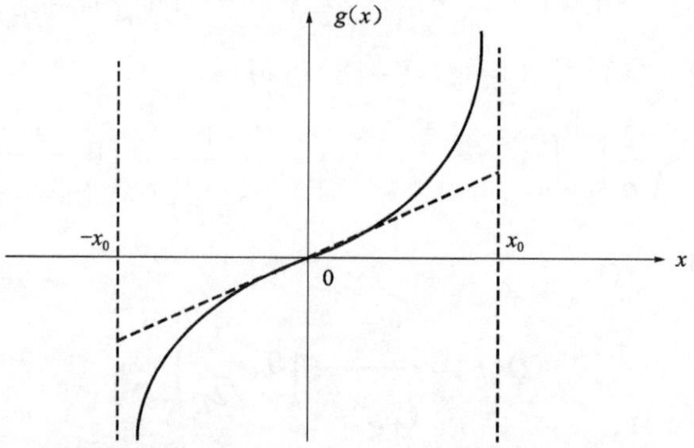


图 3.2 具有有限挠度的硬化弹簧的线性弹性力

通过将 $g(x_1)=\Omega^2x+\varepsilon x^3$ 替换为 $g(x_1)=[2k_0x_0/(\pi m)]\tan(\pi x_1/2x_0)$,可以得到式(Ⅱ-1)所示的联合平稳概率密度:

$$p_s(x,\dot{x})=C\mathrm{e}^{-\left(\frac{\beta}{\pi S}\right)\left[\frac{\dot{x}^2}{2}+\frac{2\Omega^2x_0}{\pi}\int_0^x\tan\left(\frac{\pi u}{2x_0}\right)\mathrm{d}u\right]} \tag{Ⅱ-2}$$

其中,$\Omega^2=k_0/m$;$C$ 是归一化常数。

令 $\sigma_0^2=\pi S/(\beta\Omega^2)$,并对式(Ⅱ-2)积分得

$$p_s(x,\dot{x})=C\mathrm{e}^{-\left(\frac{1}{\sigma_0^2\Omega^2}\right)\left[\frac{\dot{x}^2}{2}-\left(\frac{2\Omega x_0}{\pi}\right)^2\ln\left(\cos\frac{\pi x}{2x_0}\right)\right]} \tag{Ⅱ-3}$$

根据上个例子中式(Ⅰ-8)和式(Ⅰ-9)所确定的解,联合平稳概率密度函数[式(Ⅱ-3)]可由边缘分布表示。也就是说,若 $x_1$ 和 $x_2$ 是统计独立的,则有

$$p_s(x,\dot{x})=p_s(x)p_s(\dot{x})$$

其中,

$$p_s(\dot{x})=\frac{1}{\sqrt{2\pi}\sigma_0\Omega}\mathrm{e}^{-\frac{\dot{x}^2}{2\Omega^2\sigma_0^2}}, \tag{Ⅱ-4}$$

$$p_s(x)=C\sqrt{2\pi}\sigma_0\Omega\left[\cos\left(\frac{\pi x}{2x_0}\right)\right]^{\left(\frac{2x_0}{\pi\sigma_0}\right)^2} \tag{Ⅱ-5}$$

归一化常数 $C$ 可由下式求出:

$$\int_{-\infty}^{\infty}\int_{-\infty}^{\infty}p_s(x,\dot{x})\,\mathrm{d}x\mathrm{d}\dot{x}=C\sqrt{2\pi}\sigma_0\Omega\int_{-x_0}^{x_0}\left[\cos\left(\frac{\pi x}{2x_0}\right)\right]^n\mathrm{d}x=1 \tag{Ⅱ-6}$$

其中,$n=[2x_0/(\pi\sigma_0)^2]\geqslant 0$。记 $y=\pi x/(2x_0)$,并适当地改变积分限,上式的后一个方程变为

$$4C\Omega\sigma_0x_0\sqrt{\frac{2}{\pi}}\int_0^{\pi/2}\cos^n y\mathrm{d}y=1 \tag{Ⅱ-7}$$

计算式(Ⅱ-7)得

$$C=\frac{\Gamma\left(1+\frac{n}{2}\right)}{2\sqrt{2}x_0\Omega\sigma_0\Gamma\left(\frac{n+1}{2}\right)}$$

其中,$\Gamma(\cdot)$为伽马函数或第二类欧拉积分。

将 $C$ 代入式(Ⅱ-5)得

$$p_s(x)=\frac{\sqrt{\pi}}{2x_0}\frac{\Gamma\left(1+\frac{n}{2}\right)}{\Gamma\left(\frac{n+1}{2}\right)}\left(\cos\frac{\pi x}{2x_0}\right)^n \tag{Ⅱ-8}$$

振子位移的均方值为

$$\sigma_x^2=\int_{-x_0}^{x_0}x^2p_s(x)\,\mathrm{d}x=\frac{\sqrt{\pi}}{2x_0}\frac{\Gamma\left(1+\frac{n}{2}\right)}{\Gamma\left(\frac{n+1}{2}\right)}\int_{-x_0}^{x_0}x^2\left(\cos\frac{\pi x}{2x_0}\right)^n\mathrm{d}x \tag{Ⅱ-9}$$

在一般情况下,式(Ⅱ-9)中的积分不能显式表示。然而,当 $n$ 是一个正整数时,其可以显式表示。振子位移的均方值的典型结果如图 3.3 所示。

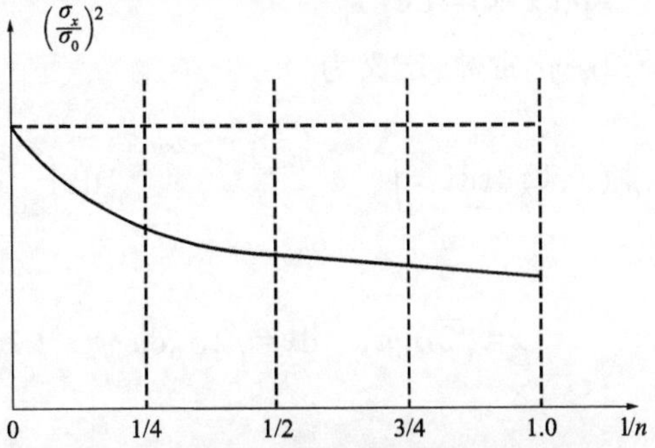


**图 3.3　振子位移的均方值的典型结果**

**例Ⅲ**　考虑一个带有装配弹簧的非线性振荡器,如图 3.4 所示。其运动方程为

$$\ddot{x}+2\zeta\Omega\dot{x}+\Omega^2(x+\varepsilon\,\mathrm{sgn}x)=w(t) \tag{Ⅲ-1}$$

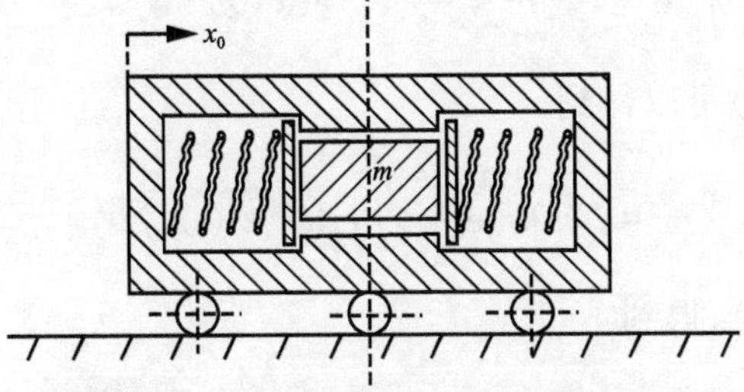


**图 3.4　带有装配弹簧的非线性振荡器**

当 $x>0$ 时，$\mathrm{sgn}x=1$；当 $x<0$ 时 $\mathrm{sgn}x=-1$。当振子质量穿过 $x=0$ 时，它会经历一个相对加速度的跳跃，大小为 $2F_0/m$，$m$ 为振子质量，其相对速度是连续的。Crandall[3.24] 对该振子进行了分析。图 3.5 给出了恢复力作为振子的相对运动关于 $x$ 的函数。

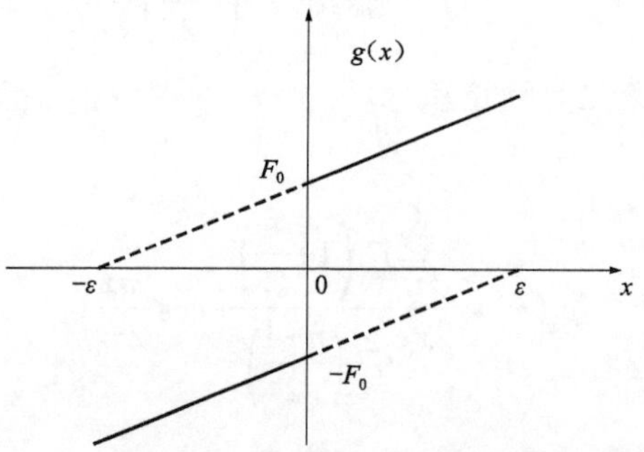


**图 3.5　带有装配弹簧的非线性振荡器的恢复力**

式(Ⅲ-1)所示的约化 FPK 方程类似式(Ⅰ-4)，因此

$$x_2\frac{\partial p_s}{\partial x_1}-\frac{\partial[2\zeta\Omega x_2+\Omega^2(x+\varepsilon\mathrm{sgn}x)]p_s}{\partial x_2}-\pi S\frac{\partial^2 p_s}{\partial x_2^2}=0 \tag{Ⅲ-2}$$

按照上面例Ⅰ中的类似过程，其联合概率密度函数为

$$p_s(x,\dot{x})=C\mathrm{e}^{-\left(\frac{1}{2\sigma_0^2\Omega^2}\right)(\dot{x}^2+\Omega^2x^2+2\Omega^2\varepsilon x\mathrm{sgn}x)} \tag{Ⅲ-3}$$

其中，$\sigma_0^2=\pi S/(2\zeta\Omega^3)$；$C$ 是归一化常数，定义为

$$\frac{1}{C}=\int_{-\infty}^{\infty}\int_{-\infty}^{\infty}p_s(x,\dot{x})\,\mathrm{d}x\mathrm{d}\dot{x}=\int_{-\infty}^{\infty}\mathrm{e}^{-\left(\frac{1}{2\sigma_0^2}\right)(x^2+2\varepsilon x\mathrm{sgn}x)}\mathrm{d}x\int_{-\infty}^{\infty}\mathrm{e}^{\left(-\frac{\dot{x}^2}{2\Omega^2\sigma_0^2}\right)}\mathrm{d}\dot{x}$$

然后，应用以下定义：

$$x=\sqrt{2}\sigma_0u,\quad \mathrm{d}x=\sqrt{2}\sigma_0\mathrm{d}u$$

则上一个关系式为

$$\frac{1}{C}=2\sqrt{\pi}\Omega\sigma_0^2\left[\int_{-\infty}^{0}\mathrm{e}^{-u^2+\frac{\varepsilon\sqrt{2}}{\sigma_0}u}\mathrm{d}u+\int_0^{\infty}\mathrm{e}^{-u^2-\frac{\varepsilon\sqrt{2}}{\sigma_0}u}\mathrm{d}u\right] \tag{Ⅲ-4}$$

由于二重积分是关于 $x_1$ 和 $x_2$ 的偶函数，所以可以简化为下式：

$$\int_0^{\infty}\mathrm{e}^{-u^2-\frac{\varepsilon\sqrt{2}u}{\sigma_0}}\mathrm{d}u=\frac{\sqrt{\pi}}{2}\mathrm{e}^{\frac{\varepsilon^2}{2\sigma_0^2}}\mathrm{erfc}[\varepsilon/(\sigma_0\sqrt{2})] \tag{Ⅲ-5}$$

将式(Ⅲ-5)代入式(Ⅲ-4)可以得到

$$\frac{1}{C}=2\pi\Omega\sigma_0^2\mathrm{e}^{\left(\frac{\varepsilon}{\sqrt{2}\sigma_0}\right)^2}\mathrm{erfc}[\varepsilon/(\sigma_0\sqrt{2})] \tag{Ⅲ-6}$$

将式(Ⅲ-6)代入式(Ⅲ-3)，得到

$$p_s(x)=\int_{-\infty}^{\infty}p_s(x,\dot{x})\,\mathrm{d}\dot{x}=C\Omega\sigma_0\mathrm{e}^{-\frac{1}{2\sigma_0^2}(x^2+2\varepsilon x\mathrm{sgn}x)} \tag{Ⅲ-7}$$

类似地，

$$p_s(\dot{x})=\int_{-\infty}^{\infty}p_s(x,\dot{x})\,\mathrm{d}x=\frac{1}{\sqrt{2\pi}\,\Omega\sigma_0}\mathrm{e}^{-\frac{\dot{x}^2}{2\Omega^2\sigma_0^2}} \tag{Ⅲ-8}$$

由式(Ⅲ-7)可得位移的均方值为

$$\sigma_x^2=\int_{-\infty}^{\infty}x^2p_s(x)\,\mathrm{d}x=\sigma_0^2\left\{1+\frac{\varepsilon^2}{\sigma_0^2}-\left(\frac{\varepsilon}{\sigma_0}\right)\sqrt{\frac{2}{\pi}}\cdot\frac{\mathrm{e}^{-\varepsilon^2/(2\sigma_0^2)}}{\mathrm{erfc}[\varepsilon/(\sqrt{2}\sigma_0)]}\right\} \tag{Ⅲ-9}$$

式(Ⅲ-7)~式(Ⅲ-9)所表示的结果与 Crandall[3.24] 给出的结果相同，只是符号不同。

**例Ⅳ**　考虑具有一般的双线性型恢复力的单自由度非线性振子，如图 3.6 所示。这类振子可用于描述弹塑性材料模型或具有耗能吸振器的系统。其运动方程可以表示为

$$\ddot{x}+\beta\dot{x}+\Omega^2x=w(t),\quad |x|\leqslant x_0 \tag{Ⅳ-1a}$$

$$\ddot{x}+\beta\dot{x}+\omega_1^2(x+\varepsilon\,\mathrm{sgn}\,x)=w(t),\quad |x|\geqslant x_0 \tag{Ⅳ-1b}$$

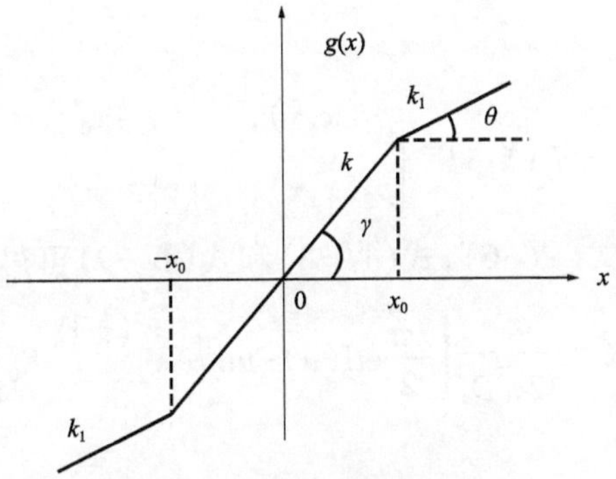


图 3.6　一般的双线性型恢复力

其中，$\Omega^2=k/m$；$\omega_1^2=k_1/m$；$\varepsilon=(k-k_1)x_0/k_1$；$m$ 是系统的质量。式(Ⅳ-1a)为线性的，式(Ⅳ-1b)与上述式(Ⅲ-1)相似。根据上述例子中的方法，其概率密度函数为

$$p_1(x,\dot{x})=C_1\mathrm{e}^{-\left(\frac{1}{2\sigma_0^2\Omega^2}\right)(\dot{x}^2+\Omega^2x^2)},\quad |x|\leqslant x_0 \tag{Ⅳ-2}$$

$$p_2(x,\dot{x})=C_2\mathrm{e}^{-\left(\frac{1}{2\sigma_1^2}\right)\left(\frac{\dot{x}^2}{\omega_1^2}+x^2+2\varepsilon x\,\mathrm{sgn}\,x\right)},\quad |x|\geqslant x_0 \tag{Ⅳ-3}$$

其中，

$$\sigma_0^2=\frac{\pi S}{2\beta\Omega^2},\quad \sigma_1^2=\frac{\pi S}{2\beta\omega_1^2} \tag{Ⅳ-4}$$

连续性条件要求

$$\lim_{x\to x_0-0}(\dot{x}p_1)=\lim_{x\to x_0+0}(\dot{x}p_2) \tag{Ⅳ-5a}$$

$$\lim_{x\to x_0+0}(\dot{x}p_1)=\lim_{x\to x_0-0}(\dot{x}p_2) \tag{Ⅳ-5b}$$

$p_1$ 和 $p_2$ 也有类似的关系。如果假设下列关系成立，则满足连续性条件：

$$C_2=C_1\mathrm{e}^{\left(\frac{x_0^2}{\sigma_0^2}\right)\left(1-\frac{k_1}{k}\right)} \tag{Ⅳ-6}$$

常数 $C_1$ 可由归一化条件求出：

$$\int_{-\infty}^{\infty}\int_{-\infty}^{\infty}p(x,\dot{x})\mathrm{d}x\mathrm{d}\dot{x}=4\left[\int_0^{x_0}\mathrm{d}x\int_0^{\infty}p_1(x,\dot{x})\mathrm{d}\dot{x}\right]+\int_{x_0}^{\infty}\int_0^{\infty}p_2(x,\dot{x})\mathrm{d}x\mathrm{d}\dot{x}\Bigg]=1 \tag{Ⅳ-7}$$

因此，

$$C_1=(2\sigma_0^2\Omega\pi D_1)^{-1} \tag{Ⅳ-8}$$

其中，

$$D_1=\frac{1}{\sqrt{2}}\mathrm{erf}(u)+\mathrm{e}^{u^2\left(\frac{k}{k_1}-1\right)}\sqrt{\frac{k}{2k_1}}\mathrm{erfc}\left(\sqrt{\frac{k}{k_1}}u\right),\quad u=x_0/\sigma_0$$

位移的均方值为

$$\sigma_x^2=\int_{-\infty}^{\infty}\int_{-\infty}^{\infty}x^2p_s(x,\dot{x})\mathrm{d}x\mathrm{d}\dot{x} \tag{Ⅳ-9}$$

其中，

$$p(x,\dot{x})=\begin{cases}p_1(x,\dot{x}), & |x|\leqslant x_0,\\ p_2(x,\dot{x}), & |x|\geqslant x_0\end{cases}$$

利用式(Ⅳ-2)，式(Ⅳ-3)，式(Ⅳ-6)，式(Ⅳ-8)和式(Ⅳ-9)可得

$$\sigma_x^2=\frac{\sigma_0^2}{\sqrt{2\pi}D_1}\left[\frac{\sqrt{\pi}}{2}\mathrm{erf}(u)-u\mathrm{e}^{u^2}+\mathrm{e}^{u^2\left(\frac{k}{k_1}-1\right)}R_0\right] \tag{Ⅳ-10}$$

其中，

$$R_0=\mathrm{erfc}\left(\sqrt{\frac{k}{k_1}}u\right)\sqrt{\frac{\pi k}{k_1}}\left[\frac{k}{2k_1}+\left(\frac{k}{k_1}+1\right)^2u^2\right]+N_0$$

$$N_0=\frac{2k}{k_1}\left(1-\frac{k}{2k_1}\right)u\mathrm{e}^{-\left(\frac{k}{k_1}\right)u^2}$$

应用式(Ⅳ-10)可以计算下列几种特殊情形下的位移均方值。

(1)情形一：$x_0=0$ 和 $k_1=k$。

该情形对应一个线性系统,因此系统位移的均方值为

$$\sigma_x^2=\sigma_1^2 \tag{Ⅳ-11}$$

(2)情形二：$k=k_1(\theta=\gamma)$。

该情形仍然对应一个线性系统。很容易得到,系统位移的均方值与上述式(Ⅳ-11)相同。

(3)情形三：$\theta\to\frac{\pi}{2}(k_1\to\infty)$。

由式(Ⅳ-6)可得 $C_2=0$,联合概率密度函数由式(Ⅳ-2)给出。应用式(Ⅳ-8)和式(Ⅳ-10)可以得到位移的均方值为

$$\sigma_x^2=\frac{\sigma_0^2}{2\sqrt{\pi}\,\mathrm{erf}(u)}\left[\sqrt{\pi}\,\mathrm{erf}(u)-2u\mathrm{e}^{-u^2}\right] \tag{Ⅳ-12}$$

(4)情形四：$\theta=0(k_1=0)$。

这种情形可以用于描述理想弹塑性材料，此时式(Ⅳ-1b)可写为

$$\ddot{x}+\beta\dot{x}+\Omega^2 x_0\,\mathrm{sgn}\,x=w(t) \tag{Ⅳ-13}$$

应用式(Ⅲ-3)或式(Ⅳ-3)，可以得到概率密度函数为

$$p_2(x,\dot{x})=C_2\mathrm{e}^{-\left(\frac{1}{\sigma_0^2}\right)\left(\frac{\dot{x}^2}{2\Omega^2}+x_0 x\,\mathrm{sgn}\,x\right)} \tag{Ⅳ-14}$$

连续条件为

$$C_2=C_1\mathrm{e}^{u^2} \tag{Ⅳ-15}$$

根据归一化条件

$$C_1=\frac{1}{2\sqrt{2\pi}\,\sigma_0^2\Omega\left[\frac{\sqrt{\pi}}{2}\mathrm{erf}(u)+\frac{1}{2u}\mathrm{e}^{-u^2}\right]} \tag{Ⅳ-16}$$

经过一些代数运算后，系统位移的均方值可表示为

$$\sigma_x^2=C_1\sqrt{2\pi}\,\sigma_0^4\Omega\left[\frac{\sqrt{\pi}}{2}\mathrm{erf}(u)-u\mathrm{e}^{-u^2}+\frac{1}{2u^3}\mathrm{e}^{-u^2}(1+2u^2+2u^4)\right] \tag{Ⅳ-17}$$

**例Ⅴ**　考虑一个立方位移项系数具有随机参激的振子。其运动方程为

$$\ddot{x}+\beta\dot{x}+\Omega^2[1+w_1(t)\varepsilon x^2]x=w_2(t) \tag{Ⅴ-1}$$

当二阶和更高阶的振型远远超出所感兴趣的频率范围时，式(Ⅴ-1)可以用来模拟板结构在横向随机激励和面内随机激励下的单模振动。同样，它可以用来描述弯曲梁结构受到轴向随机激励时的单模态振动。当然，这里考虑的随机激励是高斯白噪声过程。理论上，其频率范围是无限大的，因此可以涵盖板或梁结构中的所有模态。然而，在实际中，单模态假设是可以接受的，因为激励持续时间是有限的，而不是无限的。

应用与 3.2 节例Ⅲ中类似的方法，可以得到

$$\frac{\partial\phi}{\partial x_2}=\frac{\beta x_2}{\pi(\alpha x_1^6+S_{22})} \tag{Ⅴ-2}$$

其中，$\alpha=\varepsilon^2 S_{11}\Omega^4$，式(3.15)中 $f_1=-\varepsilon\Omega^2 x_1^3$，$f_2=1$。

对式(Ⅴ-2)积分得

$$\phi=\frac{\beta x_2^2}{2\pi(\alpha x_1^6+S_{22})}+C_2(x_1) \tag{Ⅴ-3}$$

不失一般性，可以选择

$$C_2(x_1)=-\beta\Omega^2 x_1^2[2\pi(\alpha x_1^6+S_{22})]^{-1}$$

则

$$\phi=\frac{\beta}{2\pi}\left(\frac{x_2^2-\Omega^2x_1^2}{\alpha x_1^6+S_{22}}\right) \tag{V-4}$$

严格地说,这个方程只满足 3.2 节中的可解性条件式(3.14)和式(3.15)。为了同时满足可解性条件式(3.16),需要下式成立:

$$x_2^2=\alpha_1x_1^2+\alpha_2x_1^{-4} \tag{V-5}$$

其中,$\alpha_1=5\Omega^2/3$;$\alpha_2=2S_{22}/(3\alpha)$。当 $x_1=0$ 时,$x_2=\infty$,则 $\phi=\infty$,导致概率密度函数为零。

由式(Ⅴ-4),联合平稳概率密度函数为

$$p_s(x,\dot{x})=C\mathrm{e}^{-\frac{\beta}{2\pi}\left(\frac{\dot{x}^2-\Omega^2x^2}{\alpha x^6+S_{22}}\right)} \tag{V-6}$$

其中,$C$ 是归一化常数。当 $x_2>\Omega x_1$ 时,由式(Ⅴ-6)所得的概率密度函数是稳定的,但是为非高斯的。

### 3.3.2 具有非线性阻尼和线性刚度的系统

这类问题包括自激振子,如 Van der Pol 振子和改进的 Van der Pol 振子或 Rayleigh 振子。对于弱的非线性强度,后两个振子表现出极限环,且两个振子的响应本质上是正弦的。随着非线性强度的增加,极限环发生畸变,系统响应为非正弦的。

**例Ⅰ** 考虑高斯白噪声激励下的 Rayleigh 振子或改进的 Van der Pol 振子(Caughey 和 Payne[3.7] 和 To[3.19])。当激励较小且只关心圆柱的第一阶振型时,该模型可用于分析细长圆柱的流激振动。该振子的运动方程为

$$\ddot{x}-\beta[1-(x^2+\dot{x}^2)]\dot{x}+x=w(t) \tag{I-1}$$

其中,$\beta$ 是一个正常数。设

$$H=\frac{1}{2}(x^2+\dot{x}^2) \tag{I-2}$$

则式(Ⅰ-1)为

$$\ddot{x}-\beta(1-2H)\dot{x}+x=w(t) \tag{I-3}$$

该方程属于 3.2 节式(Ⅰ-1)所描述的类型。这里用 $H$ 代替式 3.2 节(Ⅰ-1)中的 $\lambda$。因此,

$$\zeta(H)=-\beta(1-2H) \tag{I-4}$$

将式(Ⅰ-4)代入 3.2 节的式(Ⅰ-8),得到

$$p_s=p_s(x,\dot{x})=C\mathrm{e}^{-\frac{\beta}{\pi S}H(H-1)} \tag{I-5}$$

其中,$C$ 是归一化常数。上式可以改写为

$$H(H-1)+\frac{1}{4}=\frac{1}{4}(1-2H)^2 \tag{I-6}$$

将上式代入式(Ⅰ-2),重新整理为

$$H(H-1)=\frac{1}{4}[1-(x^2+\dot{x}^2)]^2-\frac{1}{4} \tag{I-7}$$

由式( Ⅰ-7),式( Ⅰ-5)为

$$p_s=p_s(x,\dot{x})=C\mathrm{e}^{-\frac{\beta}{4\pi S}[1-(x^2+\dot{x}^2)]^2+\frac{\beta}{4\pi S}} \tag{Ⅰ-8}$$

式( Ⅰ-8)也可以写为

$$p_s=C\mathrm{e}^{\frac{\beta}{4\pi S}}\mathrm{e}^{-\frac{\beta}{4\pi S}[1-(x^2+\dot{x}^2)]^2} \tag{Ⅰ-9}$$

式( Ⅰ-9)可简化为

$$p_s=C_1\mathrm{e}^{-\frac{\beta}{4\pi S}[1-(x^2+\dot{x}^2)]^2} \tag{Ⅰ-10}$$

其中,$C_1$ 是归一化常数。因此,由式( Ⅰ-1)所描述的系统响应是非高斯的。将式( Ⅰ-10)中指数函数的平方项展开,可表示为

$$p_s=C_1\mathrm{e}^{-\frac{\beta}{4\pi S}[1-2(x^2+\dot{x}^2)+(x^2+\dot{x}^2)^2]}$$

或

$$p_s=C_2\mathrm{e}^{\frac{\beta}{2\pi S}\left[x^2+\dot{x}^2-\frac{1}{2}(x^2+\dot{x}^2)^2\right]} \tag{Ⅰ-11}$$

其中,$C_2$ 是归一化常数。因此,联合概率密度函数为

$$p_s=p_s(x,\dot{x})=\frac{\mathrm{e}^{\frac{\beta}{2\pi S}\left[x^2+\dot{x}^2-\frac{1}{2}(x^2+\dot{x}^2)^2\right]}}{\int_{-\infty}^{\infty}\int_{-\infty}^{\infty}\mathrm{e}^{\frac{\beta}{2\pi S}\left[x^2+\dot{x}^2-\frac{1}{2}(x^2+\dot{x}^2)^2\right]}\mathrm{d}x\mathrm{d}\dot{x}} \tag{Ⅰ-12}$$

式( Ⅰ-12)与文献[3.7]中的式(41)一致。

系统位移的均方值为

$$\sigma_x^2=\langle x^2\rangle=\int_{-\infty}^{\infty}\int_{-\infty}^{\infty}x^2p_s(x,\dot{x})\mathrm{d}x\mathrm{d}\dot{x} \tag{Ⅰ-13}$$

同样,可以得到系统速度的均方值为

$$\sigma_{\dot{x}}^2=\langle \dot{x}^2\rangle=\int_{-\infty}^{\infty}\int_{-\infty}^{\infty}\dot{x}^2p_s(x,\dot{x})\mathrm{d}x\mathrm{d}\dot{x} \tag{Ⅰ-14}$$

由于式( Ⅰ-12)中的概率密度函数关于 $x_1$ 和 $x_2$ 是对称的,故

$$\langle x^2\rangle=\langle \dot{x}^2\rangle=\frac{1}{2}\langle x^2+\dot{x}^2\rangle=\frac{1}{2}\int_{-\infty}^{\infty}\int_{-\infty}^{\infty}(x^2+\dot{x}^2)p_s(x,\dot{x})\mathrm{d}x\mathrm{d}\dot{x} \tag{Ⅰ-15}$$

引入变量代换,

$$x=a\cos\theta,\dot{x}=a\sin\theta \tag{Ⅰ-16a,b}$$

则有

$$\langle x^2\rangle=\langle \dot{x}^2\rangle=\frac{1}{2}\frac{\int_0^{2\pi}\mathrm{d}\theta\int_0^{\infty}a^3\mathrm{e}^{\frac{\beta}{4\pi S}(2a^2-a^4)}\mathrm{d}a}{\int_0^{2\pi}\mathrm{d}\theta\int_0^{\infty}a\mathrm{e}^{\frac{\beta}{4\pi S}(2a^2-a^4)}\mathrm{d}a} \tag{Ⅰ-17}$$

通过计算双重积分,可以得到如下结果[3.7]:

$$\langle x^2\rangle=\langle \dot{x}^2\rangle=\frac{1}{2}\left[1+\sqrt{\frac{S}{\beta}}\frac{e^{-\frac{\beta}{4\pi S}}}{1+\mathrm{erf}\left(\frac{1}{2}\sqrt{\frac{\pi S}{\beta}}\right)}\right] \tag{Ⅰ-18}$$

**例Ⅱ** 考虑一个具有参激的非线性振子,该模型可用于转子叶片的简单响应分析,其运动方程为

$$\ddot{x}+(\alpha+\beta x^2)\dot{x}+\Omega^2[1+w(t)]x=0 \tag{Ⅱ-1}$$

其中,$w(t)$是谱密度为$S$的高斯白噪声;$\alpha,\beta$和$\Omega$是常数。此为3.2节中的例Ⅲ,只是忽略了外部随机激励。应用式(3.15),并利用式(3.23)确定$A_2^{(2)}=-\Omega^2x_1$,并在式(3.32)中设$C_3(x_1)=0$,可得

$$\pi Sx_1^2\frac{\partial\phi}{\partial x_2}=(\alpha+\beta x_1^2)x_2 \tag{Ⅱ-2}$$

由于$f_1=-\Omega^2x_1$,所以对式(Ⅱ-2)积分得

$$\phi=\frac{(\alpha+\beta x_1^2)x_2^2}{2\pi Sx_1^2}+C_2(x_1) \tag{Ⅱ-3}$$

不失一般性,可以选择

$$C_2(x_1)=\frac{\beta x_1^2}{2\pi S} \tag{Ⅱ-4}$$

平稳概率密度函数可表示为

$$p_s=Ce^{-\frac{1}{2\pi Sx_1^2}[\alpha x_2^2+\beta x_1^2(x_2^2+x_1^2)]} \tag{Ⅱ-5}$$

其中,$C$为归一化常数。显然,上述振子的响应是非高斯的。

### 3.3.3 同时具有非线性阻尼和非线性刚度的系统

许多实际的工程系统都属于这一类。然而,系统的显式解很难得到。下面的例子主要说明其推导过程,而不是给出合理的实际问题的分析。

考虑一个非线性振子,其运动方程为

$$\ddot{x}+\frac{1}{2}\left[\dot{x}^2+\frac{\delta}{2}\left(x^2+\frac{\gamma}{\delta}\right)^2\right]\dot{x}+\gamma x+\delta x^3=w(t) \tag{Ⅰ-1}$$

其中,$w(t)$(简记为$w$)是谱密度为$S$的高斯白噪声,系统总能量为

$$\lambda=\frac{1}{2}\dot{x}^2+\int(\gamma x+\delta x^3)\mathrm{d}x=\frac{1}{2}\dot{x}^2+\frac{\delta}{4}\left(x^2+\frac{\gamma}{\delta}\right)^2 \tag{Ⅰ-2}$$

注意,上述积分限并不确定,因为可以任意选择势能的参考能级。若采用下列坐标变换,则很容易验证式(Ⅰ-2):

$$x^2+\left(\frac{\gamma}{\delta}\right)=\sqrt{\frac{4\lambda}{\delta}}\cos\theta,\quad \dot{x}=\sqrt{2\lambda}\sin\theta \tag{Ⅰ-3a,b}$$

利用式(Ⅰ-2)将式(Ⅰ-1)重新写为

$$\ddot{x}+\lambda\dot{x}+\gamma x+\delta x^3=w(t) \tag{Ⅰ-4}$$

式(Ⅰ-4)与 3.2 节例Ⅰ的式(Ⅰ-1)类似,因此联合平稳概率密度函数可以表示为

$$p_s = Ce^{-\frac{1}{\pi S}\int_0^{\lambda} u\mathrm{d}u} \tag{Ⅰ-5}$$

对式(Ⅰ-5)积分,代入式(Ⅰ-2),得到

$$p_s(x,\dot{x})=Ce^{-\frac{1}{8\pi S}\left[\dot{x}^2+\frac{\delta}{2}\left(x^2+\frac{\gamma}{8}\right)^2\right]^2} \tag{Ⅰ-6}$$

## 3.4　多自由度系统的解

尽管代数运算量大大增加,但是式(3.10)对于多自由度集中参数系统的推广是直接的。例如,将 3.2 节中的标量变量 $x$ 和 $\dot{x}$ 变成向量。换言之,$\boldsymbol{X}=[x_1x_2x_3\cdots x_n]^{\mathrm{T}}$ 和 $\boldsymbol{Y}=[\dot{x}_1\dot{x}_2\dot{x}_3\cdots\dot{x}_n]^{\mathrm{T}}$,此时 $f_i$ 变为 $f_{ir}$,$w_i$ 变为 $w_r$,其中 $i=1,2,\cdots,n;r=1,2,\cdots,m$。因此,$n$ 自由度系统的运动方程可以写为

$$\ddot{x}_i+h_i(x_1,x_2,\cdots,x_n;\dot{x}_1,\dot{x}_2,\cdots,\dot{x}_n)=f_{ir}^P,$$
$$f_{ir}^P=f_{ir}(x_1,x_2,\cdots,x_n;\dot{x}_1,\dot{x}_2,\cdots,\dot{x}_n)w_r(t)$$

这组方程可以表示为矩阵形式

$$\begin{aligned}&\ddot{\boldsymbol{X}}+\boldsymbol{h}(\boldsymbol{X};\boldsymbol{Y})=[f^p]_{n\times1},\\&[f^p]_{n\times1}=[f]_{n\times m}[w(t)]_{m\times1}=[f]_{n\times m}[w]_{m\times1},\end{aligned} \tag{3.38}$$

其中,$\boldsymbol{Y}$ 和 $\boldsymbol{h}(\boldsymbol{X};\boldsymbol{Y})$ 是 $n\times1$ 阶的向量函数。

为了得到上述多自由度非线性系统的一阶和二阶导数矩,令 $\boldsymbol{Z}_1=\boldsymbol{X}=[x_1x_2x_3\cdots x_n]^{\mathrm{T}}$,$\boldsymbol{Z}_2=\boldsymbol{Y}=[\dot{x}_1\dot{x}_2\dot{x}_3\cdots\dot{x}_n]^{\mathrm{T}}$,$\boldsymbol{Z}=(\boldsymbol{Z}_1,\boldsymbol{Z}_2)^{\mathrm{T}}=[z_1z_2z_3\cdots z_{2n}]^{\mathrm{T}}$,此时状态向量方程变为

$$\frac{\mathrm{d}\boldsymbol{Z}}{\mathrm{d}t}=\begin{bmatrix}\boldsymbol{Z}_2\\-\boldsymbol{h}\end{bmatrix}_{2n\times1}+\begin{pmatrix}[0]_{n\times n} & [0]_{n\times m}\\ [0]_{m\times n} & [f]_{n\times m}\end{pmatrix}\begin{pmatrix}[0]_{n\times1}\\ [w]_{m\times1}\end{pmatrix}$$

其中,$[w]_{m\times1}$ 是 delta 相关白噪声过程的向量。

对应的 Itô 方程为

$$\mathrm{d}\boldsymbol{Z}=\begin{bmatrix}\boldsymbol{Z}_2\\-\boldsymbol{h}+\boldsymbol{\kappa}\end{bmatrix}_{2n\times1}\mathrm{d}t+\begin{pmatrix}[0]_{n\times n} & [0]_{n\times m}\\ [0]_{m\times n} & [\sigma]_{n\times m}\end{pmatrix}\begin{pmatrix}[0]_{n\times1}\\ [\mathrm{d}b]_{m\times1}\end{pmatrix} \tag{3.39}$$

其中,$\boldsymbol{\kappa}$ 是 WZ 修正项,是 $n\times1$ 阶向量;$[\mathrm{d}b]_{m\times1}=[w]_{m\times1}\mathrm{d}t$,其中 $\mathrm{d}b_r=w_r(t)\mathrm{d}t$ 是布朗运动或维纳过程,且

$$[\sigma]_{n\times m}[\sigma]_{n\times m}^{\mathrm{T}}=2\pi[f]_{n\times m}[S]_{m\times m}[f]_{n\times m}^{\mathrm{T}},\langle\boldsymbol{w}(t)\boldsymbol{w}^{\mathrm{T}}(t+\tau)\rangle=2\pi[S]_{m\times m}\delta(\tau)$$

后一个方程也可以表示为

$$\langle w_r(t)w_s(t+\tau)\rangle=2\pi S_{rs}\delta(\tau)$$

其中,下标 $r,s=1,2,\cdots,m$。

式(3.39)对应的 FPK 方程的一阶和二阶导数矩分别为

$$\boldsymbol{A}_1=\boldsymbol{Z}_2,\quad \boldsymbol{A}_2=-\boldsymbol{h}+\boldsymbol{\kappa},$$

$$[B_{11}]_{n\times n}=[0]_{n\times n},\quad [B_{12}]_{n\times m}=[B_{21}]^{\mathrm{T}}_{m\times n}=[0]_{n\times m},$$

$$[B_{22}]_{n\times n}=[\boldsymbol{\sigma}]_{n\times m}[\boldsymbol{\sigma}]^{\mathrm{T}}_{n\times m}=2\pi[f]_{n\times m}[S]_{m\times m}[f]^{\mathrm{T}}_{n\times m}$$

将一阶和二阶导数矩分解为

$$\begin{aligned}&\boldsymbol{A}_1=\boldsymbol{A}_1^{(1)}+\boldsymbol{A}_1^{(2)},\quad \boldsymbol{A}_2=\boldsymbol{A}_2^{(1)}+\boldsymbol{A}_2^{(2)},\\&\boldsymbol{A}_1^{(1)}=[0]_{n\times 1},\quad \boldsymbol{A}_1^{(2)}=\boldsymbol{Z}_2,\quad \boldsymbol{A}_2^{(1)}=-\boldsymbol{h}+\boldsymbol{\kappa}-\boldsymbol{A}_2^{(2)},\end{aligned}\tag{3.40a}$$

$$[B_{12}^{(1)}]_{n\times m}=-[B_{21}^{(2)}]^{\mathrm{T}}_{m\times n},\quad [B_{22}^{(1)}]_{n\times n}=\frac{1}{2}[B_{22}]_{n\times n}\tag{3.40b}$$

应用式(3.40)和3.2节中的式(3.14)~式(3.36)中类似的推导方法,现假设初等因子或积分因子为$M(x_1,x_2,x_3,\cdots,x_n;y_1,y_2,y_3,\cdots,y_n)$,$r=\lambda(x_1,x_2,x_3,\cdots,x_n;y_1,y_2,y_3,\cdots,y_n)$,$y_i=x_i^2/2$,$M=\lambda_{yi}$,则可以得到稳态概率密度为

$$\begin{aligned}p_s&=p_s(x_1,x_2,x_3,\cdots,x_n;\dot{x}_1,\dot{x}_2,\dot{x}_3,\cdots,\dot{x}_n)\\&=p_s(z_1,z_2,z_3,\cdots,z_{2n})=CM\mathrm{e}^{-\phi_0(r)}\end{aligned}\tag{3.41}$$

为了说明上述方法的应用,考虑以下2自由度系统:

$$\begin{aligned}&\ddot{x}_1+h_1(x_1,x_2;\dot{x}_1,\dot{x}_2)=f_{11}w_1(t)+f_{12}w_2(t)\\&\ddot{x}_2+h_2(x_1,x_2;\dot{x}_1,\dot{x}_2)=f_{21}w_1(t)+f_{22}w_2(t)\end{aligned}\tag{Ⅰ-1}$$

一般来说,$f_{ir}$ 是 $x_1,x_2,\dot{x}_1$ 和 $\dot{x}_2$ 的函数。

为了确定该2自由度系统的一阶和二阶导数矩,将式(Ⅰ-1)改写成以下4个一阶微分方程:

$$\begin{aligned}&z_1=x_1,\dot{z}_1=z_3=\dot{x}_1,\dot{z}_3=-h_1(z_1,z_2,z_3,z_4)+f_{11}w_1(t)+f_{12}w_2(t),\\&z_2=x_2,\dot{z}_2=z_4=\dot{x}_2,\dot{z}_4=-h_2(z_1,z_2,z_3,z_4)+f_{21}w_1(t)+f_{22}w_2(t)\end{aligned}\tag{Ⅰ-2}$$

根据上述方程,并采用以下记号可得相应 FPK 方程的一阶和二阶导数矩为

$$\boldsymbol{A}_1=\begin{bmatrix}(A_1)_1\\(A_1)_2\\(A_1)_3\\\vdots\\(A_1)_n\end{bmatrix},\boldsymbol{A}_2=\begin{bmatrix}(A_2)_1\\(A_2)_2\\(A_2)_3\\\vdots\\(A_2)_n\end{bmatrix},[B_{22}^{(1)}]_{n\times n}=\begin{bmatrix}(B_{22}^{(1)})_{11}&(B_{22}^{(1)})_{12}&(B_{22}^{(1)})_{13}&\cdots\\(B_{22}^{(1)})_{21}&(B_{22}^{(1)})_{22}&(B_{22}^{(1)})_{23}&\cdots\\(B_{22}^{(1)})_{31}&(B_{22}^{(1)})_{32}&(B_{22}^{(1)})_{33}&\cdots\\\vdots&\vdots&\vdots&\vdots\end{bmatrix},$$

$$(A_1)_1=z_3,$$

$$\begin{aligned}(A_2)_1=&-h_1+\pi(S_{11}f_{11}+S_{12}f_{12})\frac{\partial f_{11}}{\partial z_3}+\pi(S_{21}f_{11}+S_{22}f_{12})\frac{\partial f_{12}}{\partial z_3}\\&+\pi(S_{11}f_{21}+S_{12}f_{22})\frac{\partial f_{11}}{\partial z_4}+\pi(S_{21}f_{21}+S_{22}f_{22})\frac{\partial f_{12}}{\partial z_4},\end{aligned}$$

$$(A_1)_2 = z_4,$$

$$(A_2)_2 = -h_2 + \pi(S_{11}f_{11} + S_{12}f_{12})\frac{\partial f_{21}}{\partial z_3} + \pi(S_{21}f_{11} + S_{22}f_{12})\frac{\partial f_{22}}{\partial z_3}$$

$$+\pi(S_{11}f_{21} + S_{12}f_{22})\frac{\partial f_{21}}{\partial z_4} + \pi(S_{21}f_{21} + S_{22}f_{22})\frac{\partial f_{22}}{\partial z_4},$$

$$(B_{22})_{11} = 2\pi(S_{11}f_{11}^2 + 2S_{12}f_{11}f_{12} + S_{22}f_{12}^2),$$

$$(B_{22})_{12} = (B_{22})_{21} = 2\pi[S_{11}f_{11}f_{21} + S_{12}(f_{11}f_{22} + f_{12}f_{21}) + S_{22}f_{12}f_{22}],$$

$$(B_{22})_{22} = 2\pi(S_{11}f_{21}^2 + 2S_{12}f_{21}f_{22} + S_{22}f_{22}^2)$$

其余的二阶导数矩为零。

将上述一阶和二阶导数矩进行分离，将单自由度方程式(3.33)推广应用到多自由度系统，可以得到

$$h_1 = ((B_{22}^{(1)})_{11}z_3 + (B_{22}^{(1)})_{12}z_4)M\frac{d\phi_0(\lambda)}{d\lambda} - \frac{\partial(B_{22}^{(1)})_{11}}{\partial z_3} - \frac{\partial(B_{22}^{(1)})_{12}}{\partial z_4}$$

$$+\pi(S_{11}f_{11} + S_{12}f_{12})\frac{\partial f_{11}}{\partial z_3} + \frac{\lambda_{z_1}}{M} + \pi(S_{21}f_{11} + S_{22}f_{12})\frac{\partial f_{12}}{\partial z_3}$$

$$+\pi(S_{11}f_{21} + S_{12}f_{22})\frac{\partial f_{11}}{\partial z_4} + \pi(S_{21}f_{21} + S_{22}f_{22})\frac{\partial f_{12}}{\partial z_4}, \tag{Ⅰ-3}$$

$$h_2 = ((B_{22}^{(1)})_{21}z_3 + (B_{22}^{(1)})_{22}z_4)M\frac{d\phi_0(\lambda)}{d\lambda} - \frac{\partial(B_{22}^{(1)})_{21}}{\partial z_3} - \frac{\partial(B_{22}^{(1)})_{22}}{\partial z_4}$$

$$+\pi(S_{11}f_{11} + S_{12}f_{12})\frac{\partial f_{11}}{\partial z_3} + \frac{\lambda_{z_2}}{M} + \pi(S_{21}f_{11} + S_{22}f_{12})\frac{\partial f_{12}}{\partial z_3}$$

$$+\pi(S_{11}f_{21} + S_{12}f_{22})\frac{\partial f_{11}}{\partial z_4} + \pi(S_{21}f_{21} + S_{22}f_{22})\frac{\partial f_{12}}{\partial z_4} \tag{Ⅰ-4}$$

如果可以找到一个一致函数 $d\phi(\lambda)/d\lambda$ 满足式(Ⅰ-3)和式(Ⅰ-4)，则上述问题属于广义平稳势类。

考虑 Scheurkogel 和 Elishakoff[3.25] 提出的简单情形，其中 2 自由度系统的运动方程类似上面的式(Ⅰ-1)，除了

$$f_{11} = f_{22} = 1,\ f_{12} = f_{21} = 0,\ \phi_0(\lambda) = \mu\lambda$$

和

$$\lambda = y_1 + y_2 + H(z_1, z_2) \tag{Ⅰ-5}$$

其中，$H$ 为非负势函数。

与上述式(Ⅰ-3)相比，由式(Ⅰ-5)可得 $M=1$，

$$h_1 = \mu\pi(S_{11}z_3 + 2\gamma S_{12}z_4) + \frac{\partial H(z_1, z_2)}{\partial z_1} \tag{Ⅰ-6}$$

和

$$h_2=\mu\pi[2(1-\gamma)S_{12}z_3+S_{22}z_4]+\frac{\partial H(z_1,z_2)}{\partial z_2} \tag{Ⅰ-7}$$

其中,$\gamma$ 是一个常数,因此系统有一个平稳解

$$p_s=Ce^{-\mu\lambda}=Ce^{-\frac{\mu}{2}[z_3^2+z_4^2+2H(z_1,z_2)]} \tag{Ⅰ-8}$$

注意式(Ⅰ-8)与 $\gamma$ 的选择无关。此结果由 Cai 和 Lin[3.14] 得到,Scheurkogel 和 Elishakoff[3.25] 采用不同的方法也得到了相同的结果。Cai 和 Lin 指出,当 $\gamma=\frac{1}{2}$时,系统处于细致平衡状态。

为了推导这种特殊情形的统计矩,文献[3.25]中利用以下公式:

$$H(z_1,z_2)=\frac{\alpha_1}{2}(z_1^2+z_2^2)+\frac{\alpha_2}{2}(z_1-z_2)^2+\frac{\varepsilon}{4}(z_1-z_2)^4 \tag{Ⅰ-9}$$

其中,$\alpha_1$ 和 $\alpha_2$ 为正;$\varepsilon$ 为正的小参数。令

$$z_1=x_1,\quad z_2=x_2,\quad z_3=\dot{x}_1,\quad z_4=\dot{x}_2$$

引入新的变量

$$u=x_1+x_2,\quad v=x_1-x_2 \tag{Ⅰ-10a,b}$$

边缘概率密度函数为

$$p_{\dot{x}_1}(\dot{x}_1)=\sqrt{\frac{\mu}{2\pi}}e^{-\frac{\mu}{2}\dot{x}_1^2},\ p_{\dot{x}_2}(\dot{x}_2)=\sqrt{\frac{\mu}{2\pi}}e^{-\frac{\mu}{2}\dot{x}_2^2}, \tag{Ⅰ-11,12}$$

$$p_u(u)=\sqrt{\frac{\mu\alpha_1}{4\pi}}e^{-\frac{\mu}{4}\alpha_1u^2},\ p_v(v)=C_1e^{-\frac{1}{4}[\varepsilon\mu v^4+\mu(\alpha_1+2\alpha_2)v^2]} \tag{Ⅰ-13,14}$$

其中,$C_1$ 为归一化常数,则概率密度函数 $p_s$ 为

$$p_s(\dot{x}_1,\dot{x}_2,u,v)=p_{\dot{x}_1}(\dot{x}_1)p_{\dot{x}_2}(\dot{x}_2)p_u(u)p_v(v) \tag{Ⅰ-15}$$

式(Ⅰ-15)表明速度和由式(Ⅰ-10)定义的新的位移变量是两两独立的。由式(Ⅰ-11)~式(Ⅰ-13)可以得出速度和 $u$ 都是均值为零的正态分布:

$$\langle\dot{x}_1\rangle=\langle\dot{x}_2\rangle=\langle u\rangle=0 \tag{Ⅰ-16}$$

应用以下等式[3.26]:

$$\int_{-\infty}^{\infty}x^{2n}e^{-ax^2}dx=\Gamma\left(n+\frac{1}{2}\right)a^{-\left(n+\frac{1}{2}\right)} \tag{Ⅰ-17}$$

得到速度的二阶矩和 $u$ 为

$$\langle\dot{x}_1^2\rangle=\langle\dot{x}_2^2\rangle=\frac{1}{\mu},\ \langle u^2\rangle=\frac{2}{\mu\alpha_1} \tag{Ⅰ-18a,b}$$

参照式(Ⅰ-10)和式(Ⅰ-16)及 $u$ 与 $v$ 的独立性,可以得到

$$\langle x_1^2-x_2^2\rangle=\langle uv\rangle=\langle u\rangle\langle v\rangle=0 \tag{Ⅰ-19}$$

因此,

$$\langle x_1^2\rangle=\langle x_2^2\rangle \tag{Ⅰ-20}$$

要计算式(Ⅰ-20),需要计算$\langle v^2\rangle$。注意 $v$ 的边缘概率密度函数是关于原点对称的,因此

其所有奇数阶矩都为零。此外,应用式( Ⅰ-10)和式( Ⅰ-16)可以得到

$$\langle x_1\rangle=\langle x_2\rangle=0 \tag{Ⅰ-21}$$

根据定义,$v$ 的偶数阶矩为

$$\langle v^{2m}\rangle=\int_{-\infty}^{\infty}v^{2m}p_v(v)\,\mathrm{d}v=C_1\int_{-\infty}^{\infty}v^{2m}\mathrm{e}^{-\frac{1}{4}[\varepsilon\mu v^4+\mu(\alpha_1+2\alpha_2)v^2]}\mathrm{d}v \tag{Ⅰ-22}$$

利用如下变换:

$$\tau=v\sqrt{\frac{\mu}{4}(\alpha_1+2\alpha_2)} \tag{Ⅰ-23}$$

由式( Ⅰ-22)可得

$$\langle v^{2m}\rangle=C_1\left[\frac{\mu}{4}(\alpha_1+2\alpha_2)\right]^{-m-\frac{1}{2}}Q_m\left[\frac{4\varepsilon}{\mu(\alpha_1+2\alpha_2)^2}\right] \tag{Ⅰ-24}$$

其中,函数 $Q_m[\cdot]$为

$$Q_m(z)=\frac{\int_{-\infty}^{\infty}\tau^{2m}\mathrm{e}^{-z\tau^4-\tau^2}\mathrm{d}\tau}{\int_{-\infty}^{\infty}\mathrm{e}^{-z\tau^4-\tau^2}\mathrm{d}\tau}(m=0,1,2,\cdots;\ Q_0(z)=1) \tag{Ⅰ-25}$$

设式( Ⅰ-24)中 $m=0$,归一化常数为

$$C_1=\sqrt{\frac{\mu}{4}(\alpha_1+2\alpha_2)} \tag{Ⅰ-26}$$

因此,式( Ⅰ-24)变为

$$\langle v^{2m}\rangle=\left[\frac{\mu}{4}(\alpha_1+2\alpha_2)\right]^{-m}Q_m\left[\frac{4\varepsilon}{\mu(\alpha_1+2\alpha_2)^2}\right] \tag{Ⅰ-27}$$

由于 $\varepsilon$ 较小,所以由文献[3.25]可得 $v$ 的二阶矩为

$$\langle v^2\rangle=\frac{2}{\mu(\alpha_1+2\alpha_2)}\left[1-\frac{12\varepsilon}{\mu(\alpha_1+2\alpha_2)^2}\right]+O(\varepsilon^2),\quad \varepsilon\to 0 \tag{Ⅰ-28}$$

应用式( Ⅰ-10)、式( Ⅰ-18)、式( Ⅰ-19)、式( Ⅰ-21)和式 ( Ⅰ-28),$x_1$ 和 $x_2$ 的二阶矩可以表示为

$$\langle x_1^2\rangle=\langle x_2^2\rangle=\frac{1}{4}(\langle u^2\rangle+\langle v^2\rangle)=\frac{1}{2\mu\alpha_1}+\frac{2}{\mu(\alpha_1+2\alpha_2)}\left[1-\frac{12\varepsilon}{\mu(\alpha_1+2\alpha_2)^2}\right]+O(\varepsilon^2) \tag{Ⅰ-29}$$

和

$$\langle x_1x_2\rangle=\frac{1}{4}(\langle u^2\rangle-\langle v^2\rangle)=\frac{1}{2\mu\alpha_1}-\frac{1}{\mu(\alpha_1+2\alpha_2)}\left[1-\frac{12\varepsilon}{\mu(\alpha_1+2\alpha_2)^2}\right]+O(\varepsilon^2) \tag{Ⅰ-30}$$

## 3.5　随机激励的哈密尔顿系统

文献[3.27-3.29]提出了另一种利用哈密尔顿公式处理多自由度强非线性系统的通用方

法。文献[3.27,3.29]中的方法是 Soize[3.28]提出的方法的推广,下面主要介绍该方法的基本步骤。

考虑如下多自由度非线性系统:

$$
\begin{aligned}
&\dot{\boldsymbol{q}}_i=\alpha(\boldsymbol{q})\frac{\partial \boldsymbol{H}}{\partial \boldsymbol{p}_i},\\
&\dot{\boldsymbol{p}}_i=-\alpha(\boldsymbol{q})\frac{\partial \boldsymbol{H}}{\partial \boldsymbol{q}_i}-f(\boldsymbol{H})c_{ij}(\boldsymbol{q};\boldsymbol{p})\frac{\partial \boldsymbol{H}}{\partial \boldsymbol{p}_j}+\beta(\boldsymbol{H})\gamma_{ir}(\boldsymbol{q};\boldsymbol{p})w_r(t),\\
&i,j=1,2,3,\cdots,n;\quad r=1,2,3,\cdots,m
\end{aligned}
\tag{3.42}
$$

其中,$\alpha(\boldsymbol{q})$是关于 $\boldsymbol{q}$ 的任意函数;$\boldsymbol{H}$ 是具有连续一阶导数的哈密尔顿量;$w_r(t)$为高斯白噪声;$\boldsymbol{\beta}(\boldsymbol{H})$,$\gamma_{ir}(\boldsymbol{q};\boldsymbol{p})$ 和 $f(\boldsymbol{H})$ 均二阶可导;$c_{ij}(\boldsymbol{q};\boldsymbol{p})$ 也是可微的;$\boldsymbol{q}=[\boldsymbol{q}_1\ \boldsymbol{q}_2\ \boldsymbol{q}_3\cdots\boldsymbol{q}_n]^{\mathrm{T}}$,$\boldsymbol{p}=[\boldsymbol{p}_1\ \boldsymbol{p}_2\ \boldsymbol{p}_3\cdots\boldsymbol{p}_n]^{\mathrm{T}}$,$\boldsymbol{q}_i$ 和 $\boldsymbol{p}_i$ 分别是广义坐标和广义动量。式(3.42)表示的系统包含了加性和乘性随机激励。

按照文献[3.29]中的方法,有

$$
-\frac{\partial \alpha}{\partial \boldsymbol{q}_i}\cdot\frac{\partial \boldsymbol{H}}{\partial \boldsymbol{p}_i}+\alpha\frac{\partial \phi}{\partial \boldsymbol{q}_i}\cdot\frac{\partial \boldsymbol{H}}{\partial \boldsymbol{p}_i}+\frac{\partial \alpha}{\partial \boldsymbol{p}_i}\cdot\frac{\partial \boldsymbol{H}}{\partial \boldsymbol{q}_i}-\alpha\frac{\partial \phi}{\partial \boldsymbol{p}_i}\cdot\frac{\partial \boldsymbol{H}}{\partial \boldsymbol{q}_i}=\boldsymbol{0}
\tag{3.43}
$$

$$
\beta^2B_{ij}^{(i)}\frac{\partial \phi}{\partial \boldsymbol{p}_j}=\frac{\partial(\beta^2B_{ij}^{(i)})}{\partial \boldsymbol{p}_j}+fc_{ij}\frac{\partial \boldsymbol{H}}{\partial \boldsymbol{p}_j}-\pi\beta S_{rs}\gamma_{js}\frac{\partial(\beta\gamma_{jr})}{\partial \boldsymbol{p}_j}
\tag{3.44}
$$

其中,$\phi$ 为概率势;$\langle w_i(t)w_j(t+\tau)\rangle=2\pi S_{ij}\delta(\tau)$;$B_{ij}^{(i)}$ 与二阶导数矩有关。

式(3.43)可改写为

$$
\frac{\partial \boldsymbol{H}}{\partial \boldsymbol{p}_i}\left[\frac{\partial(\phi-\ln\alpha)}{\partial \boldsymbol{q}_i}\right]=\frac{\partial \boldsymbol{H}}{\partial \boldsymbol{q}_i}\left[\frac{\partial(\phi-\ln\alpha)}{\partial \boldsymbol{p}_i}\right]
\tag{3.45}
$$

其通解为

$$
\phi(\boldsymbol{q};\boldsymbol{p})=\ln[\alpha(\boldsymbol{q})]+\phi[\boldsymbol{H}(\boldsymbol{q};\boldsymbol{p})]
\tag{3.46}
$$

因此,平稳概率密度为

$$
\rho(\boldsymbol{q};\boldsymbol{p})=\frac{C}{\alpha(\boldsymbol{q})}\mathrm{e}^{-\phi(\boldsymbol{H})}
\tag{3.47}
$$

假设 $\beta$ 是常数,$c_{ij}$ 和 $\gamma_{ir}$ 仅依赖 $\boldsymbol{q}$,并且 $c_{ij}+c_{ji}=\mu B_{ij}$,可以得到

$$
\rho(\boldsymbol{q};\boldsymbol{p})=\frac{C}{\alpha(\boldsymbol{q})}\mathrm{e}^{-\frac{\mu}{\beta^2}\int_0^{\boldsymbol{H}}f(u)\,\mathrm{d}u}
\tag{3.48}
$$

若 $\beta$ 是关于 $\boldsymbol{H}$ 的函数,$c_{ij}$ 和 $\gamma_{ir}$ 仅依赖 $\boldsymbol{q}$,并且 $c_{ij}=c_{ji}=\mu B_{ij}/2$,则可以得到

$$
\rho(\boldsymbol{q};\boldsymbol{p})=\frac{C}{\alpha(\boldsymbol{q})\beta(\boldsymbol{H})}\mathrm{e}^{-\mu\int_0^{\boldsymbol{H}}\frac{f(u)}{[\beta(u)]^2}\mathrm{d}u}
\tag{3.49}
$$

考虑另一个系统,其哈密尔顿量由文献[3.29]给出:

$$
\boldsymbol{H}=\frac{1}{2}[m^{-1}(\boldsymbol{q})]_{ij}\boldsymbol{p}_i\boldsymbol{p}_j+U(\boldsymbol{q})
\tag{3.50}
$$

其中,$\boldsymbol{q}_i$ 为广义坐标;$\boldsymbol{p}_i=m_{ij}\boldsymbol{q}_j$ 为广义动量;$m(\boldsymbol{q})$为对称矩阵。与上述哈密尔顿量对应的系统

由下列运动方程支配：

$$\frac{\mathrm{d}\{[m(\boldsymbol{x})]_{ij}\dot{\boldsymbol{x}}_j\}}{\mathrm{d}t}+f(\boldsymbol{H})c_{ij}(\boldsymbol{x};\dot{\boldsymbol{x}})\dot{\boldsymbol{x}}_j+\frac{\partial \boldsymbol{H}}{\partial \boldsymbol{x}_i}=\beta(\boldsymbol{H})\gamma_{ir}(\boldsymbol{x};\dot{\boldsymbol{x}})w_r(t) \tag{3.51}$$

其中，$\boldsymbol{x}=[\boldsymbol{x}_1\ \boldsymbol{x}_2\ \boldsymbol{x}_3\cdots\boldsymbol{x}_n]^{\mathrm{T}}$，$\boldsymbol{x}_i$ 是系统第 $i$ 个自由度的位移；其余的符号都有其通常的含义。因此，$\boldsymbol{x}$ 和 $\dot{\boldsymbol{x}}$ 的平稳概率密度可以用 $\boldsymbol{q}$ 和 $\boldsymbol{p}$ 表示，关系式如下：

$$\rho(\boldsymbol{x};\dot{\boldsymbol{x}})=|\boldsymbol{J}|\,\rho(\boldsymbol{q};\boldsymbol{p}), \tag{3.52}$$

其中，$\boldsymbol{J}$ 为雅可比矩阵，$|\boldsymbol{J}|$ 等于式(3.51)中对称矩阵 $m(\boldsymbol{x})$ 的行列式。

# 第 4 章　统计线性化方法

## 4.1　引言

To 和 Li[4.2]通过对 Cai 和 Lin[4.1]提出的方法进行推广，给出一类最广泛的可解的约化 FPK 方程，包含了前面得到的和相关文献中提出的所有可解方程。然而，除了相关文献中已经提到的及第 3 章中列出的代表性系统外，很难找到一个与可解的约化 FPK 方程对应的实际机械系统或结构。因此，有必要应用近似方法求解其他实际机械系统或结构。

统计线性化或等效线性化方法是一类常用的求解非线性系统近似解的方法，该方法在结构动力学界和工程力学界的应用十分广泛，部分原因在于其在求解多自由度系统和各种随机激励下的系统时表现出的简单性和适用性。

统计线性化方法是 Booton[4.3,4.4]和 Kazakov[4.5,4.6]在控制工程领域独立发展起来的。Sawaragi 等[4.7]，Kazakov[4.8,4.9]，Gelb 和 Van Der Velde[4.10]，Atherton[4.11]，Sinitsyn[4.12]以及 Beaman 和 Hedrick[4.13]对该方法在此领域的进一步发展进行了介绍和论述。在控制和电气工程领域，统计线性化方法也称为描述函数方法。在结构动力学领域，Caughey[4.14]独立提出了统计线性化方法作为求解外随机力作用下非线性系统的近似方法。随后，Foster[4.15]，Malhotra 和 Penzien[4.16]，Iwan 和 Yang[4.17]，Atalik 和 Utku[4.18]，Iwan 和 Mason[4.19]，Spanos[4.20]，Brückner 和 Lin[4.21]，Chang 和 Young[4.22]等将统计线性化方法在结构动力学领域进行了推广。自统计线性化方法在 20 世纪 50 年代中期和 60 年代初被引入以来，该方法得到了广泛的应用。这方面的例子可以参阅 Sinitsyn[4.12]，Spanos[4.23]，Socha 和 Soong[4.24]的文献，以及 Roberts 和 Spanos[4.25]和 Socha[4.26]的书。统计线性化方法的基本思想是将原来的非线性随机系统代之以等效线性随机系统，使等效线性随机系统和原非线性振子的动力学行为近似。从本质上讲，这些方法是 Krylov 和 Bogoliubov[4.27]提出的基于等效固有频率的确定性线性化方法的推广。

本章提出和讨论了在结构动力学领域中具有代表性的统计线性化方法，以及其存在性、唯一性、精确性和各种应用。

## 4.2　单自由度非线性系统的统计线性化

本节介绍如何使用统计线性化方法得到单自由度非线性系统的平稳解、单自由度系统的非平稳随机响应和非零均值的平稳解、窄带激励下非线性单自由度系统的平稳解、随机参激和外激下单自由度系统的平稳解。

### 4.2.1 零均值高斯白噪声激励下单自由度系统的平稳解

考虑一个单自由度非线性振子,其运动方程为

$$\ddot{x}+h(x,\dot{x})=w(t) \tag{4.1}$$

这些符号具有它们通常的含义。特别地,

$$\langle w(t)w(t+\tau)\rangle=2\pi S\delta(\tau) \tag{4.2}$$

其中,$S$ 为高斯白噪声过程 $w(t)$ 的谱密度。统计线性化方法的思想是用以下等效的线性运动方程代替式(4.1):

$$\ddot{x}+\beta_e\dot{x}+k_e x=w(t) \tag{4.3}$$

其中,$\beta_e$ 和 $k_e$ 是最接近原非线性运动方程式(4.1)的等效阻尼系数和等效刚度系数。为了达到这个目标,只需在式(4.1)两边加上等效线性阻尼项和等效线性恢复力项,然后重新整理为

$$\ddot{x}+\beta_e\dot{x}+k_e x=w(t)+D(x,\dot{x}) \tag{4.4}$$

其中,$D$ 是近似值中的误差项:

$$D(x,\dot{x})=\beta_e\dot{x}+k_e x-h(x,\dot{x}) \tag{4.5}$$

为了使误差最小,常用的方法是使误差过程 $D$ 的均方值最小。因此,参数 $\beta_e$ 和 $k_e$ 的选择必须满足

$$\langle D^2\rangle=\langle[\beta_e\dot{x}+k_e x-h(x,\dot{x})]^2\rangle \tag{4.6}$$

最小。这意味着

$$\frac{\partial\langle D^2\rangle}{\partial\beta_e}=2\langle\beta_e\dot{x}^2+k_e x\dot{x}-\dot{x}h(x,\dot{x})\rangle=0, \tag{4.7}$$

$$\frac{\partial\langle D^2\rangle}{\partial k_e}=2\langle k_e x^2+\beta_e x\dot{x}-xh(x,\dot{x})\rangle=0, \tag{4.8}$$

$$\frac{\partial^2\langle D^2\rangle}{\partial\beta_e^2}=2\langle\dot{x}^2\rangle>0,\frac{\partial^2\langle D^2\rangle}{\partial k_e^2}=2\langle x^2\rangle>0 \tag{4.9,10}$$

和

$$\frac{\partial^2\langle D^2\rangle}{\partial\beta_e^2}\cdot\frac{\partial^2\langle D^2\rangle}{\partial k_e^2}-\left[\frac{\partial^2\langle D^2\rangle}{\partial k_e\partial\beta_e}\right]^2=4[\langle x^2\rangle\langle\dot{x}^2\rangle-\langle x\dot{x}\rangle^2]\geqslant 0 \tag{4.11}$$

要得到 $\langle D^2\rangle$ 的最小值,需满足

$$\frac{\partial\langle D^2\rangle}{\partial\beta_e}=0,\frac{\partial\langle D^2\rangle}{\partial k_e}=0 \tag{4.12a,b}$$

根据式(4.7)、式(4.8)和式(4.12),可得以下一对代数方程:

$$\beta_e\langle\dot{x}^2\rangle+k_e\langle x\dot{x}\rangle-\langle\dot{x}h(x,\dot{x})\rangle=0 \tag{4.13}$$

$$k_e\langle x^2\rangle+\beta_e\langle x\dot{x}\rangle-\langle xh(x,\dot{x})\rangle=0 \tag{4.14}$$

显然,求解 $\beta_e$ 和 $k_e$ 需要知道所有未知的期望值。有两种可能的近似方法[4.4,4.14]。一种方法是用联合平稳概率密度函数代替联合转移概率密度函数,这样就可以用位移和速度的平稳均方值来代替它们随时间变化的均方值。另一种方法是用线性化方程的联合平稳概率密度函数代替原方程的联合平稳概率密度函数,此时,期望并非等效阻尼系数和等效刚度系数的显式,这就使式(4.13)和式(4.14)关于 $\beta_e$ 和 $k_e$ 成为非线性的。

应该指出的是,在响应的平稳和非平稳高斯近似中,确定等效线性阻尼系数和等效刚度系数的一般公式如下:

$$\beta_e=\left\langle\frac{\partial h(x,\dot{x})}{\partial\dot{x}}\right\rangle,\quad k_e=\left\langle\frac{\partial h(x,\dot{x})}{\partial x}\right\rangle \tag{4.15,16}$$

式(4.15)和式(4.16)由 Atalik 和 Utku[4.18]提出的多自由度系统的对应关系可以得到。多自由度系统的统计线性化方法包含在 4.3 节中,因此在此不作讨论。

下面利用几个例子来说明上述统计线性化方法的应用。这些系统具有非线性恢复力和线性阻尼、非线性阻尼和线性恢复力,以及非线性阻尼和非线性恢复力。

**例 I** 利用统计线性化方法确定 Duffing 振子的位移和速度的平稳方差,其运动方程由式(4.1)给出,其中

$$h(x,\dot{x})=\beta\dot{x}+\Omega^2(1+\varepsilon x^2)x \tag{I-1}$$

其中,$\Omega$ 为相应线性振子的固有频率,即在式(I-1)中 $\varepsilon=0$ 的情形。

等效线性化方程为

$$\ddot{x}+\beta_e\dot{x}+\omega_e^2x=w(t) \tag{I-2}$$

这里假设 $x$ 和 $\mathrm{d}x/\mathrm{d}t$ 是平稳的、独立的,且均值为零。因此,对于由式(4.1)和式(I-1)定义的振子,有

$$\langle x\dot{x}\rangle=0,\quad \langle x^3\dot{x}\rangle=0,\quad \langle x^2\rangle=\sigma_x^2, \tag{I-3a,b,c}$$

$$\langle\dot{x}^2\rangle=\sigma_{\dot{x}}^2,\quad \langle x^4\rangle=3\sigma_x^4 \tag{I-3d,e}$$

应用式(4.13)、式(4.14)和式(I-3)可得

$$\beta_e=\beta,\quad \omega_e^2=\Omega^2(1+3\varepsilon\sigma_x^2) \tag{I-4a,b}$$

$x$ 的方差可以由下面的关系式确定:

$$\sigma_x^2=\langle x^2\rangle=\int_{-\infty}^{\infty}S_x(\omega)\mathrm{d}\omega \tag{I-5}$$

其中,$x$ 的功率谱密度为

$$S_x(\omega)=|\alpha(\omega)|^2S_w(\omega) \tag{I-6}$$

其中,$\alpha(\omega)$ 和 $S_w(\omega)$ 分别为等效线性化系统的频响函数和激励的功率谱密度函数。因此,

$$S_w(\omega)=S,\quad \alpha(\omega)=(\omega_e^2-\omega^2+i2\zeta_e\omega_e\omega)^{-1} \tag{I-7a,b}$$

对于等效线性方程,$x$ 的平稳方差为

$$\sigma_x^2=\frac{\pi S}{2\zeta_e\omega_e^3} \tag{I-8}$$

对于线性振子，即 $\varepsilon=0$ 时，$x$ 的平稳方差为

$$\sigma_0^2=\frac{\pi S}{\beta\Omega^2} \tag{Ⅰ-9}$$

利用式(Ⅰ-8)和式(Ⅰ-4b)求解等效线性振子，可得 $x$ 的方差为

$$\sigma_x^2=\frac{1}{6\varepsilon}\left[\sqrt{1+12\varepsilon\sigma_0^2}-1\right] \tag{Ⅰ-10}$$

**例Ⅱ**　考虑式(4.1)定义的非线性振子，其中，

$$h(x,\dot{x})=\beta\dot{x}+\left(\frac{2\varepsilon k_0x_0}{\pi}\right)\tan\left(\frac{\pi x}{2x_0}\right),\quad -x_0<x<x_0 \tag{Ⅱ-1}$$

设等效线性化方程是由上述式(Ⅰ-2)给出的，则应用式(4.15)可以得到

$$\beta_e=\left\langle\frac{\partial h(x,\dot{x})}{\partial\dot{x}}\right\rangle=\langle\beta\rangle=\beta \tag{Ⅱ-2}$$

同样地，应用式(4.16)得到

$$\omega_e^2=\left\langle\frac{\partial h(x,\dot{x})}{\partial x}\right\rangle=\left\langle\varepsilon k_0\sec^2\left(\frac{\pi x}{2x_0}\right)\right\rangle=\varepsilon k_0\left\langle\sec^2\left(\frac{\pi x}{2x_0}\right)\right\rangle \tag{Ⅱ-3}$$

由文献[4.28]得

$$\langle g(x)\rangle=\int_{-\infty}^{\infty}g(x)p(x)\,\mathrm{d}x \tag{Ⅱ-4}$$

其中，假设平稳概率密度为高斯的，由于激励也是高斯的，所以

$$p(x)=\frac{1}{\sqrt{2\pi}\,\sigma_x}\mathrm{e}^{-\frac{x^2}{2\sigma_x^2}} \tag{Ⅱ-5}$$

于是

$$\left\langle\sec^2\left(\frac{\pi x}{2x_0}\right)\right\rangle=\frac{1}{\sqrt{2\pi}\,\sigma_x}\int_{-x_0}^{x_0}\sec^2\left(\frac{\pi x}{2x_0}\right)\mathrm{e}^{-\frac{x^2}{2\sigma_x^2}}\mathrm{d}x \tag{Ⅱ-6}$$

$x$ 的平稳方差为

$$\sigma_x^2=\frac{\pi S}{\beta_e\omega_e^2}=\frac{\pi S}{\beta\varepsilon k_0\left\langle\sec^2\left(\frac{\pi x}{2x_0}\right)\right\rangle} \tag{Ⅱ-7}$$

显然，在利用式(Ⅱ-7)计算 $\sigma_x^2$ 之前，必须先确定式(Ⅱ-6)。速度的方差可以表示为

$$\sigma_{\dot{x}}^2=\frac{\pi S}{\beta} \tag{Ⅱ-8}$$

**例Ⅲ**　考虑式(4.1)定义的非线性振子，其中，

$$h(x,\dot{x})=\beta\dot{x}+\Omega^2(x+\varepsilon\ \mathrm{sgn}x) \tag{Ⅲ-1}$$

设等效线性化运动方程类似式(Ⅰ-2)，然后应用式(4.15)得

$$\beta_e=\left\langle\frac{\partial h(x,\dot{x})}{\partial\dot{x}}\right\rangle=\langle\beta\rangle=\beta \tag{Ⅲ-2}$$

为了确定等效线性化固有频率,若在结果表达式中没有将狄拉克 $\delta$ 函数引入,则不能应用式(4.16),因为符号函数在 $x=0$ 处是不连续的。因此,应用式(4.14)可得

$$\omega_e^2=\frac{\beta\langle x\dot{x}\rangle+\Omega^2\langle x^2\rangle+\varepsilon\Omega^2\langle x\ \mathrm{sgn}x\rangle}{\langle x^2\rangle} \tag{Ⅲ-3}$$

式(Ⅲ-3)的分子中第三项包含

$$\langle x\ \mathrm{sgn}x\rangle=\frac{1}{\sqrt{2\pi}\sigma_x}\int_{-\infty}^{\infty}x\ \mathrm{sgn}x\ \mathrm{e}^{-\left(\frac{x^2}{2\sigma_x^2}\right)}\mathrm{d}x=I_1+I_2$$

其中,

$$I_1=-\frac{1}{\sqrt{2\pi}\sigma_x}\int_{-\infty}^{0}x\mathrm{e}^{-\left(\frac{x^2}{2\sigma_x^2}\right)}\mathrm{d}x+\frac{1}{\sqrt{2\pi}\sigma_x}\int_{0}^{\infty}x\mathrm{e}^{-\left(\frac{x^2}{2\sigma_x^2}\right)}\mathrm{d}x,$$

$$I_2=\frac{\sigma_x^2}{\sqrt{2\pi}\sigma_x}\int_{-\infty}^{0}\mathrm{e}^{-\left(\frac{x^2}{2\sigma_x^2}\right)}\mathrm{d}\left(-\frac{x^2}{2\sigma_x^2}\right)-\frac{\sigma_x^2}{\sqrt{2\pi}\sigma_x}\int_{0}^{-\infty}\mathrm{e}^{-\left(\frac{x^2}{2\sigma_x^2}\right)}\mathrm{d}\left(-\frac{x^2}{2\sigma_x^2}\right)$$

可简化为

$$\langle x\ \mathrm{sgn}x\rangle=\sqrt{\frac{2}{\pi}}\sigma_x \tag{Ⅲ-4}$$

由于平稳位移和平稳速度的期望值为零,所以将式(Ⅲ-4)代入式(Ⅲ-3),得

$$\omega_e^2=\Omega^2\left(1+\frac{\varepsilon}{\sigma_x}\sqrt{\frac{2}{\pi}}\right) \tag{Ⅲ-5}$$

$x$ 的方差为

$$\sigma_x^2=\frac{\pi S}{\beta_e\omega_e^2}=\sigma_0^2\left(1+\frac{\varepsilon}{\sigma_x}\sqrt{\frac{2}{\pi}}\right)^{-1} \tag{Ⅲ-6}$$

其中,$\sigma_0^2$ 由式(Ⅰ-9)定义。求解式(Ⅲ-6)得

$$\sigma_x=\frac{-\varepsilon}{\sqrt{2\pi}}\pm\sqrt{\sigma_0^2+\frac{\varepsilon^2}{2\pi}} \tag{Ⅲ-7}$$

因此,$x$ 的方差是式(Ⅲ-7)的平方。显然,速度的方差是由式(Ⅱ-8)定义的。

**例Ⅳ** 考虑式(4.1)所确定的具有非线性阻尼和线性刚度的系统:

$$h(x,\dot{x})=\beta\dot{x}+\gamma\dot{x}\,|\dot{x}|+\Omega^2x \tag{Ⅳ-1}$$

其中,$\beta$ 和 $\gamma$ 是常数。

应用式(4.16)或式(4.14)可得

$$\omega_e=\Omega \tag{Ⅳ-2}$$

应用式(4.13)和式(Ⅰ-3$a$)有

$$\beta_e=\beta+\gamma\frac{\langle\dot{x}^2\,|\dot{x}|\rangle}{\langle\dot{x}^2\rangle} \tag{Ⅳ-3}$$

式(Ⅳ-3)中等号右边项中的条件期望为

$$\langle \dot{x}^2 |\dot{x}| \rangle = \int_{-\infty}^{\infty} \dot{x}^2 |\dot{x}| \frac{1}{\sqrt{2\pi}\sigma_{\dot{x}}} e^{-\left(\frac{\dot{x}^2}{2\sigma_{\dot{x}}^2}\right)} d\dot{x} = \frac{2}{\sqrt{2\pi}\sigma_{\dot{x}}} \int_0^{\infty} \dot{x}^3 e^{-\left(\frac{\dot{x}^2}{2\sigma_{\dot{x}}^2}\right)} d\dot{x}$$

可简化为

$$\langle \dot{x}^2 |\dot{x}| \rangle = \sqrt{\frac{8}{\pi}} \sigma_{\dot{x}}^3 \tag{Ⅳ-4}$$

假设速度是高斯的,则等效线性阻尼系数为

$$\beta_e = \beta + \gamma \sqrt{\frac{8}{\pi}} \sigma_{\dot{x}} \tag{Ⅳ-5}$$

位移和速度的方差分别为

$$\sigma_x^2 = \frac{\pi S}{\Omega^2 \left(\beta + \gamma \sqrt{\frac{8}{\pi}} \sigma_{\dot{x}}\right)}, \quad \sigma_{\dot{x}}^2 = \frac{\pi S}{\left(\beta + \gamma \sqrt{\frac{8}{\pi}} \sigma_{\dot{x}}\right)} \tag{Ⅳ-6a,b}$$

由式(Ⅳ-6b)可以求出速度的标准差,然后将其代入式(Ⅳ-6a),即可求得位移的方差。显然,式(Ⅳ-6b)为速度标准差的三次多项式,而三次多项式的根取决于系统的常参数,可以在数学手册或符号代数计算机程序包 MACSYMA 中找到。一般来说,如果有一个实根和两个复根,则只使用实根而忽略两个复根。

**例Ⅴ**　考虑一个由式(4.1)支配的系统,其中非线性函数如下:

$$h(x,\dot{x}) = \beta\dot{x} + \Omega^2 x + \varepsilon\beta\dot{x}(\dot{x}^2 + \Omega^2 x^2) \tag{Ⅴ-1}$$

应用式(4.15)得

$$\beta_e = \beta(3\varepsilon\sigma_{\dot{x}}^2 + \varepsilon\Omega^2\sigma_x^2 + 1) \tag{Ⅴ-2}$$

同样,应用上述式(4.16)和式(Ⅰ-3a)可以得到

$$\omega_e = \Omega \tag{Ⅴ-3}$$

则位移的方差为

$$\sigma_x^2 = \pi S(\beta_e \omega_e^2)^{-1}$$

于是有

$$\sigma_x^2 + 3\varepsilon\sigma_x^2\sigma_{\dot{x}}^2 + \varepsilon\Omega^2\sigma_x^4 - \sigma_0^2 = 0 \tag{Ⅴ-4}$$

其中,$\sigma_0^2$ 由式(Ⅰ-9)定义。

同样,速度的方差为

$$\sigma_{\dot{x}}^2 = \frac{\pi S}{\beta_e}$$

由此可得

$$\sigma_{\dot{x}}^2 + 3\varepsilon\sigma_{\dot{x}}^4 + \varepsilon\Omega^2\sigma_x^2\sigma_{\dot{x}}^2 - \sigma_1^2 = 0 \tag{Ⅴ-5}$$

其中,$\sigma_1^2 = \pi S/\beta$。通过求解两个耦合的非线性代数方程(Ⅴ-4)和(Ⅴ-5),可以得到上述非线性系统的平稳位移和平稳速度的方差。

**例Ⅵ**　将统计线性化方法应用于非线性系统(4.1),其中,

$$h(x,\dot{x})=\beta\dot{x}+\gamma\ \mathrm{sgn}(\dot{x})+\varepsilon x^{n} \tag{Ⅵ-1}$$

假设解为高斯的,应用式(4.13)和式(Ⅲ-4)的结果可以得到

$$\beta_{e}=\beta+\frac{\gamma}{\sigma_{\dot{x}}}\sqrt{\frac{2}{\pi}} \tag{Ⅵ-2}$$

同样地,应用式(4.16)有

$$\omega_{e}^{2}=\varepsilon(2m+1)\cdot1\cdot3\cdots(2m-1)\sigma_{x}^{2m} \tag{Ⅵ-3}$$

其中,$2m=n-1$,$\langle x^{n}\rangle=(n-1)\sigma_{x}^{2}\langle x^{n-2}\rangle$,速度的方差为

$$\sigma_{\dot{x}}^{2}=\pi S\beta_{e}^{-1} \tag{Ⅵ-4}$$

将其代入式(Ⅵ-2),得到

$$\sigma_{\dot{x}}^{2}=\pi S\left(\beta+\frac{\gamma}{\sigma_{\dot{x}}}\sqrt{\frac{2}{\pi}}\right)^{-1}$$

求解上述方程可以得到

$$\sigma_{\dot{x}}^{2}=\left(\frac{\gamma^{2}}{\pi\beta^{2}}+\frac{\pi S}{\beta}\right)\mp\frac{\gamma}{\pi\beta^{2}}\sqrt{\gamma^{2}+2\beta\pi^{2}S} \tag{Ⅵ-5}$$

式(Ⅵ-5)中第三项前面的正负号的选择取决于参数 $\beta$ 和 $\gamma$ 的符号。

位移的方差为

$$\sigma_{x}^{2}=\frac{\pi S}{\beta_{e}\omega_{e}^{2}} \tag{Ⅵ-6}$$

将式(Ⅵ-2)和式(Ⅵ-3)代入式(Ⅵ-6),利用式(Ⅵ-5)可得

$$\sigma_{x}^{2}=\left[\frac{\beta\pi^{2}S+\gamma^{2}\mp\gamma\sqrt{\gamma^{2}+2\beta\pi^{2}S}}{\varepsilon\beta^{2}\pi(2m+1)\cdot1\cdot3\cdots(2m-1)}\right]^{\frac{1}{m+1}} \tag{Ⅵ-7}$$

式(Ⅵ-7)中分子平方根前面的正负号取决于系统常参数的符号和大小。

### 4.2.2 单自由度系统的非零均值平稳解

在上一小节中,假设响应的均值为零。然而,当非线性振子受到非零均值的随机激励时,其响应均值是非零的。非对称非线性的振子在零均值随机激励的作用下,其位移的均值也是非零的。这两种情形下的平稳解可以通过下面例子中给出的方法得到。

考虑一个 Duffing 振子:

$$\ddot{y}+\beta\dot{y}+\Omega^{2}(1+\varepsilon y^{2})y=f(t) \tag{Ⅰ-1}$$

其中,响应 $y$ 和随机激励 $f(t)$ 定义为

$$y=m_{y}+x,f(t)=m_{f}+w(t) \tag{Ⅰ-2a,b}$$

其中,$m_y$ 和 $m_f$ 分别为 $y$ 和 $f(t)$ 的非零均值,$x$ 和 $w(t)$ 为均值为零的随机过程。假设 $w(t)$ 是高斯白噪声过程,则式(4.2)可用于确定 $y$ 的均值和均方值。

上述振子的等效线性化方程为

$$\ddot{y}+\beta_e\dot{y}+\omega_e^2 y=f(t) \tag{Ⅰ-3}$$

应用式(4.15),可得

$$\beta_e=\left\langle\frac{\partial h}{\partial \dot{y}}\right\rangle=\langle\beta\rangle=\beta \tag{Ⅰ-4}$$

应用式(4.16),可得

$$\omega_e^2=\Omega^2(1+3\varepsilon\sigma_y^2),\sigma_y^2=\langle y^2\rangle \tag{Ⅰ-5}$$

注意,在应用式(4.15)和式(4.16)时,假设 $y$ 和 $\mathrm{d}y/\mathrm{d}t$ 是非零均值的高斯平稳随机过程。由式(Ⅰ-2)可将式(Ⅰ-3)写为

$$\ddot{x}+\beta_e\dot{x}+\omega_e^2 x+m_y\omega_e^2=m_f+w(t) \tag{Ⅰ-6}$$

对式(Ⅰ-6)两边取期望,可得

$$m_y=m_f(\omega_e^2)^{-1} \tag{Ⅰ-7}$$

由式(Ⅰ-7)将式(Ⅰ-6)简化为

$$\ddot{x}+\beta_e\dot{x}+\omega_e^2 x=w(t) \tag{Ⅰ-8}$$

由式(Ⅰ-8)可得位移的方差为

$$\sigma_x^2=\frac{\pi S}{\beta_e\omega_e^2}=\frac{\pi S}{\beta\Omega^2(1+3\varepsilon\sigma_y^2)} \tag{Ⅰ-9}$$

应用式(Ⅰ-5)和式(Ⅰ-7),有

$$\frac{m_f}{m_y}=\Omega^2(1+3\varepsilon\sigma_y^2)=\Omega^2[1+3\varepsilon(m_y^2+\sigma_x^2)]$$

上式可简化为

$$\frac{m_f}{m_y}=\Omega^2\left(1+3\varepsilon m_y^2+\frac{3\varepsilon\pi S}{\beta\omega_e^2}\right) \tag{Ⅰ-10}$$

将式(Ⅰ-7)代入式(Ⅰ-10)并简化,得到

$$3\varepsilon m_y^3+\left(\frac{3\varepsilon\pi S}{\beta m_f}\right)m_y^2+m_y-\frac{m_f}{\Omega^2}=0 \tag{Ⅰ-11}$$

式(Ⅰ-11)是 $y$ 的均值的三次多项式,因此它有一个正实根,可以通过数学手册或 MACSYMA 得到。将 $y$ 的均值依次代入式(Ⅰ-7)、式(Ⅰ-5),由此可以确定 $y$ 的均方值。对于简单的情形,当 $\varepsilon=0$ 时,由式(Ⅰ-11)得

$$m_y=m_f(\Omega^2)^{-1} \tag{Ⅰ-12}$$

由式(Ⅰ-12)和式(Ⅰ-9)可以得到

$$\sigma_y^2=\frac{\pi S}{\beta\Omega^2}+\frac{m_f^2}{\Omega^4} \tag{Ⅰ-13}$$

式(Ⅰ-13)清楚地表明,即使对于线性系统,位移 $y$ 的均方值也取决于非零均值随机激励的均值。当激励的均值为零时,式(Ⅰ-13)可简化为已知的零均值高斯白噪声激励下单自由度线性系统的位移方差。

### 4.2.3 窄带激励下单自由度系统的平稳解

目前广泛应用的白噪声激励过程是一个数学理想化过程,并不能充分地描述现实中遇到的许多激励过程。当然,这种理想化可以用于响应分析,在特定系统的设计过程中可以提供重要的见解和有用的结果。在通常情况下,窄带随机激励可以更好地描述某些实际激励过程。

统计线性化方法在受窄带随机激励的非线性振子中的应用,可参阅 Lyon 等[4.29],Dimentberg[4.30],Richard 和 Anand[4.31],Davies 和 Nandlall[4.32],以及 Rajan[4.33]的文献。

窄带随机激励下 Duffing 振子[4.31]的运动方程为

$$\ddot{y}+\beta\dot{y}+\Omega^2(y+\varepsilon y^3)=f \tag{Ⅰ-1}$$

窄带随机激励 $f$ 可以通过在平稳高斯白噪声输入下,中心频率为 $\omega_f$、带宽为 $\alpha$ 的线性滤波器的输出得到,该滤波器的支配方程为

$$\ddot{f}+\alpha\dot{f}+\omega_f^2 f=\omega_f^2 w \tag{Ⅰ-2}$$

其中,$w$ 为零均值高斯白噪声,其谱密度为 $S$。因此,$f$ 的谱密度函数或功率谱密度函数为

$$S_f(\omega)=|H(\omega)|^2\omega_f^4 S \tag{Ⅰ-3}$$

其中,$H(\omega)$ 为线性滤波器的频响函数。

因此,

$$S_f(\omega)=\frac{\omega_f^4 S}{(\omega_f^2-\omega^2)^2+\alpha^2\omega^2} \tag{Ⅰ-4}$$

滤波器响应 $f$ 的方差为

$$\sigma_f^2=\int_{-\infty}^{\infty}S_f(\omega)\,\mathrm{d}\omega=\frac{\pi S\omega_f^2}{\alpha} \tag{Ⅰ-5}$$

将统计线性化方法应用于式(Ⅰ-1),可得

$$\beta_e=\beta,\omega_e^2=\Omega^2(1+3\varepsilon\sigma_y^2) \tag{Ⅰ-6a,b}$$

$y$ 的功率谱或功率谱密度函数为

$$S_y(\omega)=\frac{S_f(\omega)}{(\omega_e^2-\omega^2)^2+\omega^2\beta_e^2} \tag{Ⅰ-7}$$

将式(Ⅰ-4)代入式(Ⅰ-7),在整个频域对 $\omega$ 积分,可以得到 $y$ 的方差为

$$\frac{\sigma_y^2}{\sigma_f^2}=\frac{\beta\omega_e^2+\alpha(\omega_f^2+\beta^2)+\alpha^2\beta}{\beta\omega_e^2[(\omega_f^2-\omega_e^2)^2+(\beta+\alpha)(\beta\omega_f^2+\alpha\omega_e^2)]} \tag{Ⅰ-8}$$

将式(Ⅰ-6b)代入式(Ⅰ-8)得到 $\sigma_y^2$ 的四次多项式,可利用符号代数包 MACSYMA 求得该四次多项式的根。需要注意的是,在这四个根中必须有一个正实数、一个负实数,其余两个可以是实数或复共轭。可以发现,$y$ 的方差作为线性滤波器频率的函数表明:①对于足够小的 $\omega_f$ 值,$y$ 的方差是唯一的;②对于相对较高的滤波器频率,$y$ 的方差有多个值。例如,在图 4.1(a)中,在滤波器频率 $\omega_f=1.4$ 和 $\omega_f=2.5$ 的范围内,$y$ 的方差不是唯一的。图 4.1(b)所示的结果

表明了线性固有频率 $\Omega$ 的影响。

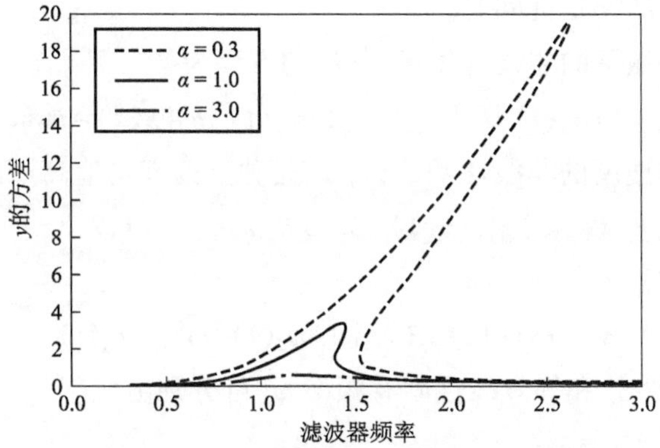


**图 4.1(a)　$\beta=0.6,\varepsilon=0.1,S=1.0,\Omega=6.28$ 时,滤波器带宽对系统的影响**

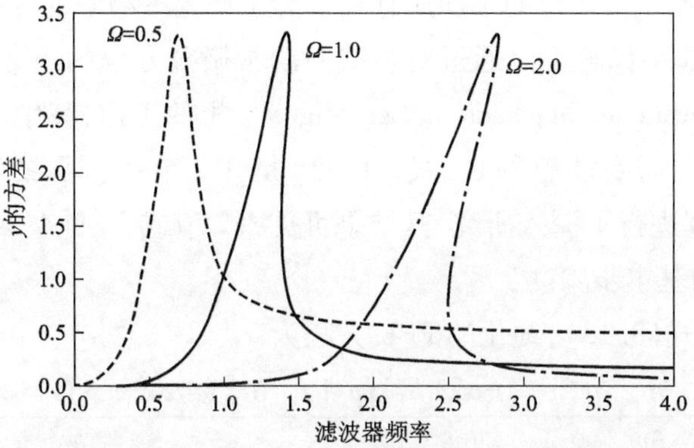


**图 4.1(b)　$\beta=0.6,\varepsilon=0.1,S=1.0,\alpha=1.0$ 时,固有频率对系统的影响**

式(Ⅰ-8)中有两种极限情形。在第一种极限情形下,线性滤波器频率远高于等效线性固有频率 $\omega_e$。在这种情形下,$f$ 是有效的白噪声,式(Ⅰ-8)接近极限值:

$$\sigma_y^2=\pi S(\beta\omega_e^2)^{-1} \tag{Ⅰ-9}$$

这与 4.2.1 节例Ⅰ中白噪声激励下的结果一致。在另一种极限情形下,当 α 很小或激励达到非常窄的带宽时,式(Ⅰ-8)简化为

$$\frac{\sigma_y^2}{\sigma_f^2}=[(\omega_f^2-\omega_e^2)^2+\beta^2\omega_f^2]^{-1} \tag{Ⅰ-10}$$

式(Ⅰ-10)中 $\sigma_y^2$ 是三次方的。当线性滤波器的带宽达到零或 $\omega_f$ 等于角频率 $\omega$ 时,式(Ⅰ-10)中等号右边为等效线性化系统频响函数幅值的平方。

### 4.2.4　随机参激和外激下单自由度系统的平稳解

对于随机参激(或乘性激励)和外激下的线性系统,稳定性或分岔是主要研究主题[4.34]。统计线性化方法通常不适合此类系统的响应分析。然而,Brückner 和 Lin[4.21],Chang 和 Young[4.22]已经将统计线性化方法推广到随机参激和外激下的非线性系统。除了随机外激下

的系统外，该推广方法的应用十分有限，因此这里不作讨论。下面用一个例子来说明基本步骤及等效线性化系统中的稳定性问题。

考虑随机参激和外激下的非线性振子，其运动方程为

$$\ddot{x}+[1+w_1(t)]h_1(x,\dot{x})+[1+w_2(t)]h_2(x,\dot{x})=w_3(t) \tag{Ⅰ-1}$$

其中，$h_1$ 和 $h_2$ 为位移和速度的非线性函数；$w_i(t)$ 是独立的零均值高斯白噪声激励：

$$\langle w_i(t)w_i(t+\tau)\rangle=2\pi S_i\delta(\tau),\quad i=1,2,3$$

等效线性化后的运动方程为

$$\ddot{x}+[1+w_1(t)]\beta_e\dot{x}+[1+w_2(t)]\omega_e^2x=w_3(t) \tag{Ⅰ-2}$$

其中，等效线性阻尼系数 $\beta_e$ 和等效线性固有频率 $\omega_e$ 可分别由式(4.13)和式(4.14)确定。式(Ⅰ-2)可写为

$$\ddot{x}+2\alpha\dot{x}[1+w_1(t)]+\Omega^2[1+w_2(t)]x=w_3(t) \tag{Ⅰ-3}$$

当然，假设式(Ⅰ-2)或式(Ⅰ-3)的平稳解存在。为了检验平稳解的存在性，必须确定非平稳随机解。上述方程的非平稳解可以通过对显式一阶常微分方程的矩方程进行积分求得。矩方程的推导可参阅 Hernández-Machado 和 San Miguel[4.35] 的工作，其中 $\tau=0$。为了简单起见，这里不讨论这个问题。需要注意的是，式(Ⅰ-3)是 3.2 节中例Ⅳ的特例，Dimentberg[4.34]，Yong 和 Lin[4.36] 都对其进行了深入研究，其结果可见 3.2 节或文献[4.34,4.36]。为了说明问题，下面概述了求解的基本步骤。

令 $v=\mathrm{d}x/\mathrm{d}t$，利用式(3.13)，约化的 FPK 方程为

$$v\frac{\partial p_s}{\partial x}=\Omega^2x\frac{\partial p_s}{\partial v}+\frac{\partial[2\alpha(1-\alpha2\pi S_1)vp_s]}{\partial v}+\pi\frac{\partial^2[(4\alpha^2S_1v^2+\Omega^4S_2x^2+S_3)p_s]}{\partial v^2} \tag{Ⅰ-4}$$

在特殊情况下，当

$$\Omega^2S_2=4\alpha^2S_1 \tag{Ⅰ-5}$$

时，式(Ⅰ-4)有精确的平稳概率密度函数：

$$p_s(x,v)=C\left(\eta+x^2+\frac{v^2}{\Omega^2}\right)^{-\gamma} \tag{Ⅰ-6}$$

其中，

$$\eta=\frac{S_3}{\Omega^4S_2},\gamma=\frac{\alpha}{\pi S_2\Omega^2}+\frac{1}{2}$$

其中，$C$ 是归一化常数，且

$$\frac{1}{C}=\int_{-\infty}^{\infty}\int_{-\infty}^{\infty}p_s(x,v)\,\mathrm{d}x\mathrm{d}v \tag{Ⅰ-7}$$

当且仅当 $p_s(x,v)$ 可归一化时，式(Ⅰ-6)代表联合概率密度 $p_s(x,v)$，这就要求积分式(Ⅰ-7)是存在的。当 $\gamma>1,\eta>0$ 时，这个条件是满足的。若 $\gamma<1$ 或 $\alpha<\Omega(\pi S_2)^{\frac{1}{2}}$，则式(Ⅰ-7)中的积分在无穷大处发散。临界值 $\gamma=1$ 对应式(Ⅰ-3)中的系统依概率稳定或几乎处处稳定[4.34]下的随机稳定性阈值。当 $\gamma>1,\eta>0$ 时，式(Ⅰ-6)中的 $C$ 为

$$C=\frac{(\delta-1)\eta^{\gamma-1}}{\pi\Omega} \tag{Ⅰ-8}$$

将 $C$ 代入式(Ⅰ-6)可以得到

$$p_s(x)=\int_{-\infty}^{\infty}p_s(x,v)\,\mathrm{d}v=\frac{\Gamma\left(\gamma-\frac{1}{2}\right)}{\sqrt{\pi}\,\Gamma(\gamma-1)}\eta^{\gamma-1}(\eta+x^2)^{\frac{1}{2}-\gamma} \tag{Ⅰ-9}$$

其中，$\Gamma(\cdot)$是伽马函数。

由式(Ⅰ-9)可知，$x$ 的偶数阶矩[4.34]为

$$\langle x^{2n}\rangle=\int_{-\infty}^{\infty}x^{2n}p_s(x)\,\mathrm{d}x=\frac{\eta^n\Gamma\left(n+\frac{1}{2}\right)\Gamma(\gamma-n-1)}{\sqrt{\pi}\,\Gamma(\gamma-1)}$$

或

$$\langle x^{2n}\rangle=\frac{\eta^n\cdot 1\cdot 3\cdot 5\cdots(2n-1)}{2^n\cdot(\gamma-2)(\gamma-3)\cdots(\gamma-n-1)} \tag{Ⅰ-10}$$

所有奇数阶矩都为 0。式(Ⅰ-10)表明，当 $\gamma\leqslant n+1$ 时，式(Ⅰ-3)所描述的系统的 $2n$ 阶矩是不稳定的。有趣的是，当 $\gamma>1$ 时，尽管式(Ⅰ-3)中的系统是概率稳定的，但当 $\gamma\leqslant 2$ 时，其均方值是不稳定的。鉴于上述式(Ⅰ-3)的研究结果，很明显，统计线性化方法对于由式(Ⅰ-1)定义的非线性系统的应用非常有限。

### 4.2.5　非平稳随机激励下单自由度系统的解

出于安全性考虑，在设计高层建筑、核反应堆建筑、海军和航空航天系统等现代结构时，必须考虑各种强随机激励的影响，包括地震、爆炸的压力波和持续的大气湍流。系统对这些随机激励的响应是非平稳的，即响应的统计矩与时间相关，主要是等效线性阻尼系数和等效刚度系数随时间变化。然而，若假设响应为高斯的，则式(4.15)和式(4.16)仍然有效。Atalik 和 Utku[4.18]，Iwan 和 Mason[4.19]，Spanos[4.20]，Ahmadi[4.37]，Sakata 和 Kimura[4.38,4.39]，Wen[4.40] 和 To[4.41]提出了适用于单自由度非线性系统非平稳随机响应分析的统计线性化方法。Atalik 和 Utku[3.18]的方法与式(4.15)和式(4.16)要求解是高斯的，弱非线性系统可以近似地满足这一要求。Ahmadi[4.37]的统计线性化方法适用于弱非线性系统，因为非平稳随机响应可表示为 Duhamel 积分，其中采用了等效的线性脉冲响应函数；而 Wen[4.40]提出的统计线性化方法适用于具有光滑恢复力的迟滞系统。线性化系统的系数为响应统计量的简单代数函数。To[4.41]提出的方法为在每个离散时间步上应用统计线性化。

下面举例说明统计线性化方法在非线性系统非平稳响应分析中的应用。

考虑一个调幅零均值高斯白噪声激励下的振子，其运动方程为

$$\ddot{x}+\beta\dot{x}+\Omega^2x(1+\varepsilon x^2)=f(t) \tag{Ⅰ-1}$$

其中，非平稳随机激励 $f(t)$ 定义为 $f(t)=a(t)w(t)$，其中 $a(t)$ 是调制函数的确定性振幅，$w(t)$

是零均值高斯白噪声。

通过统计线性化方法,利用式(4.15)和式(4.16),将式(Ⅰ-1)变为

$$\ddot{x}+\beta\dot{x}+\Omega^2(1+3\varepsilon\langle x^2\rangle)x=f(t) \tag{Ⅰ-2}$$

设 $z_1=x,z_2=\mathrm{d}x/\mathrm{d}t,\boldsymbol{Z}=(z_1,z_2)^{\mathrm{T}}$,则式(Ⅰ-2)重新写为

$$\frac{\mathrm{d}}{\mathrm{d}t}\boldsymbol{Z}=\boldsymbol{AZ}+\boldsymbol{F}, \tag{Ⅰ-3}$$

其中,系数矩阵 $\boldsymbol{A}$ 和力向量 $\boldsymbol{F}$ 的定义为

$$\boldsymbol{A}=\begin{bmatrix}0 & 1\\ -\Omega^2(1+3\varepsilon\langle x^2\rangle) & -\beta\end{bmatrix},\quad \boldsymbol{F}=\begin{Bmatrix}0\\ f(t)\end{Bmatrix}$$

式(Ⅰ-3)两边同时乘以 $\boldsymbol{Z}$ 的转置:

$$\left(\frac{\mathrm{d}}{\mathrm{d}t}\boldsymbol{Z}\right)\boldsymbol{Z}^{\mathrm{T}}=\boldsymbol{AZZ}^{\mathrm{T}}+\boldsymbol{FZ}^{\mathrm{T}} \tag{Ⅰ-4}$$

对式(Ⅰ-4)取转置,得到

$$\boldsymbol{Z}\frac{\mathrm{d}}{\mathrm{d}t}\boldsymbol{Z}^{\mathrm{T}}=(\boldsymbol{ZZ}^{\mathrm{T}})^{\mathrm{T}}\boldsymbol{A}^{\mathrm{T}}+\boldsymbol{ZF}^{\mathrm{T}} \tag{Ⅰ-5}$$

将式(Ⅰ-4)和式(Ⅰ-5)相加得到

$$\left(\frac{\mathrm{d}}{\mathrm{d}t}\boldsymbol{Z}\right)\boldsymbol{Z}^{\mathrm{T}}+\boldsymbol{Z}\frac{\mathrm{d}}{\mathrm{d}t}\boldsymbol{Z}^{\mathrm{T}}=\frac{\mathrm{d}}{\mathrm{d}t}(\boldsymbol{ZZ}^{\mathrm{T}})=A(\boldsymbol{ZZ}^{\mathrm{T}})^{\mathrm{T}}+(\boldsymbol{ZZ}^{\mathrm{T}})\boldsymbol{A}^{\mathrm{T}}+\boldsymbol{FZ}^{\mathrm{T}}+\boldsymbol{ZF}^{\mathrm{T}} \tag{Ⅰ-6}$$

对式(Ⅰ-6)取期望,设 $\boldsymbol{R}=\langle\boldsymbol{ZZ}^{\mathrm{T}}\rangle$,则有

$$\frac{\mathrm{d}\boldsymbol{R}}{\mathrm{d}t}=\boldsymbol{AR}+\boldsymbol{R}^{\mathrm{T}}\boldsymbol{A}^{\mathrm{T}}+\boldsymbol{B}=\boldsymbol{AR}+\boldsymbol{RA}^{\mathrm{T}}+\boldsymbol{B} \tag{Ⅰ-7}$$

其中,

$$\boldsymbol{B}=\langle\boldsymbol{FZ}^{\mathrm{T}}\rangle+\langle\boldsymbol{ZF}^{\mathrm{T}}\rangle=\begin{bmatrix}0 & 0\\ 0 & 2\pi Sa^2(t)\end{bmatrix}$$

$\boldsymbol{R}$ 是对称的,即 $\boldsymbol{R}=\boldsymbol{R}^{\mathrm{T}}$。利用文献[4.41]的式(6),可以很容易地证明矩阵 $\boldsymbol{B}$ 满足上述关系。

将式(Ⅰ-7)写成如下显式:

$$\begin{aligned}&\dot{R}_{11}=2R_{12},\\ &\dot{R}_{12}=R_{22}-[\Omega^2(1+3\varepsilon R_{11})R_{11}+\beta R_{12}],\\ &\dot{R}_{22}=-2[\Omega^2R_{12}(1+3\varepsilon R_{11})+\beta R_{22}]+2\pi Sa^2(t)\end{aligned} \tag{Ⅰ-8}$$

由于方程式(Ⅰ-8)是非线性的,所以需要使用数值积分方法求解方程式(Ⅰ-8)。令 $\Omega=\varepsilon=S=1.0,\beta=0.10$,和

$$a(t)=4(\mathrm{e}^{-0.05t}-\mathrm{e}^{-0.10t})$$

采用 RK4 算法计算方程式(Ⅰ-8),计算结果如图 4.2(a)~图 4.2(c)所示。

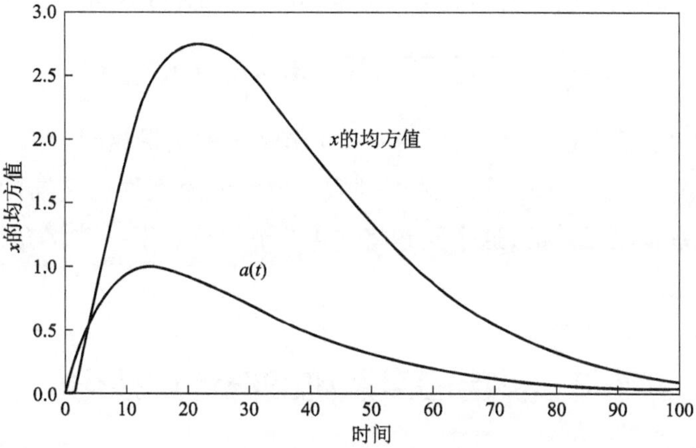


图 4.2(a)　位移的均方值

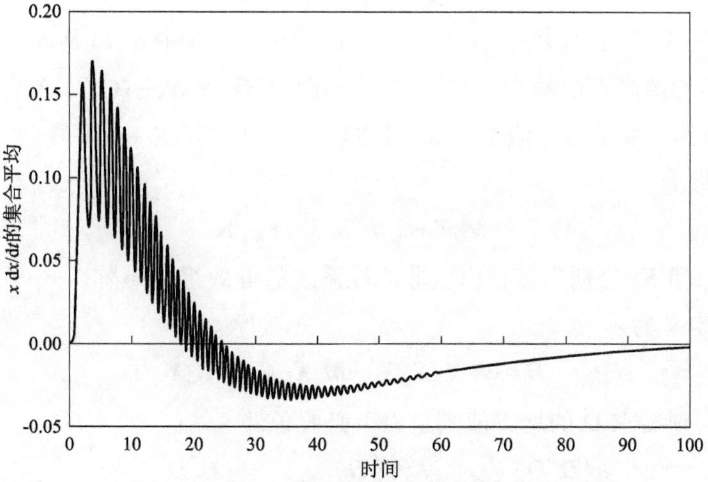


图 4.2(b)　位移和速度的集合平均

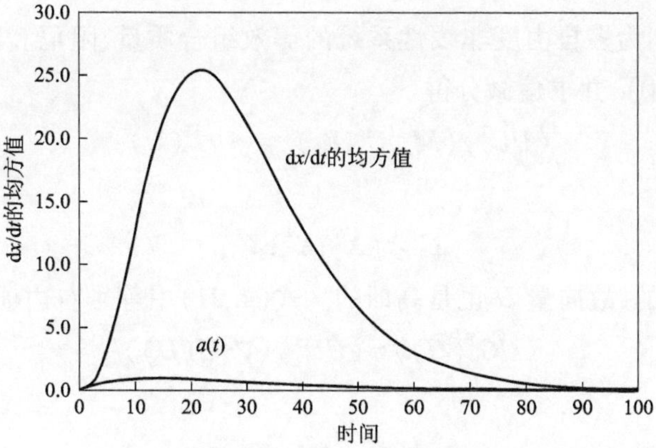


图 4.2(c)　速度的均方值

当 $a(t)=1.0$ 时,通过设方程式(Ⅰ-8)中 $\mathrm{d}(R_{ij})/\mathrm{d}t=0$ 可得方程式(Ⅰ-8)的平稳解。因此,

$$R_{11}=\frac{1}{6\varepsilon}\left[\sqrt{1+12\varepsilon\sigma_0^2}-1\right], \quad R_{12}=R_{21}=0, R_{22}=\frac{\pi S}{\beta} \tag{Ⅰ-9}$$

其中,$\sigma_0^2=\pi S/(\beta\Omega^2)$。式(Ⅰ-9)的结果与 4.2.1 节例Ⅰ的结果相同。

在应用式(4.15)和式(4.16)时,上述问题假设位移和速度均为高斯的。当然,这个假设对于一般的非线性系统是无效的,这个问题将在 4.5 节讨论。下一节将介绍用于多自由度系统的统计线性化方法。

## 4.3 多自由度系统的统计线性化

考虑多自由度非线性系统在零均值高斯白噪声调幅激励下的运动方程为

$$\boldsymbol{G}(\ddot{\boldsymbol{X}};\dot{\boldsymbol{X}};\boldsymbol{X})=\boldsymbol{F}(t), \tag{4.17}$$

其中,激励向量 $\boldsymbol{F}(t)$(简记为 $\boldsymbol{F}$)定义为 $\boldsymbol{F}(t)=\boldsymbol{a}(t)w(t)$,其中 $\boldsymbol{a}(t)$ 是确定性调制函数的振幅向量,$w(t)$ 是零均值高斯白噪声;$\boldsymbol{X}$ 是广义位移向量;$\boldsymbol{G}_i$ 是作用在第 $i$ 个自由度方向上的总内力。假设 $\boldsymbol{G}_i$ 是其自变量的单值奇函数,且方程式(4.17)存在一个平稳解,则方程式(4.17)的等价线性化方程为

$$\boldsymbol{M}_e\ddot{\boldsymbol{X}}+\boldsymbol{C}_e\dot{\boldsymbol{X}}+\boldsymbol{K}_e\boldsymbol{X}=\boldsymbol{F}(t) \tag{4.18}$$

其中,矩阵 $\boldsymbol{M}_e$,$\boldsymbol{C}_e$ 和 $\boldsymbol{K}_e$ 分别为多自由度非线性系统的等效组合矩阵。式(4.17)和式(4.18)之间的误差向量定义为

$$\boldsymbol{D}=\boldsymbol{G}(\ddot{\boldsymbol{X}};\dot{\boldsymbol{X}};\boldsymbol{X})-\boldsymbol{M}_e\ddot{\boldsymbol{X}}-\boldsymbol{C}_e\dot{\boldsymbol{X}}-\boldsymbol{K}_e\boldsymbol{X} \tag{4.19}$$

要使误差 $\boldsymbol{D}$ 最小,则要求 $\boldsymbol{D}$ 的均方值满足以下必要条件[4.18]:

$$\frac{\partial\langle\boldsymbol{D}^{\mathrm{T}}\boldsymbol{D}\rangle}{\partial m_{ij}}=0, \quad \frac{\partial\langle\boldsymbol{D}^{\mathrm{T}}\boldsymbol{D}\rangle}{\partial c_{ij}}=0, \quad \frac{\partial\langle\boldsymbol{D}^{\mathrm{T}}\boldsymbol{D}\rangle}{\partial k_{ij}}=0,$$

$$i,j=1,2,\cdots,n \tag{4.20a,b,c}$$

式中,$m_{ij}$,$c_{ij}$ 和 $k_{ij}$ 分别为多自由度非线性系统的等效组合质量、阻尼和刚度矩阵的元素。将式(4.19)代入式(4.20),并求偏微分得

$$\langle\boldsymbol{U}\boldsymbol{U}^{\mathrm{T}}\rangle(\boldsymbol{M}_e,\boldsymbol{C}_e,\boldsymbol{K}_e)^{\mathrm{T}}=\langle\boldsymbol{U}\boldsymbol{G}^{\mathrm{T}}(\boldsymbol{U})\rangle \tag{4.21}$$

其中,

$$\boldsymbol{U}^{\mathrm{T}}=(\ddot{\boldsymbol{X}}^{\mathrm{T}};\dot{\boldsymbol{X}}^{\mathrm{T}};\boldsymbol{X}^{\mathrm{T}})$$

由于激励向量是高斯的,故向量 $\boldsymbol{U}$ 也是高斯的。式(4.21)中等号右边项为[4.18]

$$\langle\boldsymbol{U}\boldsymbol{G}^{\mathrm{T}}(\boldsymbol{U})\rangle=\langle\boldsymbol{U}\boldsymbol{U}^{\mathrm{T}}\rangle\langle\boldsymbol{\nabla}^{\mathrm{T}}\boldsymbol{G}(\boldsymbol{U})\rangle \tag{4.22}$$

其中,

$$\boldsymbol{\nabla}^{\mathrm{T}}=\left[\frac{\partial}{\partial u_1},\frac{\partial}{\partial u_2},\cdots,\frac{\partial}{\partial u_{3n}}\right]$$

式(4.22)的证明如下。$\boldsymbol{U}$ 的协方差矩阵为

$$W=\langle UU^{\mathrm{T}}\rangle \tag{4.23}$$

然后，利用式(4.22)可得

$$\langle \nabla G(U)\rangle = W^{-1}\langle UG(U)\rangle \tag{4.24}$$

应用数学期望的定义，有

$$\langle \nabla G(U)\rangle = \int_{-\infty}^{\infty}\cdots\int_{-\infty}^{\infty} \nabla G(U)\cdot p(U)\cdot \mathrm{d}U^{\mathrm{T}} \tag{4.25}$$

其中，有 $3n$ 个反常积分，$p(U)$ 是 $U$ 的联合高斯概率密度函数，则

$$p(U)=\frac{1}{\sqrt{[(2\pi)^{3n}|W|]}}\mathrm{e}^{-\frac{1}{2}U^{\mathrm{T}}W^{-1}U} \tag{4.26}$$

对式(4.25)中的等号右边项进行分部积分得

$$\langle \nabla G(U)\rangle = Q-\int_{-\infty}^{\infty}\cdots\int_{-\infty}^{\infty} G(U)\cdot \nabla p(U)\cdot \mathrm{d}U^{\mathrm{T}} \tag{4.27}$$

其中，向量 $Q$ 的元素为

$$q_i=\int_{-\infty}^{\infty}\cdots(3n-1)\cdots\int_{-\infty}^{\infty}\{G(U)p(U)\big|_{u_i=-\infty}^{u_i=\infty}\}\prod_{j=1,i\neq j}^{3n}\mathrm{d}u_j,\quad i=1,2,\cdots,3n \tag{4.28}$$

式(4.28)中存在 $3n-1$ 个反常积分。假设 $G(U)$ 是零均值的联合高斯随机向量过程的单值函数，则当 $u_i=\pm\infty$ 时，式(4.28)中等号右边大括号内的项为零[4.28]。应用式(4.26)，有

$$\nabla p(U)=-p(U)W^{-1}U \tag{4.29}$$

将式(4.29)代入式(4.27)得

$$\langle \nabla G(U)\rangle = -\int_{-\infty}^{\infty}\cdots\int_{-\infty}^{\infty} G(U)[-p(U)W^{-1}U]\mathrm{d}U^{\mathrm{T}} \tag{4.30}$$

重新整理式(4.30)，得

$$\langle \nabla G(U)\rangle = W^{-1}\langle UG(U)\rangle \tag{4.31}$$

类似地，可以证明

$$W\langle \nabla^{\mathrm{T}}G(U)\rangle = \langle UG^{\mathrm{T}}(U)\rangle \tag{4.32}$$

这就完成了式(4.22)的证明。注意，类似式(4.22)的方程已由 Kazakov[4.8]给出。

令式(4.32)等于式(4.21)，并假定 $W$ 是正定的，可以得到线性化的质量、阻尼和刚度矩阵的元素为

$$m_{ij}=\left\langle\frac{\partial G_i(\ddot{X};\dot{X};X)}{\partial \ddot{x}_j}\right\rangle,\quad c_{ij}=\left\langle\frac{\partial G_i(\ddot{X};\dot{X};X)}{\partial \dot{x}_j}\right\rangle,\quad k_{ij}=\left\langle\frac{\partial G_i(\ddot{X};\dot{X};X)}{\partial x_j}\right\rangle,\quad i,j=1,2,\cdots,n \tag{4.33a,b,c}$$

值得注意的是，即使 $W$ 只是正的，依然假定式(4.33)为所有可能的最小值中的全局最小解。

将式(4.33)代入式(4.18)，令 $Z_1=X, Z_2=\dfrac{\mathrm{d}X}{\mathrm{d}t}, Z=(Z_1,Z_2)^{\mathrm{T}}$，可得

$$\frac{\mathrm{d}Z}{\mathrm{d}t}=AZ+P \tag{4.34}$$

其中系数矩阵 $\boldsymbol{A}$ 和力向量 $\boldsymbol{P}$ 为

$$\boldsymbol{A}=\begin{bmatrix}[0] & [1]\\ -\boldsymbol{M}_e^{-1}\boldsymbol{K}_e & -\boldsymbol{M}_e^{-1}\boldsymbol{C}_e\end{bmatrix},\quad \boldsymbol{P}=\begin{Bmatrix}(0)\\ \boldsymbol{M}_e^{-1}\boldsymbol{F}(t)\end{Bmatrix}$$

注意,零矩阵[0]是 $n$ 阶的,单位矩阵[1]也是 $n$ 阶的,零向量(0)是 $n\times1$ 阶的。

式(4.34)两边同时乘以 $\boldsymbol{Z}$ 的转置,得

$$\left(\frac{\mathrm{d}}{\mathrm{d}t}\boldsymbol{Z}\right)\boldsymbol{Z}^{\mathrm{T}}=\boldsymbol{A}\boldsymbol{Z}\boldsymbol{Z}^{\mathrm{T}}+\boldsymbol{P}\boldsymbol{Z}^{\mathrm{T}} \tag{4.35}$$

对式(4.35)取转置得

$$\boldsymbol{Z}\frac{\mathrm{d}}{\mathrm{d}t}\boldsymbol{Z}^{\mathrm{T}}=(\boldsymbol{Z}\boldsymbol{Z}^{\mathrm{T}})^{\mathrm{T}}\boldsymbol{A}^{\mathrm{T}}+\boldsymbol{Z}\boldsymbol{P}^{\mathrm{T}} \tag{4.36}$$

将式(4.35)和式(4.36)相加得

$$\left(\frac{\mathrm{d}}{\mathrm{d}t}\boldsymbol{Z}\right)\boldsymbol{Z}^{\mathrm{T}}+\boldsymbol{Z}\frac{\mathrm{d}}{\mathrm{d}t}\boldsymbol{Z}^{\mathrm{T}}=\frac{\mathrm{d}}{\mathrm{d}t}(\boldsymbol{Z}\boldsymbol{Z}^{\mathrm{T}})=\boldsymbol{A}(\boldsymbol{Z}\boldsymbol{Z}^{\mathrm{T}})^{\mathrm{T}}+(\boldsymbol{Z}\boldsymbol{Z}^{\mathrm{T}})\boldsymbol{A}^{\mathrm{T}}+\boldsymbol{P}\boldsymbol{Z}^{\mathrm{T}}+\boldsymbol{Z}\boldsymbol{P}^{\mathrm{T}} \tag{4.37}$$

对式(4.37)取期望,并令 $\boldsymbol{R}=\langle\boldsymbol{Z}\boldsymbol{Z}^{\mathrm{T}}\rangle$,可得

$$\frac{\mathrm{d}\boldsymbol{R}}{\mathrm{d}t}=\boldsymbol{A}\boldsymbol{R}+\boldsymbol{R}^{\mathrm{T}}\boldsymbol{A}^{\mathrm{T}}+\boldsymbol{B}=\boldsymbol{A}\boldsymbol{R}+\boldsymbol{R}\boldsymbol{A}^{\mathrm{T}}+\boldsymbol{B} \tag{4.38}$$

其中,

$$\boldsymbol{B}=\langle\boldsymbol{P}\boldsymbol{Z}^{\mathrm{T}}\rangle+\langle\boldsymbol{Z}\boldsymbol{P}^{\mathrm{T}}\rangle=\begin{bmatrix}[0] & [0]\\ [0] & 2\pi S\boldsymbol{M}_e^{-1}\boldsymbol{a}(t)\boldsymbol{a}^{\mathrm{T}}(t)(\boldsymbol{M}_e^{-1})^{\mathrm{T}}\end{bmatrix}$$

且 $\boldsymbol{R}=\boldsymbol{R}^{\mathrm{T}}$。注意,$\boldsymbol{a}(t)$ 是确定性调制函数的振幅向量,$S$ 是零均值高斯白噪声 $w(t)$ 的谱密度。利用文献[4.42]的式(6)可以很容易地证明上式中矩阵 $\boldsymbol{B}$ 的关系式。一般来说,需要用数值积分方法(如 RK4 算法)来求解方程式(4.38)。

为了说明式(4.33)的应用,下面讨论一个 2 自由度系统,目的是得到等效的 2 自由度线性系统,其运动方程为

$$\begin{aligned}&m_1\ddot{x}_1+m_2(\ddot{x}_2x_2+\dot{x}_2^2)+c_1\dot{x}_1+k_1x_1^3=f_1(t),\\ &m_2\ddot{x}_2+m_2\ddot{x}_1x_2+c_2\dot{x}_2+m_2gx_2=f_2(t)\end{aligned} \tag{Ⅰ-1}$$

其中,$g$ 是一个常数;其余符号具有它们通常的含义。

应用式(4.33),其中 $n=2$,则等效质量矩阵的元素为

$$\begin{aligned}&m_{11}=\left\langle\frac{\partial\boldsymbol{G}_1(\ddot{\boldsymbol{X}};\dot{\boldsymbol{X}};\boldsymbol{X})}{\partial\ddot{x}_1}\right\rangle=m_1,\quad m_{12}=\left\langle\frac{\partial\boldsymbol{G}_1(\ddot{\boldsymbol{X}};\dot{\boldsymbol{X}};\boldsymbol{X})}{\partial\ddot{x}_2}\right\rangle=m_2\langle x_2\rangle,\\ &m_{21}=\left\langle\frac{\partial\boldsymbol{G}_2(\ddot{\boldsymbol{X}};\dot{\boldsymbol{X}};\boldsymbol{X})}{\partial\ddot{x}_1}\right\rangle=m_2\langle x_2\rangle,\quad m_{22}=\left\langle\frac{\partial\boldsymbol{G}_2(\ddot{\boldsymbol{X}};\dot{\boldsymbol{X}};\boldsymbol{X})}{\partial\ddot{x}_2}\right\rangle=m_2\end{aligned} \tag{Ⅰ-2}$$

同理,等效阻尼矩阵的元素为

$$c_{11}=\left\langle\frac{\partial\boldsymbol{G}_1(\ddot{\boldsymbol{X}};\dot{\boldsymbol{X}};\boldsymbol{X})}{\partial\dot{x}_1}\right\rangle=c_1,\quad c_{12}=\left\langle\frac{\partial\boldsymbol{G}_1(\ddot{\boldsymbol{X}};\dot{\boldsymbol{X}};\boldsymbol{X})}{\partial\dot{x}_2}\right\rangle=2m_2\langle\dot{x}_2\rangle,$$

$$c_{21}=\left\langle\frac{\partial \boldsymbol{G}_2(\ddot{\boldsymbol{X}};\dot{\boldsymbol{X}};\boldsymbol{X})}{\partial \dot{x}_1}\right\rangle=0,\quad c_{22}=\left\langle\frac{\partial G_2(\ddot{\boldsymbol{X}};\dot{\boldsymbol{X}};\boldsymbol{X})}{\partial \dot{x}_2}\right\rangle=c_2 \tag{Ⅰ-3}$$

等效刚度矩阵的元素为

$$k_{11}=\left\langle\frac{\partial \boldsymbol{G}_1(\ddot{\boldsymbol{X}};\dot{\boldsymbol{X}};\boldsymbol{X})}{\partial x_1}\right\rangle=3k_1\langle x_1^2\rangle,\quad k_{12}=\left\langle\frac{\partial \boldsymbol{G}_1(\ddot{\boldsymbol{X}};\dot{\boldsymbol{X}};\boldsymbol{X})}{\partial x_2}\right\rangle=m_2\langle \ddot{x}_2\rangle,$$

$$k_{21}=\left\langle\frac{\partial \boldsymbol{G}_2(\ddot{\boldsymbol{X}};\dot{\boldsymbol{X}};\boldsymbol{X})}{\partial x_1}\right\rangle=0,\quad k_{22}=\left(\frac{\partial \boldsymbol{G}_2(\ddot{\boldsymbol{X}};\dot{\boldsymbol{X}};\boldsymbol{X})}{\partial x_2}\right)=m_2g+m_2\langle \ddot{x}_1\rangle \tag{Ⅰ-4}$$

将式(Ⅰ-2)~式(Ⅰ-4)代入式(4.18)可得

$$\boldsymbol{M}_e==\begin{bmatrix} m_1 & m_2\langle x_2\rangle \\ m_2\langle x_2\rangle & m_2\end{bmatrix},\quad \boldsymbol{C}_e=\begin{bmatrix} c_1 & 2m_2\langle \dot{x}_2\rangle \\ 0 & c_2\end{bmatrix},$$

$$\boldsymbol{K}_e=\begin{bmatrix} 3k_1\langle x_1^2\rangle & m_2\langle \ddot{x}_2\rangle \\ 0 & m_2(g+\langle \ddot{x}_1\rangle)\end{bmatrix} \tag{Ⅰ-5}$$

## 4.4　工程系统的应用

统计线性化方法自 50 多年前被引入以来，已被推广应用于分析许多工程系统的响应。例如，Sinitsyn[4.12]，Spanos[4.23]，Socha 和 Soong[4.24]以及 Roberts 和 Spanos[4.25]所著书中都有统计线性化方面的独家评论。Roberts[4.43]，Zhu 和 Crandall[4.44]，To[4.45]，Roberts[4.46]，Roberts 和 Dunne[4.47]和 To[4.48,4.49]也在综述文章中回顾了统计线性化方法的应用和演化。

本节将统计线性化方法应用于一些特定的单自由度和多自由度非线性工程系统的响应分析。

### 4.4.1　单自由度系统

本小节所考虑的单自由度非线性工程系统包括：① 具有滑动摩擦的地震隔振系统；②地震激励下的回滞系统；③船舶在随机波浪中的横摇运动模型。

**例Ⅰ**　利用统计线性化方法分析具有滑动摩擦的地震隔振系统（参见 Constantinou 和 Tadjbakhsh[4.50]以及 Noguchi[4.51]），其基本的运动方程为

$$\ddot{x}+\mu\ \mathrm{sgn}(\dot{x})=w(t) \tag{Ⅰ-1}$$

其中，$\mu$ 为常参数；$w(t)$为地震激励，表示为零均值高斯白噪声过程。式(Ⅰ-1)的等效线性化方程为

$$\ddot{x}+\beta_e\dot{x}=w(t) \tag{Ⅰ-2}$$

应用式(4.13)，并假设 $x$ 和 $\mathrm{d}x/\mathrm{d}t$ 是平稳的、独立的，且均值为零，则

$$\beta_e=\mu\langle \dot{x}\ \mathrm{sgn}\ (\dot{x})\rangle\langle \dot{x}^2\rangle^{-1} \tag{Ⅰ-3}$$

由 4.2.1 节的式(Ⅲ-4)得

$$\beta_e=\frac{\mu}{\sigma_{\dot{x}}}\sqrt{\frac{2}{\pi}} \tag{Ⅰ-4}$$

式(Ⅰ-2)的等效线性化振子的速度方差为

$$\sigma_{\dot{x}}^2=\pi S(\beta_e)^{-1} \tag{Ⅰ-5}$$

其中,$S$ 为零均值白噪声的谱密度。将式(Ⅰ-4)代入式(Ⅰ-5)得到

$$\sigma_{\dot{x}}^2=\frac{\pi^3 S^2}{2\mu^2} \tag{Ⅰ-6}$$

显然,当固有频率为零时,由式(Ⅰ-2)支配的系统位移 $x$ 的方差是无穷大的,这意味着滑移位移的方差随时间的增加而增大。严格地说,式(Ⅰ-1)不是非线性振子的方程,因为它的等号左边的项中没有恢复力项。当然,由式(Ⅰ-1)或式(Ⅰ-2)支配的系统可以看作不稳定的退化型振子。Constantinou 和 Tadjbakhsh[4.50]给出了位移方差的结果是关于时间的函数。应该指出的是,滑动系统的滑移-滑动作用会在上层结构中产生高频振动,而在分析中无法揭示这些高频振动,且这些高频成分可能损坏系统内安装的设备[4.52]。

一个更加真实的地震激励模型是具有 Kanai-Tajimi 谱[4.53]的滤波白噪声。Constantinou 和 Tadjbakhsh[4.50]曾考虑过这种激励。

**例Ⅱ** 许多建筑结构在受到强地震激励时会出现回滞特性。Wen[4.40]首次将统计线性化方法应用于随机激励下的回滞系统的分析。单自由度回滞系统[4.40]具有如下运动方程:

$$\ddot{x}+2\zeta\Omega\dot{x}+\alpha\Omega^2x+(1-\alpha)\Omega^2u=w(t) \tag{Ⅱ-1}$$

其中,$w(t)$ 为零均值高斯过程;$\zeta$ 是阻尼比;$\Omega$ 为固有频率;$\alpha$ 为屈服后与屈服前刚度比;$u$ 由下式确定:

$$\dot{u}=-\gamma|\dot{x}|u|u|^{n-1}-\beta\dot{x}|u|^n+a\dot{x} \tag{Ⅱ-2}$$

其中,$\gamma$,$\beta$,$a$ 和 $n$ 是常参数。参数 $\gamma$ 和 $\beta$ 决定回滞环的形状,$a$ 是恢复力振幅,$n$ 为弹性响应向塑性响应过渡的平滑度。例如,$n=\infty$ 对应弹塑性系统。

对于 $n=1$ 的情形,式(Ⅱ-1)和式(Ⅱ-2)变为

$$\ddot{x}+2\zeta\Omega\dot{x}+\alpha\Omega^2x+(1-\alpha)\Omega^2u=w(t) \tag{Ⅱ-3}$$

和

$$\dot{u}+(\beta|u|-a)\dot{x}+\gamma|\dot{x}|u=0 \tag{Ⅱ-4}$$

式(Ⅱ-4)的等效线性化方程为

$$\dot{u}+c_{21}\dot{x}+k_{22}u=0 \tag{Ⅱ-5}$$

假设 $\mathrm{d}x/\mathrm{d}t$ 和 $u$ 均为高斯分布,将式(4.15)和式(4.16) 应用到式(Ⅱ-4)得

$$c_{21}=\gamma\left\langle u\frac{\partial|\dot{x}|}{\partial\dot{x}}\right\rangle+\beta\langle|u|\rangle-a,\quad k_{22}=\gamma\langle|\dot{x}|\rangle+\beta\left\langle\dot{x}\frac{\partial|u|}{\partial u}\right\rangle \tag{Ⅱ-6,7}$$

其中,

$$|u|=u\,\mathrm{sgn}(u),\quad |\dot{x}|=\dot{x}\,\mathrm{sgn}(\dot{x}),\quad \frac{\partial|\dot{x}|}{\partial\dot{x}}=\mathrm{sgn}(\dot{x}) \tag{Ⅱ-8,9,10}$$

因此，有

$$\left\langle u\frac{\partial|\dot{x}|}{\partial\dot{x}}\right\rangle=\langle u\ \mathrm{sgn}(\dot{x})\rangle=\left\langle u\frac{\dot{x}\ \mathrm{sgn}(\dot{x})}{\dot{x}}\right\rangle=\left\langle u\frac{|\dot{x}|}{\dot{x}}\right\rangle=\langle ug(\dot{x})\rangle \tag{Ⅱ-11}$$

可以证明[4.28]：

$$\langle ug(\dot{x})\rangle=\langle g(\dot{x})\langle u\mid\dot{x}\rangle\rangle \tag{Ⅱ-12}$$

其中，内角括号项是给定 d$x$/d$t$ 后 $u$ 的条件期望值。d$x$/d$t$ 与 $u$ 均被假设服从高斯分布，因此可以验证[4.28]：

$$\left\langle u\frac{\partial|\dot{x}|}{\partial\dot{x}}\right\rangle=\left\langle\frac{|\dot{x}|}{\dot{x}}\langle u\mid\dot{x}\rangle\right\rangle=\frac{\langle|\dot{x}|\rangle\langle u\dot{x}\rangle}{\sigma_{\dot{x}}^2} \tag{Ⅱ-13}$$

类似地，

$$\left\langle\dot{x}\frac{\partial|u|}{\partial u}\right\rangle=\frac{\langle|u|\rangle\langle\dot{x}u\rangle}{\sigma_u^2} \tag{Ⅱ-14}$$

利用上述式(Ⅱ-8)、式(Ⅱ-9)、式(Ⅱ-13)和式(Ⅱ-14)，以及 4.2.1 节的式(Ⅱ-4)，则式(Ⅱ-6)和式(Ⅱ-7)为

$$c_{21}=\sqrt{\frac{2}{\pi}}\left(\gamma\frac{\langle\dot{x}u\rangle}{\sigma_{\dot{x}}}+\beta\sigma_u\right)-a \tag{Ⅱ-15}$$

和

$$k_{22}=\sqrt{\frac{2}{\pi}}\left(\gamma\sigma_{\dot{x}}+\beta\frac{\langle\dot{x}u\rangle}{\sigma_u}\right) \tag{Ⅱ-16}$$

式(Ⅱ-3)、式(Ⅱ-5)、式(Ⅱ-15)和式(Ⅱ-16)提供了运动方程式(Ⅱ-1)和式(Ⅱ-2)的直接的封闭形式的线性化方程。

为了将线性化的运动方程转换成类似 4.2.5 节的式(Ⅰ-7)，引入了向量 $\boldsymbol{Z}=[z_1,z_2,z_3]^{\mathrm{T}}$，其中 $z_1=x,z_2=u,z_3=\mathrm{d}x/\mathrm{d}t$，从而式(Ⅱ-3)和式(Ⅱ-5)可以写成一阶微分方程组的系统：

$$\frac{\mathrm{d}}{\mathrm{d}t}\boldsymbol{Z}=\boldsymbol{AZ}+\boldsymbol{F} \tag{Ⅱ-17}$$

其中，

$$\boldsymbol{A}=\begin{bmatrix}0 & 0 & 1\\ 0 & -k_{22} & -c_{21}\\ -\alpha\Omega^2 & -(1-\alpha)\Omega^2 & -2\zeta\Omega\end{bmatrix},\quad \boldsymbol{F}=\begin{pmatrix}0\\0\\w(t)\end{pmatrix}$$

应用与 4.2.5 节类似的方法可以得到

$$\frac{\mathrm{d}\boldsymbol{R}}{\mathrm{d}t}=\boldsymbol{AR}+\boldsymbol{RA}^{\mathrm{T}}+\boldsymbol{B} \tag{Ⅱ-18}$$

其中，响应和激励的协方差矩阵为

$$\boldsymbol{R}=\langle\boldsymbol{ZZ}^{\mathrm{T}}\rangle,\quad \boldsymbol{B}=\begin{bmatrix}0 & 0\\ 0 & 2\pi S\end{bmatrix}$$

如果 $w(t)$ 是非平稳的，只要对非平稳随机激励的协方差矩阵进行修改，则式(Ⅱ-18)仍然有效。如果 $w(t)$ 是调幅白噪声，则 4.2.5 节的式(Ⅰ-7)适用于此。

对于 $n\neq 1$ 的情形，类似式(Ⅱ-15)和式(Ⅱ-16)的推导，可以得到 $c_{21}$ 和 $k_{22}$，由 Wen 在文献[4.40]中给出。

**例Ⅲ** 考虑一个比较复杂的激励模型，即将零均值白噪声激励通过一个线性滤波器，该滤波器具有如下 Kanai 谱形式的频率传递函数：

$$S_k(\omega)=\frac{S(\omega_g^4+4\omega_g^2\zeta_g^2\omega^2)}{[(\omega^2-\omega_g^2)^2+4\omega_g^2\zeta_g^2\omega^2]} \tag{Ⅲ-1}$$

其中，$\zeta_g$ 和 $\omega_g$ 为滤波器的阻尼比和固有频率，代表地震激励的频谱特征，此时系统的运动方程为

$$\ddot{x}+2\zeta\Omega\dot{x}+\alpha\Omega^2x+(1-\alpha)\Omega^2u-2\zeta_g\omega_g\dot{x}_g-\omega_g^2x_g=0,\dot{u}+c_{21}\dot{x}+k_{22}u=0,\ddot{x}_g+2\zeta_g\omega_g\dot{x}_g+\omega^2x_g=w(t) \tag{Ⅲ-2}$$

其中，$x_g$ 为滤波器响应；$\langle w^2(\tau)\rangle=2\pi S\delta(\tau)$；$c_{21}$，$k_{22}$ 由上例中的式(Ⅱ-15)和式(Ⅱ-16) 给出。求解的过程和上例相同。例如，引入 $z_1=x$，$z_2=u$，$z_3=x_g$，$z_4=\mathrm{d}x/\mathrm{d}t$ 和 $z_5=\mathrm{d}x_g/\mathrm{d}t$，则式(Ⅱ-17)中的系数矩阵 $\boldsymbol{A}$ 为

$$\boldsymbol{A}=\begin{bmatrix}0 & 0 & 0 & 1 & 0\\ 0 & -k_{22} & 0 & -c_{21} & 0\\ 0 & 0 & 0 & 0 & 1\\ -\alpha\Omega^2 & -(1-\alpha)\Omega^2 & \omega_g^2 & -2\zeta\Omega & 2\zeta_g\omega_g\\ 0 & 0 & -\omega_g^2 & 0 & -2\zeta_g\omega_g\end{bmatrix} \tag{Ⅲ-3}$$

$\boldsymbol{B}$ 中除了 $B_{55}=2\pi S$，其余 $B_{ij}=0$。Wen[4.40]考虑了式(Ⅲ-2)中 $w(t)$ 为散粒噪声的情况。事实上，Wen 的例子和现在的例子唯一的区别是 $B_{55}$。

Baber 和 Noori[4.54]，以及 Noori，Choi 和 Davoodi[4.55]对上述回滞模型进行了推广，包括利用统计线性化方法进行退化和回滞环收缩，求解过程与上例相同。在这种情况下，系统包含 5 个一阶微分方程，差异在于 $c_{21}$ 和 $k_{22}$。

Thyagarajan 和 Iwan[4.56]最近的研究表明，Wen 的模型具有位移漂移的趋势。当屈服后刚度较小，并且/或者系统受到非零均值的力激励时，这种影响非常显著。此外，Bouc[4.57]和 Wen[4.40]的微分方程模型的速度和加速度结果普遍优于位移的结果。

**例Ⅳ** 考虑船舶在随机波浪激励下的横摇运动(参见 Roberts[4.58]，Roberts 和 Dacunha[4.59]，Roberts[4.60]和 Gawthrop[4.61]等)。系统运动由文献[4.60]中的方程支配：

$$\ddot{\varphi}+\beta\dot{\varphi}+\gamma\dot{\varphi}|\dot{\varphi}|+\Omega^2\varphi(1-\varepsilon\varphi^2)=f(t) \tag{Ⅳ-1}$$

其中，$\varphi\leqslant 35^\circ$，为横摇角；$\Omega$ 为横摇的无阻尼固有频率；参数 $\beta$，$\gamma$ 和 $\varepsilon$ 是常数；$f(t)$ 是随机激励。注意式(Ⅳ-1)只对 $\varphi\leqslant 35^\circ$ 有效。这就反过来要求常参数 $\varepsilon$ 和 $f(t)$ 的振幅都很小，这样响应轨迹离开相平面稳定区域的概率就非常低。在上述条件下，从实际出发，假定平稳随机

横摇运动的存在是合理的。

式(Ⅳ-1)的等效线性化方程为

$$\ddot{\varphi}+\beta_e\dot{\varphi}+\omega_e^2\varphi=f(t) \tag{Ⅳ-2}$$

由式(4.15)和式(4.16),以及一些代数运算可得

$$\beta_e=\beta+\gamma\sqrt{\frac{8}{\pi}}\sigma_{\dot{\varphi}},\quad \omega_e^2=\Omega^2(1-3\varepsilon\sigma_{\varphi}^2) \tag{Ⅳ-3,4}$$

注意在式(Ⅳ-1)中,当 $\varphi-\varepsilon\varphi^3=0$ 时,结果不稳定。

令 $z_1=\varphi,z_2=\mathrm{d}\varphi/\mathrm{d}t,\boldsymbol{Z}=(z_1,z_2)^{\mathrm{T}}$,按照 4.2.5 节的方法可以得出

$$\dot{\boldsymbol{R}}=\boldsymbol{AR}+\boldsymbol{RA}^{\mathrm{T}}+\boldsymbol{B} \tag{Ⅳ-5}$$

其中,

$$\boldsymbol{A}=\begin{bmatrix}0 & 1\\ -\Omega^2(1-3\varepsilon\sigma_{\varphi}^2) & -\left(\beta+\gamma\sqrt{\dfrac{8}{\pi}}\sigma_{\dot{\varphi}}\right)\end{bmatrix},\quad \boldsymbol{B}=\begin{bmatrix}0 & 0\\ 0 & 2\pi Sa^2(t)\end{bmatrix}$$

其中,假设 $f(t)=a(t)w(t)$,$a(t)$ 是确定的调制函数,$w(t)$ 是零均值高斯白噪声过程。给定 $a(t)$,则式(Ⅳ-5)可以用 RK4 算法数值求解。

### 4.4.2　多自由度系统

利用以下多自由度非线性系统来说明统计线性化方法的应用:①受动态波浪力作用的海上建筑结构;②受地震激励的回滞系统。

**例Ⅰ**　统计线性化方法的早期应用之一是分析海上深水区中离散塔架结构的响应(参见 Malhotra 和 Penzien[4.16])。结构运动的控制方程中的非线性项来自动态波浪对结构产生的拖曳力,其中该结构采用梁有限元组成的空间框架模型。假定结构上的动态波浪力的均值为零,则运动方程为

$$\boldsymbol{M\ddot{U}}+\boldsymbol{C\dot{U}}+\boldsymbol{KU}=\boldsymbol{P} \tag{Ⅰ-1}$$

其中,$\boldsymbol{M}$ 为集中质量矩阵;$\boldsymbol{C}$ 为结构阻尼矩阵;$\boldsymbol{K}$ 为海上结构物刚度矩阵。

为了简单起见,假定采用线性波理论,且在垂直于结构平面的方向,即 $xy$ 平面或波传播方向上所有结构和力的变化均忽略不计。在这些条件下,广义节点位移向量和广义力向量分别为

$$\begin{aligned}\boldsymbol{U}&=[\boldsymbol{u}_1,\boldsymbol{u}_2,\boldsymbol{u}_3,\boldsymbol{u}_4,\boldsymbol{u}_5,\boldsymbol{u}_6,\cdots,\boldsymbol{u}_n]^{\mathrm{T}}\\ &=[\boldsymbol{U}_{1x},\boldsymbol{U}_{1y},\boldsymbol{U}_{1\theta},\boldsymbol{U}_{2x},\boldsymbol{U}_{2y},\boldsymbol{U}_{2\theta},\cdots,\boldsymbol{U}_{mx},\boldsymbol{U}_{my},\boldsymbol{U}_{m\theta}]^{\mathrm{T}}\end{aligned} \tag{Ⅰ-2a}$$

$$\begin{aligned}\boldsymbol{P}&=[\boldsymbol{p}_1,\boldsymbol{p}_2,\boldsymbol{p}_3,\boldsymbol{p}_4,\boldsymbol{p}_5,\boldsymbol{p}_6,\cdots,\boldsymbol{p}_n]^{\mathrm{T}}\\ &=[\boldsymbol{P}_{1x},\boldsymbol{P}_{1y},\boldsymbol{0},\boldsymbol{P}_{2x},\boldsymbol{P}_{2y},0,\cdots,\boldsymbol{P}_{mx},\boldsymbol{P}_{my},\boldsymbol{0}]^{\mathrm{T}}\end{aligned} \tag{Ⅰ-2b}$$

其中,$n=3m$ 为离散化结构的节点自由度,$m$ 为集中质量数或节点数。由于假设离散质量集中在节点上,所以每个节点有 3 个自由度。$\boldsymbol{U}$ 和 $\boldsymbol{P}$ 中的第二个下标表示方向,这样 $U_{ix}$,$U_{iy}$ 和 $U_{i\theta}$ 分别为节点 $i$ 的 $x$ 方向位移、$y$ 方向位移和绕 $z$ 轴旋转的角度。

不间断面波作用下结构节点 $i$ 上 $x,y$ 方向的水动力由 Morrison 等[4.16]给出：

$$\boldsymbol{P}_{ix}=\boldsymbol{C}_{M_{ix}}\ddot{\boldsymbol{V}}_{ix}+\boldsymbol{C}_{D_{ix}}\dot{\boldsymbol{V}}_{ix}\left|\dot{\boldsymbol{V}}_{ix}\right|,\boldsymbol{P}_{iy}=\boldsymbol{C}_{M_{iy}}\ddot{\boldsymbol{V}}_{iy}+\boldsymbol{C}_{D_{iy}}\dot{\boldsymbol{V}}_{iy}\left|\dot{\boldsymbol{V}}_{iy}\right| \qquad (\text{Ⅰ}-3\text{a,b})$$

其中，

$$\boldsymbol{C}_{\boldsymbol{M}}=\rho\boldsymbol{\beta}_{\boldsymbol{M}}v,\boldsymbol{C}_{\boldsymbol{D}}=\rho\boldsymbol{\beta}_{\boldsymbol{D}}A$$

为了简单起见，不考虑下标 $ix$；$\rho$ 为水的密度；$v$ 为关于流动的封闭体积；$A$ 为在流动方向上的投影面积；$\boldsymbol{\beta}_{\boldsymbol{M}}$ 为惯性的经验系数（矩阵），在 1.4~2.0 范围内变化；$\boldsymbol{\beta}_{\boldsymbol{D}}$ 为阻力的经验系数（矩阵），在 0.5~0.7 范围内变化；$\dot{\boldsymbol{V}}_{ix},\ddot{\boldsymbol{V}}_{ix},\dot{\boldsymbol{V}}_{iy},\ddot{\boldsymbol{V}}_{iy}$ 分别为节点 $i$ 在 $x$ 方向和 $y$ 方向的波粒子速度和加速度。在这个模型中，$z$ 方向上的速度和加速度分量为零。

对于柔性结构，速度和加速度可能与波粒子速度和加速度的阶数相同。因此，在分析中必须考虑波结构的相互作用。因此，式（Ⅰ-1）可改写为[4.16]

$$\boldsymbol{M}\ddot{\boldsymbol{U}}+\boldsymbol{C}\dot{\boldsymbol{U}}+\boldsymbol{K}\boldsymbol{U}=C_{\boldsymbol{M}}(\ddot{\boldsymbol{V}}_u-\ddot{\boldsymbol{U}})+C_{\boldsymbol{D}}[(\dot{\boldsymbol{V}}_u-\dot{\boldsymbol{U}})\left|(\dot{\boldsymbol{V}}_u-\dot{\boldsymbol{U}})\right|] \qquad (\text{Ⅰ}-4)$$

其中，下标 $u$ 表示向量与结构的瞬时偏转位置有关。

进一步假定波浪力下结构响应以其主振型为主，因此满足下列关系：

$$\dot{\boldsymbol{V}}_u=\dot{\boldsymbol{V}}_0,\quad \ddot{\boldsymbol{V}}_u=\ddot{\boldsymbol{V}}_0,\quad \{\boldsymbol{r}\}=\boldsymbol{V}_0-\boldsymbol{U} \qquad (\text{Ⅰ}-5\text{a,b,c})$$

式（Ⅰ-5）表示波粒子速度向量和加速度向量取决于未偏转结构的坐标系统。式（Ⅰ-5）反过来表明，输入力的频率分量接近结构的基本固有频率，这个假设对于小波数 $k$ 是满足的，$k$ 定义为

$$k=\frac{\omega}{c}=\frac{2\pi}{\lambda}$$

其中，$\omega$ 为波的角频率；$c$ 为平均风速；$\lambda$ 为振幅为 $a$ 的简谐波的波长。应该注意的是，对于线性波理论有 $kL\geqslant 2$，其中 $L$ 是深度。

利用上述结果，式（Ⅰ-4）变为

$$(\boldsymbol{M}+\boldsymbol{C}_{\boldsymbol{M}})\{\ddot{\boldsymbol{r}}\}+\boldsymbol{C}\{\dot{\boldsymbol{r}}\}+C_{\boldsymbol{D}}\{\dot{\boldsymbol{r}}\left|\dot{\boldsymbol{r}}\right|\}+\boldsymbol{K}\{\boldsymbol{r}\}=\boldsymbol{M}\ddot{\boldsymbol{V}}_0+\boldsymbol{C}\dot{\boldsymbol{V}}_0+\boldsymbol{K}\boldsymbol{V}_0 \qquad (\text{Ⅰ}-6)$$

在对式（Ⅰ-6）进行线性化之前，必须先确定随机位移、速度和加速度向量。

应用线性波理论，考虑沿 $x$ 方向传播的波的高度谱为 $S_a(\omega)$，则与节点 $i$ 有关的水粒子在 $x$ 和 $y$ 方向上的随机位移分别为

$$V_{0x}=2\lim_{\substack{\Delta\omega\to 0\\ N\Delta\omega\to\infty}}\sum_{r=0}^{\infty}\gamma_r\frac{\cos[a_rk_r(y+L)]}{\sin(a_rk_rL)}\sin\theta_r \qquad (\text{Ⅰ}-7)$$

和

$$V_{0y}=2\lim_{\substack{\Delta\omega\to 0\\ N\Delta\omega\to\infty}}\sum_{r=0}^{\infty}\gamma_r\frac{\sin[a_rk_r(y+L)]}{\sin(a_rk_rL)}\cos\theta_r \qquad (\text{Ⅰ}-8)$$

其中，

$$\gamma_r=\sqrt{2s_a(\omega_r)\Delta\omega},\quad \theta_r=k_rx-\omega_rt+\Psi_r$$

为简便起见，忽略式（Ⅰ-7）和式（Ⅰ-8）中等号左边项的下标 $i$（即 0），下标 $r$ 表示振幅为 $a_r$，

相角为 $\psi_r$ 的第 $r$ 个简谐波。

假设相角是统计独立的随机变量，在整个周期内，即从 0 到 $2\pi$，具有均匀的概率密度函数。由式（Ⅰ-7）和式（Ⅰ-8）定义的随机位移服从正态高斯分布且是平稳的。

通过对式（Ⅰ-7）和式（Ⅰ-8）关于时间 $t$ 求微分，可以很容易地确定相应的速度和加速度。这样，所有随机位移、速度和加速度都可以代入式（Ⅰ-6）中的等号右边项，则式（Ⅰ-6）可以用 4.3 节中描述的统计线性化方法进行线性化。

式（Ⅰ-6）的等效线性化方程为

$$(\boldsymbol{M}+\boldsymbol{C}_{\boldsymbol{M}})\{\ddot{\boldsymbol{r}}\}+\boldsymbol{C}_e\{\dot{\boldsymbol{r}}\}+\boldsymbol{K}\{\boldsymbol{r}\}=\boldsymbol{M}\ddot{\boldsymbol{V}}_0+\boldsymbol{C}\dot{\boldsymbol{V}}_0+\boldsymbol{K}\boldsymbol{V}_0=\boldsymbol{F}(t) \qquad (\text{Ⅰ-9})$$

其中，等效阻尼矩阵 $\boldsymbol{C}_e$ 可以用 4.3 节中给出的方法确定：

$$c_{ejj}=c_{jj}+C_{D_j}\frac{\langle \dot{r}_j^2\,|\dot{r}_j|\rangle}{\langle \dot{r}_j^2\rangle};c_{eij}=c_{ij},i\neq j \qquad (\text{Ⅰ-10,11})$$

其中对角线元素 $c_{ejj}$ 定义了一个真正的最小值——因为

$$\frac{\partial^2\langle D_j^2\rangle}{\partial c_{jj}^2}=2\langle \dot{r}_j^2\rangle \qquad (\text{Ⅰ-12})$$

大于零。注意，式（Ⅰ-10）基于误差矩阵方差的主对角线项的最小值，误差矩阵的方差为

$$\sigma_{\boldsymbol{D}}^2=\langle \boldsymbol{D}\boldsymbol{D}^{\mathrm{T}}\rangle$$

非对角线项满足以下条件：

$$|\sigma_{Djk}|\leqslant\sigma_{Djj}\sigma_{Dkk}$$

误差矩阵为

$$\boldsymbol{D}=(\boldsymbol{C}-\boldsymbol{C}_e)\{\dot{\boldsymbol{r}}\}+\boldsymbol{C}_{\boldsymbol{D}}\{\dot{\boldsymbol{r}}|\dot{\boldsymbol{r}}|\}$$

利用 4.2.1 小节的式（Ⅳ-4），则式（Ⅰ-10）变为

$$c_{ejj}=c_{jj}+C_{D_j}\sqrt{\frac{8}{\pi}}\sigma_{\dot{r}_j},j=1,2,3,\cdots,n \qquad (\text{Ⅰ-13})$$

Malhotra 和 Penzien[4.16]采用正态模态叠加法计算了结构的响应统计量。假设结构具有小位移的条件，则利用正态模态分析来解耦方程式（Ⅰ-9）所描述的多自由度系统。对于大位移，如果在响应统计计算过程中没有在每个时间步执行此分析，则会产生显著误差。此外，等效阻尼矩阵 $\boldsymbol{C}_e$ 必须是成比例的，以使系统中的阻尼变小。由于式（Ⅰ-6）中的阻尼力是强非线性的，所以后一种条件在实践中不易得到满足。文献[4.16]采用优化方法对方程组进行解耦，虽然这种方法在数学上是可以接受的，但在计算效率上低于 4.3 节所述的方法。因此，应用 4.3 节的方法来计算式（Ⅰ-9）中 $\boldsymbol{r}$ 的响应统计量。

令 $\boldsymbol{Z}_1=\{\boldsymbol{r}\}$，$\boldsymbol{Z}_2=\{\dot{\boldsymbol{r}}\}$，$\boldsymbol{Z}=(\boldsymbol{Z}_1,\boldsymbol{Z}_2)^{\mathrm{T}}$，可以得到

$$\frac{\mathrm{d}}{\mathrm{d}t}\boldsymbol{Z}=\bar{\boldsymbol{A}}\boldsymbol{Z}+\bar{\boldsymbol{P}} \qquad (\text{Ⅰ-14})$$

其中系数矩阵和力向量分别为

$$\bar{A}=\begin{bmatrix}[0] & [1] \\ -M_e^{-1}K & -M_e^{-1}C_e\end{bmatrix},\quad \bar{P}=\begin{Bmatrix}(0) \\ M_e^{-1}F(t)\end{Bmatrix}$$

其中,$M_e=M+C_M$;零矩阵[0]是 $n$ 阶的,单位矩阵[1]也是 $n$ 阶的,而零向量(0)是 $n\times 1$ 阶的。

对式(Ⅰ-14)两边同时乘以 $Z$ 的转置,得到

$$\left(\frac{\mathrm{d}}{\mathrm{d}t}Z\right)Z^{\mathrm{T}}=\bar{A}ZZ^{\mathrm{T}}+\bar{P}Z^{\mathrm{T}} \tag{Ⅰ-15}$$

对式(Ⅰ-15)取转置可得

$$Z\frac{\mathrm{d}}{\mathrm{d}t}Z^{\mathrm{T}}=(ZZ^{\mathrm{T}})^{\mathrm{T}}(\bar{A})^{\mathrm{T}}+Z(\bar{P})^{\mathrm{T}} \tag{Ⅰ-16}$$

将式(Ⅰ-15)和式(Ⅰ-16)相加可得

$$\left(\frac{\mathrm{d}}{\mathrm{d}t}Z\right)Z^{\mathrm{T}}+Z\frac{\mathrm{d}}{\mathrm{d}t}Z^{\mathrm{T}}=\frac{\mathrm{d}}{\mathrm{d}t}(ZZ^{\mathrm{T}})=\bar{A}(ZZ^{\mathrm{T}})^{\mathrm{T}}+(ZZ^{\mathrm{T}})(\bar{A})^{\mathrm{T}}+\bar{P}Z^{\mathrm{T}}+Z(\bar{P})^{\mathrm{T}} \tag{Ⅰ-17}$$

对式(Ⅰ-17)取期望,并令 $R=\langle ZZ^{\mathrm{T}}\rangle$,则有

$$\frac{\mathrm{d}R}{\mathrm{d}t}=\bar{A}R+R^{\mathrm{T}}(\bar{A})^{\mathrm{T}}+B=\bar{A}R+R(\bar{A})^{\mathrm{T}}+B \tag{Ⅰ-18}$$

其中,

$$B=\langle\bar{P}Z^{\mathrm{T}}\rangle+\langle Z(\bar{P})^{\mathrm{T}}\rangle=\begin{bmatrix}[0] & [0] \\ [0] & 2\pi SM_e^{-1}a(t)a^{\mathrm{T}}(t)(M_e^{-1})^{\mathrm{T}}\end{bmatrix}$$

$R$ 是对称的。请注意,$a(t)$是确定性调幅函数的向量,$S$ 是零均值高斯白噪声 $w(t)$的谱密度,其近似式(Ⅰ-9)中的力向量 $F(t)$的元素。方程(Ⅰ-18)的解采用 *RK*4 算法计算得到。

值得注意的是,假设在节点的整个投影体积和面积上同时作用了相同波力,这就要求相邻节点之间的距离相对较小。这种选择取决于最高固有频率的波长。另一种不太严格的方法[4.16]是通过单个梁有限元来表示相邻节点之间的距离,同时引入空间互相关因子来说明水波力的变化。虽然引入空间互相关因子是合乎逻辑的,但相邻两个节点之间的单个元素表示可能过度简化结构,因此它会导致计算中产生误差。

**例Ⅱ** 考虑 $n$ 层建筑作为剪力梁结构,如图 4.3(a)、图 4.3(b)所示,其质量近似为 $n$ 个集总质量 $m_1,m_2,m_3,\cdots,m_n$ 位于各层。建筑物的墙壁提供了滞回力。每层的阻尼机构都被建模为减振器。为了简单起见,图 4.3(a)中没有包含这些减振器。不失一般性,只假定建筑在平面内运动。因此,运动可以用相对于静止地面的每层的水平位移来描述:$x_1,x_2,x_3,\cdots,x_n$。

设第 $i$ 层的相对位移或层间漂移为 $y_i$,即

$$y_i=x_i-x_{i-1},\quad i=1,2,\cdots,n \tag{Ⅱ-1}$$

考虑图 4.3(b)中的自由体图,第一个质量 $m_1$ 的运动方程可以表示为

$$m_1\ddot{x}_1+c_1(\dot{x}_1-\dot{x}_0)+c_2(\dot{x}_1-\dot{x}_2)+\alpha_1k_1(x_1-x_0)+(1-\alpha_1)k_1u_1+\alpha_2k_2(x_1-x_2)-(1-\alpha_2)k_2u_2=0 \tag{Ⅱ-2}$$

其中,$k_i$ 为刚度常数;$\alpha_i$ 为屈服后刚度与屈服前刚度的比值;其余符号均有其常用意义。

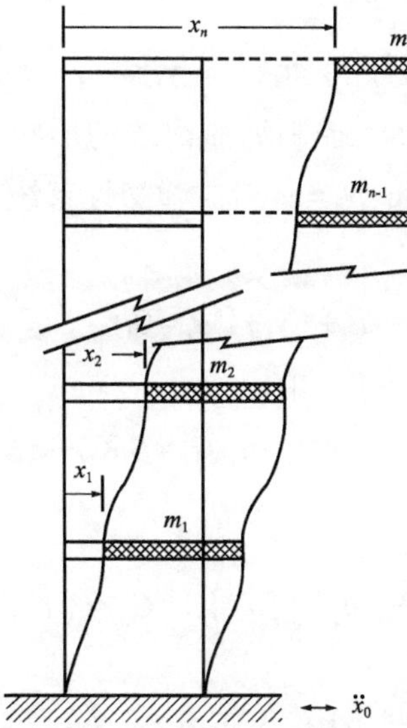


**图 4.3(a)　*n* 层建筑作为剪力梁结构的模型**

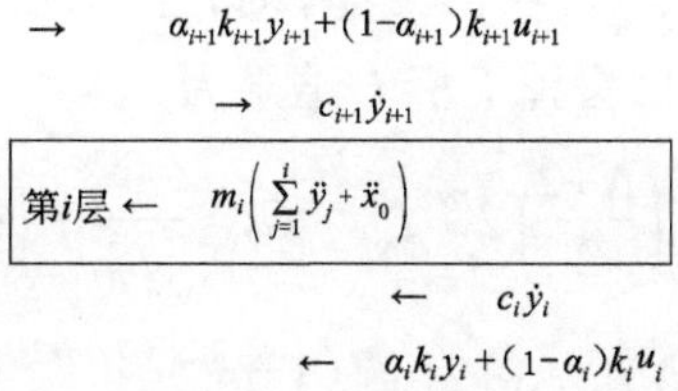


**图 4.3(b)　第 *i* 个质量的自由体图**

同样,第二个质量 $m_2$ 的运动方程为

$$m_2\ddot{x}_2+c_2(\dot{x}_2-\dot{x}_1)+c_3(\dot{x}_2-\dot{x}_3)+\alpha_2k_2(x_2-x_1)+(1-\alpha_2)k_2u_2+\alpha_3k_3(x_2-x_3)-(1-\alpha_3)k_3u_3=0 \tag{Ⅱ-3}$$

第 $i$ 个质量 $m_i$ 的运动方程为

$$m_i\ddot{x}_i+c_i(\dot{x}_i-\dot{x}_{i-1})+c_{i+1}(\dot{x}_i-\dot{x}_{i+1})+\alpha_ik_i(x_i-x_{i-1})+(1-\alpha_i)k_iu_i+\alpha_{i+1}k_{i+1}(x_i-x_{i+1})-(1-\alpha_{i+1})k_{i+1}u_{i+1}=0 \tag{Ⅱ-4}$$

利用式(Ⅱ-1)将第 $i$ 个质量的运动方程简化为

$$m_i\ddot{x}_i+h_i-h_{i+1}=0 \tag{Ⅱ-5}$$

其中,$h_i$ 是线性阻尼力和地震工程术语中的相对位移或层间漂移 $y_i$ 有关分量组合所产生的总恢复力。

把运动方程写成 $y_i$ 的形式为

$$m_i\left(\sum_{j=1}^{i}\ddot{y}_j+\ddot{x}_0\right)+h_i-h_{i+1}=0 \tag{Ⅱ-6}$$

其中,$\mathrm{d}^2x_0/\mathrm{d}t^2$ 是非平稳随机过程的地面加速度:

$$h_i=c_i\dot{y}_i+\alpha_ik_iy_i+(1-\alpha_i)k_iu_i \tag{Ⅱ-7}$$

和

$$\dot{u}_i=-\beta_i|\dot{y}_i|u_i|u_i|^{N_i-1}-\gamma_i\dot{y}_i|u_i|^{N_i}+a_i\dot{y}_i \tag{Ⅱ-8}$$

其中，$\gamma_i$，$\beta_i$，$a_i$ 和 $N_i$ 为常参数。$\gamma_i$ 和 $\beta_i$ 控制迟滞回线的形状；$a_i$ 是恢复力的振幅；$N_i$ 是弹性响应过渡到塑性响应的平滑度。例如，$N_i=\infty$ 对应弹塑性系统。

式(Ⅱ-8)的等效线性化方程为

$$\dot{u}_i+c_i^e\dot{y}_i+k_i^e u_i=0. \tag{Ⅱ-9}$$

将式(4.15)和式(4.16)应用到式(Ⅱ-8)，有

$$c_i^e=\beta_i C_{1i}+\gamma_i C_{2i}-a_i,\ k_i^e=\beta_i K_{1i}+\gamma_i K_{2i} \tag{Ⅱ-10,11}$$

其中，

$$C_{1i}=\left\langle\frac{\partial|\dot{y}_i|}{\partial\dot{y}_i}|u_i|^{N_i-1}u_i\right\rangle,\quad C_{2i}=\langle|u_i|^{N_i}\rangle, \tag{Ⅱ-12a,b}$$

$$K_{1i}=\left\langle|\dot{y}_i|\frac{\partial|u_i|^{N_i-1}u_i}{\partial u_i}\right\rangle,\quad K_{2i}=\left\langle\dot{y}_i\frac{\partial|u_i|^{N_i}}{\partial u_i}\right\rangle \tag{Ⅱ-12c,d}$$

假设 $\mathrm{d}y_i/\mathrm{d}t$ 和 $u_i$ 服从联合高斯分布，均值为零，则它们的联合概率密度函数可以应用到式(Ⅱ-12)的计算中，为了简洁起见，去掉下标 $i$，结果为

$$C_1=\frac{\langle u^N\rangle}{\pi}\Gamma\left(\frac{N+2}{2}\right)2^{N/2}I_s,\quad C_2=\frac{\langle u^N\rangle}{\sqrt{\pi}}\Gamma\left(\frac{N+1}{2}\right)2^{N/2},$$

$$K_1=\frac{F(N)}{\pi}\Gamma\left(\frac{N+2}{2}\right)\left[\frac{2(1-\rho_{\dot{y}u}^2)^{(N+1)/2}}{N}+\rho_{\dot{y}u}I_s\right],$$

$$K_2=\frac{F(N)\rho_{\dot{y}u}}{\sqrt{\pi}}\Gamma\left(\frac{N+1}{2}\right) \tag{Ⅱ-13}$$

其中，

$$F(N)=N\sqrt{\langle\dot{y}^2\rangle}\langle u^{N-1}\rangle 2^{N/2},\quad I_s=2\int_\varphi^{\pi/2}\sin^N\theta\mathrm{d}\theta,$$

$$\varphi=\tan^{-1}\left(\frac{\sqrt{1-\rho_{\dot{y}u}^2}}{\rho_{\dot{y}u}}\right),\quad \rho_{\dot{y}u}=\frac{\langle\dot{y}u\rangle}{\sqrt{\langle\dot{y}^2\rangle\langle u^2\rangle}}$$

上述等效阻尼项和等效刚度项的结果除符号外与 Chang[4.62] 的结果一致。方程式(Ⅱ-6)的矩阵形式为

$$\boldsymbol{M}\ddot{\boldsymbol{Y}}+\boldsymbol{C}\dot{\boldsymbol{Y}}+\boldsymbol{K}\boldsymbol{Y}+\boldsymbol{K}_h\boldsymbol{U}=\boldsymbol{F} \tag{Ⅱ-14}$$

其中，系数矩阵、位移和力向量的定义如下：

$$\boldsymbol{M}=\begin{bmatrix} m_1 & 0 & \cdots & 0 & 0\\ m_2 & m_2 & \cdots & 0 & 0\\ \vdots & \vdots & \ddots & \vdots & \vdots\\ m_n & m_n & \cdots & \cdots & m_n\end{bmatrix},\quad \boldsymbol{C}=\begin{bmatrix} c_1 & -c_2 & 0 & \cdots & 0\\ 0 & c_2 & -c_3 & \cdots & 0\\ 0 & 0 & c_3 & -c_4 & 0\\ \vdots & \vdots & \vdots & \cdots & \vdots\\ 0 & 0 & 0 & \cdots & c_n\end{bmatrix},$$

$$
\boldsymbol{K}=\begin{bmatrix} b_1 & -b_2 & 0 & \cdots & 0 \\ 0 & b_2 & -b_3 & \cdots & 0 \\ \vdots & \vdots & b_3 & \cdots & 0 \\ \vdots & \vdots & \vdots & \cdots & -b_n \\ 0 & 0 & \cdots & \cdots & b_n \end{bmatrix},\quad \boldsymbol{K}_h=\begin{bmatrix} k_{h1} & -k_{h2} & 0 & \cdots & 0 \\ 0 & k_{h2} & -k_{h3} & \cdots & 0 \\ 0 & 0 & k_{h3} & \cdots & 0 \\ \vdots & \vdots & \vdots & \cdots & -k_{hn} \\ 0 & 0 & 0 & \cdots & k_{hn} \end{bmatrix},
$$

$$
\boldsymbol{Y}=\begin{Bmatrix} y_1 \\ y_2 \\ \vdots \\ y_n \end{Bmatrix},\quad \boldsymbol{U}=\begin{Bmatrix} u_1 \\ u_2 \\ \vdots \\ u_n \end{Bmatrix},\quad \boldsymbol{F}=\begin{Bmatrix} m_1 \\ m_2 \\ \vdots \\ m_n \end{Bmatrix}\ddot{x}_0, \tag{Ⅱ-15}
$$

$$
b_i=\alpha_i k_i,\quad k_{hi}=(1-\alpha_i)k_i
$$

值得注意的是，当式(Ⅱ-14)用层间漂移表示时，质量矩阵 $\boldsymbol{M}$、阻尼矩阵 $\boldsymbol{C}$ 和线性刚度矩阵 $\boldsymbol{K}$ 是不对称的。如果用相对于静止地面的第 $x_i$ 层的水平位移来表示运动的控制矩阵方程，则可以发现质量矩阵、阻尼矩阵和线性刚度矩阵都是对称的，其中 $i=1,2,\cdots,n$。

同理，式(Ⅱ-9)可写为

$$
\boldsymbol{I}\dot{\boldsymbol{U}}+\boldsymbol{C}^e\dot{\boldsymbol{Y}}+\boldsymbol{K}^e\boldsymbol{U}=\boldsymbol{0} \tag{Ⅱ-16}
$$

其中，$\boldsymbol{I}$ 是单位矩阵，而 $\boldsymbol{C}^e$ 和 $\boldsymbol{K}^e$ 是对角矩阵，由下式给出：

$$
\boldsymbol{C}^e=\begin{bmatrix} c_1^e & 0 & \cdots & 0 \\ 0 & c_2^e & \cdots & 0 \\ \vdots & \vdots & \cdots & \vdots \\ 0 & 0 & \cdots & c_n^e \end{bmatrix},\quad \boldsymbol{K}^e=\begin{bmatrix} k_1^e & 0 & \cdots & 0 \\ 0 & k_2^e & \cdots & 0 \\ \vdots & \vdots & \cdots & \vdots \\ 0 & 0 & \cdots & k_n^e \end{bmatrix} \tag{Ⅱ-17a,b}
$$

令 $\boldsymbol{Z}_1=\boldsymbol{Y}, \boldsymbol{Z}_2=\boldsymbol{U}, \boldsymbol{Z}_3=\mathrm{d}\boldsymbol{Y}/\mathrm{d}t$，且 $\boldsymbol{Z}=(\boldsymbol{Z}_1,\boldsymbol{Z}_2,\boldsymbol{Z}_3)^{\mathrm{T}}$，利用式(Ⅱ-14)和式(Ⅱ-16)可得

$$
\frac{\mathrm{d}}{\mathrm{d}t}\boldsymbol{Z}=\boldsymbol{A}\boldsymbol{Z}+\boldsymbol{P} \tag{Ⅱ-18}
$$

其中，系数矩阵或放大矩阵 $\boldsymbol{A}$ 和力向量 $\boldsymbol{P}$ 为

$$
\boldsymbol{A}=\begin{bmatrix} [0] & [0] & \boldsymbol{I} \\ [0] & -\boldsymbol{K}^e & -\boldsymbol{C}^e \\ -\boldsymbol{M}^{-1}\boldsymbol{K} & -\boldsymbol{M}^{-1}\boldsymbol{K}_h & -\boldsymbol{M}^{-1}\boldsymbol{C} \end{bmatrix} \tag{Ⅱ-19}
$$

$$
\boldsymbol{P}=[(0),(0),\boldsymbol{M}^{-1}\boldsymbol{F}]^{\mathrm{T}} \tag{Ⅱ-20}
$$

其中，零矩阵[0]是 $n$ 阶的，而零向量(0)是 $n\times1$ 阶的。

应用类似 4.2.5 小节所述的方法，得到

$$
\frac{\mathrm{d}\boldsymbol{R}}{\mathrm{d}t}=\boldsymbol{A}\boldsymbol{R}+\boldsymbol{R}\boldsymbol{A}^{\mathrm{T}}+\boldsymbol{B} \tag{Ⅱ-21}
$$

其中，响应和激励的协方差矩阵为

$$
\boldsymbol{R}=\langle \boldsymbol{Z}\boldsymbol{Z}^{\mathrm{T}}\rangle,\boldsymbol{B}=\langle \boldsymbol{P}\boldsymbol{P}^{\mathrm{T}}\rangle
$$

注意，在上述公式中不需要进行模态分析，因为式(Ⅱ-21)可以通过数值积分方法(如 RK4 算法)进行计算。文献[4.62]将复模态分析应用于 2 自由度和 6 自由度系统的分析，复模态分析的应用条件是系统矩阵是非对称的。其结果与 MCS 法比较，效果良好。用统计线性化方

法与模拟方法得到的结果是一致的,原因是文献[4.62]中考虑的非平稳随机激励相对较小。

## 4.5 统计线性化解的唯一性与精确性

本节应用统计线性化方法讨论解的唯一性和精确性问题。虽然,由于其简单性和处理多自由度系统的能力,统计线性化方法的应用十分广泛,但它仍存在一些局限。在过去的50年里,学者们对这些问题进行了充分的调查,并发表了他们的研究结果。本节概述了这些研究调查的主要结果。

### 4.5.1 解的唯一性

Spanos 和 Iwan[4.63]首先解决了统计线性化方法解的存在性和唯一性问题。结果表明,等效线性化系统的解是唯一的。然而,Dimentberg[4.30],Davies 和 associates[4.32,4.33,4.64],Langley[4.65]以及 Fan 和 Ahmadi[4.66]已经证明,统计线性化方法可以存在多个解。文献[4.30,4.32,4.33,4.64]中的非唯一解是由窄带平稳随机激励引起的。需要强调的是,统计线性化方法依赖两个基本假设:①解是高斯的;②系统可以用等效线性化近似。第一个基本假设当然不能满足一般非线性系统,而第二个假设意味着随机激励的非线性和强度很小。只要这两个基本假设得到满足,出现多个解的可能性就是十分小的,因此统计线性化方法是适用的。

### 4.5.2 解的精确性

Atalik 和 Utku[4.18]已经证明,对于具有线性阻尼和立方硬化的单自由度系统,使用直接统计线性化方法得到的位移均方误差相对于精确解的误差为14.6%,误差与非线性参数无关。他们的发现与 Iwan 和 Yang[4.67]的结论一致。文献[4.18]还表明,对于具有线性刚度的 Van der Pol 振子,与精确解相比,均方速度的误差为11.4%,该误差也与阻尼项相关的非线性参数的大小无关。在这两种情形下,Atalik 和 Utku 都表明,当非线性参数接近无穷大时,均方方程误差是无界的。

然而,对于4.2.1小节的例Ⅰ中平稳白噪声激励下的 Duffing 振子,当系统参数为 $S=\Omega=\varepsilon=1.0,\beta=0.10$ 时,位移方差相对于3.3.1小节的例Ⅰ中的精确解的误差为13%。对于刚度非线性很小的单自由度系统,Crandall[4.68]表明,应用统计线性化方法得到的响应谱与应用一阶摄动方法得到的响应谱相同。对于具有非线性阻尼的振荡器也有类似的发现[4.69]。Payne[4.70]指出,统计线性化方法对二阶非线性参数是不正确的。Beaman[4.71]证明了统计线性化方法预测的方差是一类类哈密尔顿系统实际方差的下界,这类系统包括一般的非线性质量-弹簧-阻尼振子。

通过统计线性化方法和其他方法得到的非平稳随机响应的比较可以在文献[4.37-4.41,4.72]中找到。在文献[4.72]中发现,统计线性化方法与单项 Wiener-Hermite 展开方法是等效的。

对于多自由度系统,精确性问题通常将统计线性化结果与 MCS 法的数据进行比较。文献[4.73,4.74]在每个时间步都采用了统计线性化方法,使得在调幅白噪声下的 2 自由度非对称非线性系统的解与由 MCS 法得到的解有很好的一致性。值得注意的是,非线性参数非常大,其中 $\varepsilon=3.0$,$\eta=-2.0$。

### 4.5.3　附注

除二阶矩以外的响应统计量(如自相关)的解可能是不可靠的,这是因为统计线性化方法是基于均方误差最小化的。例如,已经证明在高斯白噪声激励下的 Duffing 振子响应精确概率密度与由统计线性化方法得到响应的近似结果的尾部区域差异(针对超过 3 倍标准差的情况)可能高达 250 倍[4.75]。这又意味着对于高阈值水平,通过统计线性化方法预测穿越概率可能是严重错误的。同时也证明了对于非线性阻尼系统,统计线性化方法可以给出误差上多个数量级的首次偏移概率[4.76]。此外,由于响应的非高斯特性,自激或参激系统的误差可能更大[4.77,4.78]。

# 第5章　统计非线性化方法

## 5.1　引言

通常,仅有限的几类非线性动力系统才有精确解。因此,在过去的40年中,人们提出了各种求近似解的方法。在这些方法中,第4章介绍的统计线性化方法及其衍生方法的应用十分广泛,这主要是因为其简单性和对多自由度系统的适应性。但是,除了二阶矩外,响应统计的解(例如通过统计线性化方法得到的自相关性)可能因为基于均方误差的最小化而不可靠。例如,Duffing振子在高斯白噪声激励下响应的精确概率密度,与通过统计线性化方法对大于3倍标准差的响应解得的近似解相比,尾部范围的差异可能高达250倍[5.1]。反过来,这意味着对于高阈值水平,通过统计线性化方法得到的穿越概率预测可能发生严重错误。相关研究已表明,对于非线性阻尼系统,统计线性化(SL)方法所得到的首次穿越概率,可能存在数个数量级的误差[5.2]。此外,对于自激或参激系统,由于响应的非高斯性,其误差可能更大[5.3,5.4]。

改进求解方法的一个合乎逻辑的需求是发展统计非线性化方法,这是由Lutes[5.5]在处理白噪声激励的迟滞系统时首次提出的。该方法的基本思想是将迟滞系统替换为具有精确稳态解的非线性恢复力系统。最近,Lin[5.6]将Caughey[5.7]的统计非线性化方法推广到具有非线性阻尼和非线性刚度的系统。此方法基于均方差最小化,即原非线性随机微分方程和等效非线性随机微分方程之间的差异最小。等效非线性随机微分方程具有精确的平稳联合概率密度函数。在文献[5.6]的多个示例中,利用蒙特卡罗模拟结果验证了联合概率密度函数的解析结果。Zhu和Yu[5.8]也提出了一种基于系统平均能量等效的统计非线性化方法。To和Li[5.9]应用Cai和Lin[5.10]的方法和一阶常微分方程的初等或积分因子理论得到了一类可解的简化FPK方程,此方程的应用比Cai和Lin的方程的应用更为广泛。该过程已在第3章作过介绍。To和Li[5.9]基于此类广泛可解的简化FPK方程、最小均方准则以及欧拉方程,提出了一种统计非线性化方法。

虽然统计非线性化方法的功能至今依然强大,但需要数值计算才能评估具有非线性阻尼和非线性恢复力的系统的平稳概率密度函数。此外,Zhu和Yu[5.8]的方法,在确定具有非线性阻尼和非线性刚度的系统的概率密度之前,虽然不需要数值计算,但仅适用于阻尼非线性较小和随机激励较小的系统。文献[5.8]中的例2表明,解析结果与非线性阻尼强度为0.5的模拟结果十分吻合。正如Zhu和Yu在文献[5.8]中的解释,模拟数据和解析数据如此一致是因为非线性恢复力比在线性时要强得多,并且非线性阻尼对响应的影响相对较小。换句话说,文献[5.8]的例 2 是一种特殊情形,不应将其视为一般情形。必须注意,文献[5.8]中的等效非线性系统方法取决于系统能量的所谓平均漂移和扩散系数,这反过来需要较小的阻尼非线性强度和较小的随机激励。因此,To[5.11] 提出了一种统计非线性化方法,为具有非线性阻尼和非线性恢复力的系统提供显式解。在此统计非线性化方法中,非线性强度和激励幅度不必很小。但是,唯一条件是要求系统存在平稳概率密度函数。

本章的 5.2 节和 5.3 节分别介绍了 To 和 Li[5.9] 提出的基于最小均方差的统计非线性化方法以及 To[5.11] 提出的基于等效非线性阻尼系数的统计非线性化方法。5.4 节将 5.3 节中的方法推广到多自由度非线性系统,推导了多自由度非线性系统的等效阻尼因子,并介绍了该统计非线性化方法的应用。5.5 节针对具有非线性阻尼和非线性恢复力的多自由度非线性系统提出了一种改进的统计非线性化方法,介绍了该统计非线性化方法的应用,并比较了该方法和 MCS 法在 2 自由度系统中的结果。5.6 节论述了统计非线性化方法的精确性问题。

## 5.2　基于最小均方差的统计非线性化方法

本节介绍了由 To 和 Li[5.9] 提出的基于最小均方差的统计非线性化方法。其基本思想是用第 3 章中可解的 FPK 方程替代控制方程,替代准则是最小均方差。为了简单起见,一般理论分为两个部分,特殊情形和一般情形。

### 5.2.1　特殊情形

考虑如下非线性随机系统:

$$\ddot{x}+H(x,\dot{x})+x=w(t) \tag{5.1}$$

式(5.1)的等效非线性方程为

$$\ddot{x}+h(a)\dot{x}+x=w(t) \tag{5.2}$$

其中,

$$a=\frac{1}{2}(x^2+\dot{x}^2)$$

且等效阻尼系数 $h(a)$ 已知。

由第 3 章可知,方程式(5.2)可解,其平稳概率密度函数为

$$p(x,\dot{x})=C\mathrm{e}^{-\frac{1}{\pi s}\int_0^a h(u)\,\mathrm{d}u} \tag{5.3}$$

现在,假设 $p(x_1,x_2)$ 仅依赖 $a$,即 $p(x_1,x_2)=p(a)$,且令误差

$$D(x,\dot{x})=h(a)\dot{x}-H(x,\dot{x})$$

然后,应用如下变换:

$$x=\sqrt{2a}\cos\theta,\quad \dot{x}=\sqrt{2a}\sin\theta \tag{5.4}$$

可得

$$\langle D^2(x,\dot{x})\rangle = \int_{-\infty}^{\infty}\int_{-\infty}^{\infty} p(x,\dot{x}) D^2(x,\dot{x})\,\mathrm{d}x\mathrm{d}\dot{x} = \int_0^{\infty}\int_0^{2\pi} p(a) D^2(a,\theta)\,\mathrm{d}\theta\mathrm{d}a \tag{5.5}$$

为了求式(5.5)的最小值,调用欧拉方程。首先令

$$F(a,h(a)) = \frac{p(a)}{2\pi}\int_0^{2\pi} D^2(a,\theta)\,\mathrm{d}\theta \tag{5.6}$$

然后,对式(5.6)进行偏微分,得

$$\frac{\partial F}{\partial h} = \frac{p(a)}{2\pi}\int_0^{2\pi} \dot{x}D(a,\theta)\,\mathrm{d}\theta = 0 \tag{5.7}$$

代入式(5.4)的变换和误差 $D$,上式可简化为

$$h(a) = \frac{1}{\pi\sqrt{2a}}\int_0^{2\pi} H(a,\theta)\sin\theta\mathrm{d}\theta \tag{5.8}$$

式(5.8)给出了由式(5.2)定义的等效非线性系统的等效阻尼系数 $h(a)$ 的简单表达式。

### 5.2.2 一般情形

在一般情形下,非线性系统具有参数激励和外部随机激励,其运动方程为

$$\ddot{x}+H(x,\dot{x})=f_i(x,\dot{x})w_i(t),\quad i=1,2,\cdots,n \tag{5.9}$$

应用3.2节介绍的过程,可得简化FPK方程式(5.9)的漂移系数为

$$A_1=x_2,$$

$$A_2=-H(x_1,x_2)+\pi S_{ij}f_i\frac{\partial f_j}{\partial x_2}$$

不失一般性,可假设

$$H(x_1,x_2)=g_0(x_1)+u(x_1,x_2), \tag{5.10}$$

$$\pi S_{ij}f_i\frac{\partial f_j}{\partial x_2}=g_1(x_1)+u_1(x_1,x_2) \tag{5.11}$$

和

$$g(x_1)=g_0(x_1)+g_1(x_1) \tag{5.12}$$

其中,$g(x_1)$称为有效弹簧力[5.12]。

现在,取式(5.9)的等效非线性方程为

$$\ddot{x}+h(x,\dot{x})=f_i(x,\dot{x})w_i(t) \tag{5.13}$$

其中,

$$h(x_1,x_2)=\pi S_{ij}x_2f_if_j\phi_0'-\pi S_{ij}f_i\frac{\partial f_j}{\partial x_2}+g(x_1) \tag{5.14a}$$

其中,$\phi_0'$ 表示 $\phi_0$ 对 $\lambda$ 的求导。$\lambda$ 定义为

$$\lambda=\frac{1}{2}x_2^2+\int g(x_1)\,\mathrm{d}x_1 \tag{5.14b}$$

其中，$\lambda$ 是一个能量函数，并未确定其积分上、下限，因为可任意选择其势能的参考水平。

与 5.2.1 小节的特殊情形类似，假设 $p(x_1,x_2)$ 是方程式(5.9)的近似平稳概率密度函数。进一步假设平稳概率密度函数仅取决于 $\lambda$。应用式(5.10)~式(5.13)，有如下误差：

$$\begin{aligned}D(x_1,x_2)&=H(x_1,x_2)-h(x_1,x_2)\\&=u(x_1,x_2)+u_1(x_1,x_2)-\pi S_{ij}x_2 f_i f_j\phi_0'\end{aligned} \tag{5.15}$$

令

$$x_1=x_1,\quad x_2^{\pm}=\pm\sqrt{2\lambda-2\int g(x_1)\,\mathrm{d}x_1} \tag{5.16}$$

及

$$I(\phi_0')=\langle D^2(x_1,x_2)\rangle=\int_{-\infty}^{\infty}\int_{-\infty}^{\infty}p(x_1,x_2)D^2(x_1,x_2)\,\mathrm{d}x_1\mathrm{d}x_2$$

相空间(或称为位移和速度域)上的双重积分，可通过式(5.16)将其转换到超相空间(或称为位移和能量域)上，因此有

$$I(\phi_0')=\int_0^{\infty}p(\lambda)\,\mathrm{d}\lambda\int_{\mu_{\lambda_1}}^{\mu_{\lambda_2}}\left(\frac{D^2}{x_2}\bigg|_{x_2^+}-\frac{D^2}{x_2}\bigg|_{x_2^-}\right)\mathrm{d}x_1$$

其中，

$$\lambda=\int_0^{\mu_{\lambda_j}}g(x_1)\,\mathrm{d}x_1,\quad j=1,2$$

换句话说，上一个方程的积分上限满足如下方程：

$$\lambda=R(\mu_{\lambda_j}),\quad j=1,2;\quad R(x_1)=\int_0^{x_1}g(v)\,\mathrm{d}v$$

其中，$R(x_1)$是系统的有效势能。这些积分上限的确定和推导将在 5.2.3 小节的例Ⅳ中进行说明。

下一步，写出

$$F(\lambda,\phi_0')=p(\lambda)\int_{\mu_{\lambda_1}}^{\mu_{\lambda_2}}\left(\frac{D^2}{x_2}\bigg|_{x_2^+}-\frac{D^2}{x_2}\bigg|_{x_2^-}\right)\mathrm{d}x_1$$

由欧拉方程，得

$$\frac{\partial F}{\partial\phi_0'}=0$$

然后，

$$p(\lambda)\int_{\mu_{\lambda_1}}^{\mu_{\lambda_2}}\left(\frac{2D}{x_2}\cdot\frac{\partial D}{\partial\phi_0'}\bigg|_{x_2^+}-\frac{2D}{x_2}\cdot\frac{\partial D}{\partial\phi_0'}\bigg|_{x_2^-}\right)\mathrm{d}x_1=0$$

其中，

$$\frac{\partial D}{\partial\phi_0'}=-\pi x_2 S_{ij}f_i f_j$$

因此,由 $p(\lambda)$ 非零,有

$$\int_{\mu_{\lambda_1}}^{\mu_{\lambda_2}}(S_{ij}f_if_jD|_{x_2^+}-S_{ij}f_if_jD|_{x_2^-})\mathrm{d}x_1=0 \tag{5.17}$$

将式(5.15)代入式(5.17)并整理各项,给出

$$\phi_0'=\frac{\int_{\mu_{\lambda_1}}^{\mu_{\lambda_2}}[S_{ij}f_if_j(u+u_1)|_{x_2^+}-S_{ij}f_if_j(u+u_1)|_{x_2^-}]\mathrm{d}x_1}{\pi\int_{\mu_{\lambda_1}}^{\mu_{\lambda_2}}[x_2(S_{ij}f_tf_j)^2|_{x_2^+}-x_2(S_{ij}f_1f_j)^2|_{x_2^-}]\mathrm{d}x_1} \tag{5.18}$$

若随机激励仅是加性的,即式(5.9)中的 $f_i(x_1,x_2)$ 是常数,则式(5.18)可简化为

$$\phi_0'=\frac{\int_{\mu_{\lambda_1}}^{\mu_{\lambda_2}}[(u+u_1)|_{x_2^+}-(u+u_1)|_{x_2^-}]\mathrm{d}x_1}{\pi(S_{ij}f_if_j)\int_{\mu_{\lambda_1}}^{\mu_{\lambda_2}}(x_2|_{x_2^+}-x_2|_{x_2^-})\mathrm{d}x_1} \tag{5.19}$$

此结果与 Cai 和 Lin[5.12] 给出的结果一致。注意,文献[5.12]中的方法和上面介绍的方法基于不同的方法。在 Cai 和 Lin 的方法中,最小化准则是将系统的平均能量耗散设为零,即 $\langle x_2D\rangle=0$,其中 $D$ 的定义见方程式(5.15)。但是,如果系统的弹力是线性的,则本小节描述的方法为等效阻尼系数 $h(a)$ 提供了一个简单的公式,即式(5.8)。应用该式,可得到 Caughey[5.7] 考虑的示例中的所有结果。对式(5.18)中的 λ 积分可得 3.2 节的式(3.35)中的 $\phi_0(\lambda)$(或简写为 $\phi_0$)。

### 5.2.3 算例

本小节给出上述统计非线性化方法应用的几个算例。这里需要借助一些符号以区分上述方法获得的结果与 Cai 和 Lin[5.12] 给出的结果。令 Cai 和 Lin[5.12] 给出的结果使用的符号标有星号。

**例 I** 考虑一非线性系统,其运动方程为

$$\ddot{x}+H(x,\dot{x})=f_i(x,\dot{x})w_i(t),\quad i=1,2,\cdots,n \tag{I-1}$$

其中,

$$H(x_1,x_2)=\pi S_{ij}x_2f_if_j\phi_0'(\Lambda)-\pi S_{ij}f_i\frac{\partial f_j}{\partial x_2}+G(x_1) \tag{I-2}$$

系统能量[1]为

$$\Lambda=\frac{1}{2}x_2^2+\int^{x_1}G(x_1)\mathrm{d}x_1 \tag{I-3}$$

根据式(3.37),方程式(I-1)是完全可解的,其中 $C_3(x_1)=0$。下面证明,这个完全可解的方程的近似方程是它本身,这是可期待的。此处的目的是证明等效非线性系统的 $\phi_0'(\lambda)$ 与由可精确求解的非线性方程式(I-1)控制的给定系统的 $\phi_0'(\Lambda)$ 相同。为此,利用式(5.10)和式(5.11)求解

〔1〕 注:式(I-3)中无积分下限,原书如此,后续不再说明。

式(Ⅰ-1),即

$$H(x_1,x_2)=g_0(x_1)+u(x_1,x_2) \tag{Ⅰ-4}$$

$$\pi S_{ij}f_i\frac{\partial f_j}{\partial x_2}=g_1(x_1)+u_1(x_1,x_2) \tag{Ⅰ-5}$$

然后,

$$G(x_1)=g(x_1)=g_o(x_1)+g_1(x_1) \tag{Ⅰ-6}$$

这里,设等效非线性系统的运动由式(5.13)描述。因此,等效非线性系统具有方程式(5.18)定义的函数 $\phi_0'(\lambda)$ 和等效非线性系统的激励项

$$h(x_1,x_2)=\pi S_{ij}x_2f_if_j\phi_0'(\lambda)-\pi S_{ij}f_i\frac{\partial f_j}{\partial x_2}+g(x_1) \tag{Ⅰ-7}$$

其中,

$$\lambda=\frac{1}{2}x_2^2+\int^{x_1}g(x_1)\mathrm{d}x_1=\Lambda \tag{Ⅰ-8}$$

结合式(Ⅰ-4)和式(Ⅰ-5),并整理各项,可得

$$u(x_1,x_2)+u_1(x_1,x_2)=H(x_1,x_2)+\pi S_{tj}f_t\frac{\partial f_j}{\partial x_2}-G(x_1) \tag{Ⅰ-9}$$

将式(Ⅰ-2)代入式(Ⅰ-9)的右边,有

$$u(x_1,x_2)+u_1(x_1,x_2)=\pi x_2S_{ij}f_if_j\phi_0'(\Lambda) \tag{Ⅰ-10}$$

参照式(5.15)可知,式(Ⅰ-10)表示

$$D(x_1,x_2)=0\quad\text{或}\quad h(x_1,x_2)=H(x_1,x_2) \tag{Ⅰ-11}$$

也就是说,等效非线性系统就是给定系统本身。此外,若未参照式(5.15),只简单地将式(Ⅰ-10)代入式(5.18)的右边,则会导致

$$\phi_0'(\lambda)=\phi_0'(\Lambda) \tag{Ⅰ-12}$$

式(Ⅰ-12)验证了等效非线性系统的解就是方程式(Ⅰ-1)的精确解。

**例Ⅱ**　本例考虑的系统具有以下运动方程:

$$\ddot{x}+(\alpha+\beta x^2)\dot{x}+x=xw_1(t)+\dot{x}w_2(t)+w_3(t) \tag{Ⅱ-1}$$

其中,$\alpha$ 和 $\beta$ 是实常数。在此情况下

$$f_1=x_1,\quad f_2=x_2,\quad f_3=1,$$

$$H(x_1,x_2)=(\alpha+\beta x_1^2)x_2+x_1=u(x_1,x_2)+g_o(x_1),$$

$$\pi S_{ij}f_i\frac{\partial f_j}{\partial x_2}=\pi S_{22}x_2+\pi(S_{12}x_1+S_{23})=u_1(x_1,x_2)+g_1(x_1)$$

然后,由式(5.12)得

$$g(x_1)=g_0(x_1)+g_1(x_1)=(1+\pi S_{12})x_1+\pi S_{23}$$

由式(5.14b)得

$$\lambda=\frac{1}{2}x_2^2+\frac{1}{2}(1+\pi S_{12})(x_1+x_{10})^2 \tag{Ⅱ-2}$$

其中，

$$x_{10}=\pi S_{23}(1+\pi S_{12})^{-1}$$

需注意，若激励 $w_1(t)$ 和 $w_2(t)$ 的交互谱密度 $S_{12}$ 为正，则式(Ⅱ-2)定义的能量函数为正。此概率条件不同于 Cai 和 Lin[5.12] 给出的必要条件。

令

$$x_1+x_{10}=\sqrt{\frac{2\lambda}{1+\pi S_{12}}}\cos\theta,\quad x_2=\sqrt{2\lambda}\sin\theta \tag{Ⅱ-3}$$

由式(5.18)及本例中 $u(x_1,x_2)$ 和 $u_1(x_1,x_2)$ 的关系，可知

$$\phi_0'(\lambda)=\frac{\int_0^{2\pi}x_2S_{ij}f_tf_j(\alpha x_2+\beta x_1^2x_2+\pi S_{22}x_2)\mathrm{d}\theta}{\pi\int_0^{2\pi}(x_2S_{ij}f_if_j)^2\mathrm{d}\theta} \tag{Ⅱ-4}$$

注意，在式(Ⅱ-4)中，积分限已相应改变。接下来，对式(Ⅱ-4)中的积分进行计算。

易知，式(Ⅱ-4)中分子项的被积函数为

$$x_2S_{ij}f_if_j(\alpha x_2+\beta x_1^2x_2+\pi S_{22}x_2)=(\alpha+\pi S_{22})x_2^2S_{ij}f_if_j+\beta x_1^2x_2^2S_{ij}f_if_j \tag{Ⅱ-5}$$

应用式(Ⅱ-3)的变换，并将在区间 $[0,2\pi]$ 上为零的积分项缩写为 i. z. t.，有

$$x_2^2S_{ij}f_if_j=\left[\frac{S_{11}}{2(1+\pi S_{12})}+\frac{3}{2}S_{22}\right]\lambda^2+(S_{11}x_{10}^2-2S_{13}x_{10}+S_{33})\lambda+\text{i. z. t.}, \tag{Ⅱ-6}$$

$$x_1^2=x_{10}^2+\frac{\lambda}{1+\pi S_{12}}+\frac{\lambda\cos2\theta}{1+\pi S_{12}}-2x_{10}\sqrt{\frac{2\lambda}{1+\pi S_{12}}}\cos\theta \tag{Ⅱ-7}$$

同理，有

$$x_1^2x_2^2S_{ij}f_if_j\to\varphi_1\lambda^3+\varphi_2\lambda^2+\varphi_3\lambda+\text{i. z. t} \tag{Ⅱ-8}$$

其中，

$$\varphi_1=\frac{S_{11}+S_{22}(1+\pi S_{12})}{2(1+\pi S_{12})^2},\varphi_2=\frac{S_{33}-6S_{13}x_{10}+6S_{11}x_{10}^2+3S_{22}(1+\pi S_{12})x_{10}^2}{2(1+\pi S_{12})},\varphi_3=x_{10}^2(S_{33}-2S_{13}x_{10}+S_{11}x_{10}^2)$$

另外，式(Ⅱ-4)中分母项的被积函数为

$$\begin{aligned}x_2^2(S_{ij}f_if_j)^2=&x_2^2(S_{11}^2x_1^4+S_{22}^2x_2^4+S_{33}^2)+x_1^2x_2^4(4S_{12}^2+2S_{11}S_{22})+x_1^2x_2^2(4S_{13}^2+2S_{11}S_{33})\\&+x_2^4(4S_{23}^2+2S_{22}S_{33})+8S_{12}S_{23}x_1x_2^4+4S_{11}S_{13}x_1^3x_2^2\\&+4S_{13}S_{22}x_1x_2^4+4S_{13}S_{33}x_1x_2^2+\text{i. z. t}\end{aligned} \tag{Ⅱ-9}$$

此外，

$$x_1x_2^4=-(2\lambda)^2x_{10}\sin^4\theta+\text{i. z. t.}\to-\frac{3}{2}\lambda^2x_{10}+\text{i. z. t} \tag{Ⅱ-10a}$$

其中，箭头表示对箭头左边的项在 $[0,2\pi]$ 区间上的积分：

$$x_1^3x_2^2=-x_{10}^3\lambda-\frac{3}{4}x_{10}\left(\frac{2\lambda^2}{1+\pi S_{12}}\right)+\text{i. z. t.}=-x_{10}^3\lambda-\frac{3x_{10}}{2(1+\pi S_{12})}\lambda^2+\text{i. z. t}, \tag{Ⅱ-10b}$$

$$x_1x_2^2=-x_{10}2\lambda\sin^2\theta+\text{i. z. t.}\to\lambda x_{10}+\text{i. z. t} \tag{Ⅱ-10c}$$

回顾

$$\frac{1}{2\pi}\int_0^{2\pi}x_2^2\mathrm{d}\theta=\frac{1}{2\pi}\int_0^{2\pi}2\lambda\sin^2\theta\mathrm{d}\theta=\lambda,\tag{Ⅱ-11a}$$

$$\frac{1}{2\pi}\int_0^{2\pi}x_2^4\mathrm{d}\theta=\frac{1}{2\pi}\int_0^{2\pi}4\lambda^2\sin^4\theta\mathrm{d}\theta=\frac{3}{2}\lambda^2,\tag{Ⅱ-11b}$$

$$\frac{1}{2\pi}\int_0^{2\pi}x_2^6\mathrm{d}\theta=\frac{1}{2\pi}\int_0^{2\pi}8\lambda^3\sin^6\theta\mathrm{d}\theta=\frac{5}{2}\lambda^3\tag{Ⅱ-11c}$$

利用式(Ⅱ-3)和一些代数运算,有

$$\frac{1}{2\pi}\int_0^{2\pi}x_1^2x_2^2\mathrm{d}\theta=\lambda\left[x_{10}^2+\frac{\lambda}{2(1+\pi S_{12})}\right],\tag{Ⅱ-12a}$$

$$\frac{1}{2\pi}\int_0^{2\pi}x_1^2x_2^4\mathrm{d}\theta=\lambda^2\left[\frac{3}{2}x_{10}^2+\frac{\lambda}{2(1+\pi S_{12})}\right],\tag{Ⅱ-12b}$$

$$\frac{1}{2\pi}\int_0^{2\pi}x_1^4x_2^2\mathrm{d}\theta=\lambda\left[x_{10}^4+\frac{3x_{10}^2\lambda}{1+\pi S_{12}}+\frac{\lambda^2}{2(1+\pi S_{12})^2}\right]\tag{Ⅱ-12c}$$

最后,应用式(Ⅱ-4)~式(Ⅱ-12)和一些代数运算,可证

$$\phi_0'(\lambda)=\frac{N_1\lambda^2+N_2\lambda+N_3}{\pi(Q_1\lambda^2+Q_2\lambda+Q_3)}\tag{Ⅱ-13}$$

其中,

$$N_1=\frac{\beta S_{22}}{2(1+\pi S_{12})}+\frac{\beta S_{11}}{2(1+\pi S_{12})^2},$$

$$N_2=\frac{\beta S_{33}+S_{11}(\alpha+\pi S_{22})}{2(1+\pi S_{12})}+\frac{3}{2}S_{22}(\alpha+\pi S_{22})-\frac{3S_{13}\beta}{1+\pi S_{12}}x_{10}+3\beta\left(\frac{S_{11}}{1+\pi S_{12}}+\frac{1}{2}S_{22}\right)x_{10}^2,$$

$$N_3=(S_{33}-2S_{13}x_{10}+S_{11}x_{10}^2)(\alpha+\pi S_{22}+\beta x_{10}^2),$$

$$Q_1=\frac{S_{11}^2}{2(1+\pi S_{12})^2}+\frac{S_{11}S_{22}+2S_{12}^2}{1+\pi S_{12}}+\frac{5}{2}S_{22}^2,$$

$$Q_2=\frac{2S_{13}^2+S_{11}S_{33}}{1+\pi S_{12}}+3(2S_{23}^2+S_{22}S_{33})-6\left(\frac{S_{11}S_{13}}{1+\pi S_{12}}+S_{13}S_{22}+2S_{12}S_{23}\right)x_{10}+3\left(2S_{12}^2+S_{11}S_{22}-\frac{S_{11}^2}{1+\pi S_{12}}\right)x_{10}^2,$$

$$Q_3=S_{11}^2x_{10}^4+(4S_{13}^2-4S_{11}S_{13}+2S_{11}S_{33})x_{10}^2-4S_{13}S_{33}x_{10}+S_{33}^2$$

对式(Ⅱ-13)积分,可得

$$\phi_0(\lambda)=\frac{N_1}{\pi Q_1}\left[\lambda+\frac{1}{2}\left(\frac{N_2}{N_1}-\frac{Q_2}{Q_1}\right)\ln N_{11}+N_{12}\int\frac{\mathrm{d}\lambda}{N_{11}}\right]\tag{Ⅱ-14}$$

其中,

$$N_{11}=\lambda^2+\frac{Q_2}{Q_1}\lambda+\frac{Q_3}{Q_1},\quad N_{12}=\frac{N_3}{N_1}-\frac{Q_3}{Q_1}-\frac{Q_2}{2Q_1}\left(\frac{N_2}{N_1}-\frac{Q_2}{Q_1}\right)$$

例如,可从数学手册[5.13]的积分表中直接找到或获得式(Ⅱ-14)的积分。

这里考虑两种特殊情形。需注意,在上述推导中,$\beta$ 被假定为非零。如果 $\beta=0$,则必须返

回式(Ⅱ-4)进行求解。

(1)情形一: $S_{33}\neq 0$ 且 $S_{ij}=0$。

在此情形下,

$$N_1=0,\quad N_2=\frac{1}{2}\beta S_{33},\quad N_3=\alpha S_{33},\quad Q_1=Q_2=0,\quad Q_3=S_{33}^2 \tag{Ⅱ-15}$$

将式(Ⅱ-15)代入式(Ⅱ-13),可得

$$\phi_0'(\lambda)=\frac{2\alpha+\beta\lambda}{2\pi S_{33}} \tag{Ⅱ-16}$$

式(Ⅱ-16)也可通过能量耗散准则的统计非线性化方法得到[5.12]。

(2)情形二: $S_{11}\neq 0$ 且 $S_{ij}=0$。

在给定的谱密度下,有

$$N_1=\frac{1}{2}\beta S_{11},\quad N_2=\frac{1}{2}\alpha S_{11},\quad N_3=0, \tag{Ⅱ-17a,b,c}$$

$$Q_1=\frac{1}{2}S_{11}^2,\quad Q_2=0,\quad Q_3=0 \tag{Ⅱ-17d,e,f}$$

将式(Ⅱ-17)代入式(Ⅱ-13),有

$$\phi_0'(\lambda)=\frac{\beta}{\pi S_{11}}+\frac{\alpha}{\lambda\pi S_{11}} \tag{Ⅱ-18}$$

然而,用 Cai 和 Lin 的方法[5.12],有

$$\frac{\mathrm{d}\phi_0^*(\lambda^*)}{\mathrm{d}\lambda^*}=\frac{\beta}{\pi S_{11}}+\frac{2\alpha}{\lambda^*\pi S_{11}} \tag{Ⅱ-19}$$

其中,$\lambda^*=\lambda$。因此,式(Ⅱ-19)右边的第二项与式(Ⅱ-18)的对应项相差 2 倍。

**例Ⅲ** 本例考虑的运动方程为

$$\ddot{x}+\alpha\dot{x}+\beta\dot{x}^2+\gamma\dot{x}^3+x=\dot{x}w_1(t)+w_2(t) \tag{Ⅲ-1}$$

其中,$\alpha$, $\beta$ 和 $\gamma$ 是实常数。然后,通过 Cai 和 Lin[5.12]的方法,可得

$$f_1^*=x_2,\quad f_2^*=1,\quad g^*(x_1,x_2)=x_1-\pi S_{12},$$

$$H^*(x_1,x_2)=\alpha x_2+\beta x_2^2+\gamma x_2^3+x_1,\lambda^*=\frac{1}{2}x_2^2+\frac{1}{2}(x_1-\pi S_{12})^2,$$

$$h^*(x_1,x_2)=\pi x_2(S_{11}x_2^2+2S_{12}x_2+S_{22})\frac{\mathrm{d}\phi_0^*(\lambda^*)}{\mathrm{d}\lambda^*}-\pi(S_{11}x_2+S_{12})+x_1-\pi S_{12}$$

应用极坐标变换

$$x_1=\sqrt{2\lambda^*}\cos\theta+\pi S_{12},\quad x_2=\sqrt{2\lambda^*}\sin\theta$$

然后,

$$\frac{\mathrm{d}\phi_0^*}{\mathrm{d}\lambda^*}=\frac{\int_0^{2\pi}\sin\theta(\alpha x_2+\beta x_2^2+\gamma x_2^3+\pi S_{11}x_2+2\pi S_{12})\mathrm{d}\theta}{\pi\int_0^{2\pi}x_2\sin\theta S_{ij}f_if_j\mathrm{d}\theta}=\frac{2\alpha+2\pi S_{11}+3\gamma\lambda^*}{2\pi S_{22}+3\pi S_{11}\lambda^*}\qquad(\text{Ⅲ}-2)$$

从以上结果可以看出，无论$\beta$是否为零，应用上述极坐标变换对式(Ⅲ-2)积分后，与$\beta$相关的项均会消失。

但是，当假设

$$\alpha=\pi S_{22}-\pi S_{11},\quad \beta=2\pi S_{12},\quad \gamma=\pi S_{11}\qquad(\text{Ⅲ}-3\text{a,b,c})$$

并忽略上述与$\beta$关联项的证明，式(Ⅲ-2)给出

$$\frac{\mathrm{d}\phi_0^*(\lambda^*)}{\mathrm{d}\lambda^*}=1\qquad(\text{Ⅲ}-4)$$

Cai 和 Lin[5.12]的方法的近似方程变为

$$\ddot{x}+\pi x_2(S_{11}x_2^2+2S_{12}x_2+S_{22})-\pi S_{11}x_2+x_1-2\pi S_{12}=0\qquad(\text{Ⅲ}-5)$$

其与给定的运动方程式(Ⅲ-1)不同。

另外，将式(Ⅲ-3)代入式(Ⅲ-1)，并比较结果[式(Ⅲ-1)]与式(5.14a)，发现方程式(Ⅲ-1)在$\phi_0'(\lambda)=1, g=x_1+\pi S_{12}$时可解，并且

$$\lambda=\frac{1}{2}x_2^2+\frac{1}{2}(x_1+\pi S_{12})^2$$

将例Ⅰ的结果应用于本例，运动的近似方程即给定的方程本身。这表明，与 Cai 和 Lin[5.12]的方法相比，本方法得到的近似解更好。

**例Ⅳ**　考虑具有非线性阻尼和非线性恢复力的单自由度非线性振子，其运动方程为

$$\ddot{x}+\dot{x}(\alpha+\beta x^2)-x+x^3=xw(t)\qquad(\text{Ⅳ}-1)$$

其中，$\alpha$和$\beta$为实常数。对于本例，可确定

$$f_1=x,\quad g_0(x_1)=-x_1+x_1^3,\quad u(x_1,x_2)=x_2(\alpha+\beta x_1^2),$$
$$g_1(x_1)=0, u_1(x_1,x_2)=0,\quad g(x_1)=g_0(x_1)=-x_1+x_1^3,$$
$$\lambda=\frac{1}{2}x_2^2-\frac{1}{2}x_1^2+\frac{1}{4}x_1^4$$

由式(5.14a)，得

$$h(x_1,x_2)=\pi Sx_2x_1^2\phi_0'(\lambda)-x_1+x_1^3$$

由 5.2.2 小节，得

$$\lambda=R(\mu_{\lambda_j})=\int_0^{\mu_{\lambda_j}}g(v)\mathrm{d}v$$

因此，

$$-\frac{1}{2}\mu_{\lambda_j}^2+\frac{1}{4}\mu_{\lambda_j}^4-\lambda=0$$

解得

$$\mu_{\lambda_j}^2=2\left(\frac{1}{2}\pm\sqrt{\frac{1}{4}+\frac{4\lambda}{4}}\right)=1\pm\sqrt{1+4\lambda}$$

负根无意义,可被忽略,从而有

$$\mu_{\lambda_j}^2=1+\sqrt{1+4\lambda},\quad j=1,2$$

由于 $R(\mu)$ 是偶函数,所以对于任意正 $\lambda$ 只有一个正根 $\mu$。因此,可考虑

$$\mu_{\lambda_j}^2=\mu_\lambda^2=1+\sqrt{1+4\lambda}$$

将以上所有结果代入式(5.18),可得

$$\phi_0'(\lambda)=\frac{\beta}{\pi S}+\frac{\alpha\int_0^{\sqrt{1+\sqrt{1+4\lambda}}}x_1^2\sqrt{2\lambda+x_1^2-\frac{1}{2}x_1^4}\,\mathrm{d}x_1}{\pi S\int_0^{\sqrt{1+\sqrt{1+4\lambda}}}x_1^4\sqrt{2\lambda+x_1^2-\frac{1}{2}x_1^4}\,\mathrm{d}x_1}\tag{Ⅳ-2}$$

可得方程式(Ⅳ-1)的近似概率密度函数 $p(x_1,x_2)$ 为

$$p(x_1,x_2)=C\mathrm{e}^{-\int_0^\lambda\phi_0'(v)\,\mathrm{d}v}\tag{Ⅳ-3}$$

其中,$C$ 是归一化常数。

参照式(Ⅳ-2),显然,概率密度函数必须通过数值积分方法求解。

## 5.3 基于等效非线性阻尼系数的统计非线性化方法

本节介绍 To[5.11] 针对单自由度非线性系统提出的统计非线性化方法。此方法基于非线性运动方程的等效非线性阻尼系数的最小均方差,有两个求解阶段。第一阶段是找到一个等效的非线性阻尼项,第二阶段是通过应用 3.2 节的结果来确定 FPK 方程的精确平稳概率密度。为了找到等效的非线性阻尼项,需要进行坐标变换。

考虑一类非线性振子的运动方程:

$$\ddot{x}+h(x,\dot{x})+g(x)=w(t)\tag{5.20}$$

其中,$h(x_1,x_2)$(或简称为 $h$)是位移 $x_1$ 和速度 $x_2$ 的非线性函数;$g(x)$(或简称为 $g$)是位移的非线性函数,仅 $x=x_1$;$w(t)$ 是高斯白噪声激励,有 $\langle w(t)\rangle=0$ 和 $\langle w(t)w(t+\tau)\rangle=2\pi S\delta(\tau)$。

在求解的第一阶段,需要一个等效非线性方程。令等效非线性方程为

$$\ddot{x}+f(H)\dot{x}+g(x)=w(t)\tag{5.21}$$

其中,$f(H)$ 是等效非线性阻尼系数,是 $H$ 的非线性函数,$H$ 与如下坐标变换有关:

$$r(x)=\sqrt{2H}\cos\theta,\quad \dot{x}=\sqrt{2H}\sin\theta\tag{5.22a,b}$$

其中,

$$r(x)=\mathrm{sgn}(x)\sqrt{2R(x)},\quad H=\frac{1}{2}\dot{x}^2+R(x)\tag{5.23a,b}$$

使得

$$H=\frac{1}{2}\dot{x}^2+\int g(x)\,\mathrm{d}x \tag{5.24}$$

应注意,除符号外,式(5.24)所定义的能量函数与式(5.14b)所定义的能量函数相似。式(5.4)中的变换是式(5.22)的一个特例。由于势能的参考水平可任意选择,所以积分限尚不确定。此外,对于无显式解的非线性系统,可通过式(5.22)选择其他形式的坐标变换。这一点将在例 X 中进行说明。

显然,若以某种统计方式使误差最小化,$f(H)$则是一个很好的近似值:

$$D(x,\dot{x})=f(H)\dot{x}-h(x,\dot{x}) \tag{5.25}$$

### 5.3.1　等效非线性阻尼系数的推导

本小节的目的是推导等效非线性阻尼系数。考虑式(5.25),并将方程式(5.22)或另一个适当选取的坐标变换代入其中。令

$$I=\int_0^{2\pi}D^2(H,\theta)\,\mathrm{d}\theta \tag{5.26}$$

并针对$f(H)$最小化$I$。可将方程式(5.26)看作相位上残差平方的平均值。从物理上讲,它是每个周期内给定的非线性系统和等效的非线性系统在相位上的微分能量的平均值。因此,此最小化准则不同于先前的准则,例如 Caughey[5.7] 给出的准则,其均方差或误差平方的期望是相对于等效非线性阻尼系数中的参数被最小化时所说的。为了简单起见,将$f(H)$简写为$f$。因此,由 $\mathrm{d}I/\mathrm{d}f=0$ 得

$$f(H)=\frac{1}{\pi\sqrt{2H}}\int_0^{2\pi}h(H,\theta)\sin\theta\,\mathrm{d}\theta \tag{5.27}$$

取$I$关于$f$的二阶导,得

$$\frac{\mathrm{d}^2I}{\mathrm{d}f^2}=4\pi H \tag{5.28}$$

若总能量$H$为正,则方程式(5.28)确保 $\mathrm{d}I/\mathrm{d}f=0$ 为最小值。注意,式(5.27)在形式上与式(5.8)相似,只是推导过程完全不同。

顺便提及,应注意的是,与目前其他可用的统计非线性化方法相比,如文献[5.6,5.7]中的方法,式(5.27)定义的等效非线性阻尼系数似乎是在具有非线性阻尼和非线性刚度的系统中使用的最简单、最直接的表达式。还应注意,对于具有非线性阻尼和线性刚度的系统,人们给出了一个类似的方程式(5.8)。

### 5.3.2　单自由度系统的等效非线性方程的求解

当前所述的统计非线性化方法的第二阶段是求解具有 $x_1$ 和 $x_2$ 的精确平稳联合概率密度函数的方程式(5.21),其由 3.2 节的式(I-8)给出。采用本节符号,平稳联合概率密度函数表示为

$$p(x,\dot{x}) = C\mathrm{e}^{-\frac{1}{\pi S}\int_0^H f(v)\,\mathrm{d}v} \tag{5.29}$$

其中，$C$ 是归一化常数，即

$$\int_{-\infty}^{\infty}\int_{-\infty}^{\infty} p(x,\dot{x})\,\mathrm{d}x\mathrm{d}\dot{x} = 1 \tag{5.30}$$

将上述方法推广到具有参数激励和外部随机激励的系统很简单，可采用 3.2 节的式(5.27)和式(Ⅴ-8)。

以下几个例子用于说明上述统计非线性化方法的简便性。这些例子通常用于各种结构和机械系统的建模，因此具有实际意义。例Ⅰ与线性振子有关。当然，在实践中人们不会将统计非线性化方法用于线性系统。但是，本小节包含此内容主要是为了表明统计非线性化方法可为线性系统提供精确解。

**例Ⅰ** 考虑一个线性振子：

$$\ddot{x}+\beta\dot{x}+x=w(t) \tag{Ⅰ-1}$$

其中，$\beta$ 是一个常数，但不必很小。

与式(5.20)对应，有 $h=\beta x_2$。应用式(5.22)的变换，有

$$h=\beta\sqrt{2H}\sin\theta \tag{Ⅰ-2}$$

由式(5.27)得

$$f(H) = \frac{1}{\pi\sqrt{2H}}\int_0^{2\pi}\beta\sqrt{2H}\sin^2\theta\mathrm{d}\theta = \beta \tag{Ⅰ-3}$$

显然，此处得到的近似解是精确解。利用式(5.29)，可证明 $x_1$ 和 $x_2$ 的平稳联合概率密度是精确的。

**例Ⅱ** 考虑一个非线性阻尼振子：

$$\ddot{x}+F(H)\dot{x}+x=w(t) \tag{Ⅱ-1}$$

其中，$F(H)$ 是 $H$ 的函数。这里，$h(x_1,x_2)=F(H)x_2$。

由式(5.27)得

$$f(H) = \frac{1}{\pi\sqrt{2H}}\int_0^{2\pi}F(H)\ \sqrt{2H}\sin^2\theta\mathrm{d}\theta = F(H) \tag{Ⅱ-2}$$

近似阻尼系数 $f(H)$ 即给定的系数本身。

**例Ⅲ** 考虑一个非线性阻尼系统：

$$\ddot{x}+\beta\mathrm{sgn}(\dot{x})+x=w(t) \tag{Ⅲ-1}$$

利用式(5.22)的变换：

$$h=\beta\mathrm{sgn}(\sqrt{2H}\sin\theta)=\beta\mathrm{sgn}(\sin\theta) \tag{Ⅲ-2}$$

应用式(5.27)，有

$$f(H)=\frac{4\beta}{\pi\sqrt{2H}} \tag{Ⅲ-3}$$

由式(5.29),平稳联合概率密度函数变为

$$p(x,\dot{x})=C\mathrm{e}^{-\frac{4\beta}{\pi^2 S}\sqrt{x^2+\dot{x}^2}} \tag{Ⅲ-4}$$

这与 Lin 的论文[5.6]中第 69 页的式(5.11)一致,其已得到 MCS 法结果的验证。

**例Ⅳ**　考虑一个非线性振子:

$$\ddot{x}+\beta|\dot{x}^2|\mathrm{sgn}(\dot{x})+x=w(t) \tag{Ⅳ-1}$$

应用式 (5.22),有

$$h=2H\beta\sin\theta|\sin\theta| \tag{Ⅳ-2}$$

应用式 (5.27),给出

$$f(H)=\frac{8\beta\sqrt{2H}}{3\pi} \tag{Ⅳ-3}$$

由式(5.29)给出平稳联合概率密度函数为

$$p(x,\dot{x})=C\mathrm{e}^{-\frac{8\beta}{9\pi^2 S}(x^2+\dot{x}^2)^{3/2}} \tag{Ⅳ-4}$$

上述结果与 Lin 的论文[5.6]中第 82 页的式(5.19)一致。

**例Ⅴ**　考虑受迫的 van der Pol 振子:

$$\ddot{x}-\beta(1-x^2)\dot{x}+x=w(t) \tag{Ⅴ-1}$$

应用式(5.22)和式(5.27),有

$$f(H)=-\beta\left(1-\frac{H}{2}\right) \tag{Ⅴ-2}$$

应用式(5.29)可得平稳联合概率密度函数为

$$p(x,\dot{x})=C_1\mathrm{e}^{-\frac{\beta}{16\pi S}[(x^2+\dot{x}^2)^2-8(x^2+\dot{x}^2)]} \tag{Ⅴ-3}$$

其中,$C_1$ 是归一化常数。方程式(Ⅴ-3)与文献[5.8]中的方程式(29)一致。但需注意,文献[5.8]中对应此处 $\beta$ 的常数参数需假定为较小,并且激励幅值也假定为较小,而在式(Ⅴ-3)中,则不需要此限制,唯一要求是式(Ⅴ-3)的存在性。若激励幅值相对较小,则稳态解存在,因为此条件下的解在极限环内。方程式(Ⅴ-3)也与 Lin 的论文[5.6]第 113 页的方程式(5.32)一致。式(5.27)得到的近似阻尼系数远比 Lin 的论文[5.6]中简单。

Lin 的论文[5.6]中的方程式(5.32)已通过模拟结果验证,其为

$$p(x,\dot{x})=C_2\mathrm{e}^{-\left(\frac{b}{D}\right)\left[1-\frac{1}{4}(x^2+\dot{x}^2)\right]^2} \tag{Ⅴ-4}$$

其归一化常数为

$$C_2=\frac{1}{2\pi}\left[\frac{\sqrt{b/D}}{\sqrt{\pi}\,\mathrm{erfc}(-\sqrt{b/D})}\right] \tag{Ⅴ-5}$$

其中,$b$ 是式 (Ⅴ-2)中的 $\beta$;$D$ 是式 (Ⅴ-3)中的 $\pi S$。

展开式(Ⅴ-4)可得如下表达式:

$$p(x,\dot{x})=C_2\mathrm{e}^{-\left(\frac{b}{D}\right)}\,\mathrm{e}^{-\left(\frac{b}{16D}\right)[(x^2+\dot{x}^2)^2-8(x^2+\dot{x}^2)]} \tag{Ⅴ-6}$$

显然，$C_2\exp(-b/D)$等于式(Ⅴ-3)中的$C_1$。

**例Ⅵ** 考虑如下具有非线性阻尼和非线性恢复力的振子：

$$\ddot{x}+\beta|\dot{x}^2|\operatorname{sgn}(\dot{x})+\gamma x+\eta x^3=w(t) \tag{Ⅵ-1}$$

其中，$\beta,\gamma$和$\eta$不必为太小的常数。通过适当修改常参数的正负号，此方程可用于建模和分析船的非线性侧倾运动。

应用式(5.27)~式(Ⅵ-1)可得

$$f(H)=\frac{8\beta}{3\pi}\sqrt{2H} \tag{Ⅵ-2}$$

注意，式(Ⅵ-2)与式(Ⅳ-3)一致，只是这里的$H$不同于式(Ⅳ-3)中的$H$。将式(Ⅵ-2)代入式(5.29)可得

$$p(x,\dot{x})=C\mathrm{e}^{-\frac{8\sqrt{2}\beta}{3\pi^2S}\int_0^H\sqrt{v}\,\mathrm{d}v} \tag{Ⅵ-3}$$

由式(Ⅵ-3)解得

$$p(x,\dot{x})=C\mathrm{e}^{-\frac{8\beta}{9\pi^2S}\left(\dot{x}^2+\gamma x^2+\frac{1}{2}\eta x^4\right)^{3/2}} \tag{Ⅵ-4}$$

此方程与Lin的论文[5.6]第166页的方程式(5.61)相符。主要区别在于，在评估$p(x_1,x_2)$之前，对Lin的论文[5.6]中的参数$\rho_{02}$和$b_{02}$必须先进行数值计算。这两个参数与式(Ⅵ-1)中阻尼项的常系数和等效阻尼系数有关。在To与Li[5.9]以及Cai与Lin[5.12]提出的方法中也需要数值计算。另外，使用当前统计非线性化方法得到式(Ⅵ-4)的步骤远比文献[5.6,5.9,5.12]中的步骤简单。

**例Ⅶ** 作为对模型(Ⅵ-1)的扩展，考虑如下非线性振子：

$$\ddot{x}+\beta|\dot{x}^5|\operatorname{sgn}(\dot{x})+\gamma x+\eta x^3=w(t) \tag{Ⅶ-1}$$

其中，符号含义均在例Ⅵ中给出。

应用式(5.27)和式(5.22)，可得

$$f(H)=\frac{4\beta H^2}{\pi}\int_0^{\pi}\sin^5\theta\,\mathrm{d}\theta \tag{Ⅶ-2}$$

因为

$$\beta|\dot{x}^5|\operatorname{sgn}(\dot{x})=\beta(\sqrt{2H})^5\sin^4\theta|\sin\theta|$$

所以式(Ⅶ-2)给出

$$f(H)=\left(\frac{64\beta}{15\pi}\right)H^2 \tag{Ⅶ-3}$$

将式(Ⅶ-3)代入式(5.27)并利用式(5.23b)，可得

$$p(x,\dot{x})=C\mathrm{e}^{-\frac{8\beta}{45\pi^2S}\left(\dot{x}^2+\gamma x^2+\frac{1}{2}\eta x^4\right)^3} \tag{Ⅶ-4}$$

式(Ⅶ-4)与Lin的论文[5.6]中的式(5.61)一致，在式(5.61)中，评估平稳联合概率密度函数之前必须先确定$\rho_{05}$和$b_{05}$。这两个参数与式(Ⅶ-1)中阻尼项的常系数和等效非线性系统

的阻尼项的常系数有关。与 Lin 的论文[5.6]的结果相反,当使用式(5.27)和式(5.29)时,式(Ⅶ-4)显式且易于求解。

**例Ⅷ**　本例考虑运动方程为

$$\ddot{x}+\alpha\dot{x}+\gamma\dot{x}^3+x=w(t) \tag{Ⅷ-1}$$

其中,$\alpha$ 和 $\gamma$ 均为实常数。

然后,应用式(5.27)可得

$$f(H)=\frac{\alpha}{\pi}\int_0^{2\pi}\sin^2\theta\mathrm{d}\theta+\frac{2\gamma H}{\pi}\int_0^{2\pi}\sin^4\theta\mathrm{d}\theta \tag{Ⅷ-2}$$

其中,

$$H=\frac{1}{2}(x_2^2+x_1^2),\quad x_1=\sqrt{2H}\cos\theta,\quad x_2=\sqrt{2H}\sin\theta$$

利用 5.2.3 小节的式(Ⅱ-11a,b),式(Ⅷ-2)变为

$$f(H)=\alpha+\frac{3}{2}\gamma H \tag{Ⅷ-3}$$

将式(Ⅷ-3)代入式(5.29),得

$$p(x_1,x_2)=C\mathrm{e}^{-\frac{1}{\pi S}\left[\alpha(x_1^2+x_2^2)+\frac{3}{4}\gamma(x_1^2+x_2^2)^2\right]} \tag{Ⅷ-4}$$

式(Ⅷ-4)与文献[5.14]中的式(9.236)一致。

**例Ⅸ**　此例已在 5.2.3 小节中作为例Ⅱ处理。此处考虑它是为了进行比较,其运动方程为

$$\ddot{x}+(\alpha+\beta x^2)\dot{x}+x=xw_1(t)+\dot{x}w_2(t)+w_3(t) \tag{Ⅸ-1}$$

其中,$\alpha$ 和 $\beta$ 是实常数。在此情形下,

$$f_1=x_1,f_2=x_2,\quad f_3=1 \tag{Ⅸ-2}$$

其中,

$$x_1=\sqrt{2H}\cos\theta,\quad x_2=\sqrt{2H}\sin\theta,\quad H=\frac{1}{2}(x_2^2+x_1^2) \tag{Ⅸ-3}$$

应用式(5.27),有

$$f(H)=\frac{1}{\pi}\int_0^{2\pi}(\alpha+2H\beta)\sin^2\theta\mathrm{d}\theta-\frac{2H\beta}{\pi}\int_0^{2\pi}\sin^4\theta\mathrm{d}\theta \tag{Ⅸ-4}$$

利用 5.2.3 小节的式(Ⅱ-11a,b),式(Ⅸ-4)变为

$$f(H)=\alpha+\frac{\beta H}{2} \tag{Ⅸ-5}$$

用式(Ⅸ-5)给定的 $f(H)$,式(Ⅸ-1)中的等效非线性系统具有精确解,其精确解可利用 3.2 节的例Ⅲ或例Ⅳ的结果得到。

为便于比较,在此再次列出在 5.2.3 小节的例Ⅱ中已研究过的两种特殊情形。

对于这两种特殊情形,5.2.3 小节的例Ⅱ中的能量函数为 $\lambda=(x_2^2+x_1^2)/2$,并且 $\phi_0(\lambda)$ 与下面的 $\phi(H)$ 相同。

(1)情形一： $S_{33}\neq 0$ 且 $S_{ij}=0$。

利用式(Ⅸ-5)和3.2节中例Ⅳ的结果,可得

$$\frac{d\phi(H)}{dH}=\frac{2\alpha+\beta H}{2\pi S_{33}} \tag{Ⅸ-6}$$

方程式(Ⅸ-6)中的能量函数 $H$ 与5.2.3小节中的 $\lambda$ 相同。因此,符号除外,式(Ⅸ-6)与5.2.3小节中的式(Ⅱ-16)一致。但是,必须指出,式(Ⅸ-6)所需的代数运算量与To和Li的方法相比少得多,后者的应用已在5.2.3小节中说明。

(2)情形二： $S_{11}\neq 0$ 且 $S_{ij}=0$。

利用3.2节的式(Ⅲ-3),并假设

$$C_2(x_1)=\frac{f(H)(2H-x_1^2)}{2\pi S_{11}}\left(\frac{x_1^2-1}{x_1^2}\right) \tag{Ⅸ-7}$$

注意,这里用 $f(H)$ 和 $\Omega=1$ 替换了 $(\alpha+\beta x_1^2)$,有

$$\frac{d\phi(H)}{dH}=\frac{f(H)}{\pi S_{11}}=\frac{\alpha}{\pi S_{11}}+\frac{\beta H}{2\pi S_{11}} \tag{Ⅸ-8}$$

如果替换式(Ⅸ-7),则可假设

$$C_2(x_1)=\frac{f(H)(2H-x_1^2)}{\pi S_{11}}\left(\frac{2x_1^2-H}{2x_1^2 H}\right) \tag{Ⅸ-9}$$

利用3.2节中的式(Ⅲ-3),可得

$$\frac{d\phi(H)}{dH}=\frac{2f(H)}{\pi S_{11}H}=\frac{2\alpha}{\pi S_{11}H}+\frac{\beta}{\pi S_{11}} \tag{Ⅸ-10}$$

注意,方程中(Ⅸ-8)与5.2.3小节中采用文献[5.9,5.12]中的方法获得的方程不同。方程式(Ⅸ-10)与文献[5.12]推导的方程一致。因此,结果不同不是由于当前提出的统计非线性化方法,而是由于等效随机非线性系统的精确解。

**例Ⅹ** 在本例中,为如下van der Pol-Duffing振子选择不同于式(5.22)中定义的坐标变换：

$$\ddot{x}+(\alpha+\beta x^2)\dot{x}+\gamma x+\delta x^3=w(t) \tag{Ⅹ-1}$$

其中,$\alpha,\beta,\gamma$ 和 $\delta$ 均是实常数。

选择如下坐标变换：

$$\dot{x}=\sqrt{2H}\sin\theta,\ x^2+\left(\frac{\gamma}{8}\right)=\sqrt{\frac{4H}{8}}\cos\theta \tag{Ⅹ-2a,b}$$

则系统的总能量为

$$H=\frac{1}{2}\dot{x}^2+\frac{\delta}{4}\left(x^2+\frac{\gamma}{8}\right)^2 \tag{Ⅹ-3}$$

利用式(Ⅹ-2b),式(Ⅹ-1)变为

$$\ddot{x}+\left[\alpha+\beta\left(\sqrt{\frac{4H}{8}}\cos\theta-\frac{\gamma}{8}\right)\right]\dot{x}+\gamma x+\delta x^3=w(t) \tag{Ⅹ-4}$$

比较式( X-4)与式(5.20),有

$$h(x,\dot{x})=\left[\alpha+\beta\left(\sqrt{\frac{4H}{\delta}}\cos\theta-\frac{\gamma}{\delta}\right)\right]\dot{x} \tag{X-5}$$

应用式( X-5)和式(5.27),发现

$$f(H)=\alpha-\frac{\beta\gamma}{\delta} \tag{X-6}$$

利用式( X-6)和式(5.29),式( X-1)定义的系统的平稳联合概率密度函数为

$$p(x,\dot{x})=C\mathrm{e}^{-\frac{1}{2\pi S}\left(\alpha-\frac{\beta\gamma}{\delta}\right)\left[\dot{x}^2+\frac{\delta}{2}\left(x^2+\frac{\gamma}{\delta}\right)^2\right]} \tag{X-7}$$

注意,对于此特殊的单自由度系统,平稳联合概率密度函数是高斯函数。系统稳定性的概率极限为 $\alpha\delta=\beta\gamma$。

### 5.3.3　总结

上文介绍了用于外部随机激励下非线性动态工程系统的统计非线性化方法。将所提出的统计非线性化方法推广到具有随机参激和外部随机激励的系统非常简单。本节通过几个单自由度系统的求解演示了该方法的应用,该方法在评估具有非线性阻尼和非线性恢复力的系统的平稳联合概率密度之前无须进行数值计算。因此,该方法不同于以前的方法[5.6,5.7,5.9,5.12],以前的方法需要对具有非线性阻尼力和恢复力的系统进行数值计算。本节介绍的统计非线性化方法为等效非线性阻尼系数提供了一个简单的表达式。在应用该方法时,如果系统的平稳概率密度函数存在,则系统的非线性强度及激励幅值均不必很小。

## 5.4　多自由度系统的统计非线性化方法

上节介绍的针对单自由度非线性系统的统计非线性化方法将在本节扩展到多自由度系统。其求解的两个阶段也同样适用。第一阶段是寻找等效非线性阻尼项,第二阶段是应用 3.2 节的推广,即 3.4 节的结果确定等效非线性系统的精确平稳概率密度。为了找到等效非线性阻尼项,需要进行坐标变换。5.4.2 小节用具有 2 个自由度的非线性系统对此进行说明,5.4.1 小节介绍求解的第一和第二阶段。

### 5.4.1　等效系统非线性阻尼系数及精确解

考虑一类多自由度非线性系统,其运动方程为

$$\ddot{x}_i+h_i(x_1,x_2,\cdots,x_n,\dot{x}_1,\dot{x}_2,\cdots,\dot{x}_n)=w_i(t) \tag{5.31}$$

其中,$\ddot{x}_i$ 和 $h_i(\boldsymbol{X};\boldsymbol{Y})$ 分别是 $\boldsymbol{X}=(x_1x_2x_3\cdots x_n)^{\mathrm{T}}$ 和 $\boldsymbol{Y}=(\dot{x}_1\dot{x}_2\dot{x}_3\cdots\dot{x}_n)^{\mathrm{T}}$ 的加速度和非线性函数,并且 $\langle w_i(t)w_i(t+\tau)\rangle=2\pi S_i\delta(\tau)$,$i=1,2,3,\cdots,n$。

在求解的第一阶段,需要一个等效于方程式(5.31)的等效非线性系统。令等效系统的运

动方程为

$$\ddot{x}_i+\beta_i f(H)\dot{x}_i+\frac{\partial U(\boldsymbol{X})}{\partial x_i}=w_i(t) \tag{5.32}$$

其中，$\beta_i$ 是常数；$f(H)$ 可视为系统的等效非线性阻尼系数，$H$ 是系统总能量，定义为

$$H=\sum_{i=1}^{n}\frac{\dot{x}_i^2}{2}+U(\boldsymbol{X}) \tag{5.33}$$

显然，给定系统[式(5.31)]与等效非线性系统[式(5.32)]之间存在误差。其对应误差 $D_i(\boldsymbol{X};\boldsymbol{Y})$ 定义为

$$D_i(\boldsymbol{X};\boldsymbol{Y})=f(H)\beta_i\dot{x}_i+\frac{\partial U(\boldsymbol{X})}{\partial x_i}-h_i(\boldsymbol{X};\boldsymbol{Y}) \tag{5.34}$$

将 $D_i(\boldsymbol{X};\boldsymbol{Y})$ 变换为 $D_i(H,\theta_1,\theta_2,\theta_3,\cdots,\theta_n)$，并将每个周期内相位上的均方误差表示为

$$I_i=\int_0^{2\pi}\int_0^{2\pi}\cdots\int_0^{2\pi}[D_i(H,\theta_1,\theta_2,\cdots,\theta_n)]^2\mathrm{d}\theta_1\mathrm{d}\theta_2\cdots\mathrm{d}\theta_n \tag{5.35}$$

然后，将误差 $I$ 关于 $f$ 最小化，即

$$\frac{\mathrm{d}I}{\mathrm{d}f}=0,\quad I=\sum_{i=1}^{n}I_i$$

从而

$$f(H)=\frac{\sum_{i=1}^{n}\int_0^{2\pi}\cdots\int_0^{2\pi}[(\beta_i\dot{x}_i)h_i-(\beta_i\dot{x}_i)g_i]\mathrm{d}\theta_1\cdots\mathrm{d}\theta_n}{\sum_{i=1}^{n}\int_0^{2\pi}\cdots\int_0^{2\pi}(\beta_i x_i)^2\mathrm{d}\theta_1\cdots\mathrm{d}\theta_n} \tag{5.36}$$

其中，$h_i=h_i(H,\theta_1,\theta_2,\theta_3,\cdots,\theta_n)$；$g_i=\partial U/\partial x_i=g_i(H,\theta_1,\theta_2,\theta_3,\cdots,\theta_n)$；$x_i$ 和 $\dot{x}_i$ 是关于 $H,\theta_1,\theta_2,\theta_3,\cdots,\theta_n$ 的函数。注意，除了由式(5.36)容易得到 $f(H)$ 这一事实之外，这里采用的 $x_i$ 和 $\dot{x}_i$ 的变换是当前统计非线性化方法的一个重要特征。该功能将在 5.4.2 小节的具有 2 个自由度的系统中进行说明。

在进一步讨论之前，需要注意，$\mathrm{d}I/\mathrm{d}f=0$ 是一个最小值，因为

$$\frac{\mathrm{d}^2I}{\mathrm{d}f^2}=\sum_{i=1}^{n}\int_0^{2\pi}\cdots\int_0^{2\pi}(\beta_i\dot{x}_i)^2\mathrm{d}\theta_1\mathrm{d}\theta_2\cdots\mathrm{d}\theta_n \tag{5.37}$$

始终为正——只要 $H$ 为正。

针对多自由度非线性系统，当前统计非线性化方法求解的第二阶段是获得等效系统式(5.32)的精确平稳联合概率密度。通过 3.4 节或文献[5.15]中的方法可得

$$p(\boldsymbol{X};\boldsymbol{Y})=C\mathrm{e}^{-\left(\frac{\beta_i}{\pi S_i}\right)\int_0^H f(v)\mathrm{d}v} \tag{5.38}$$

其中，$C$ 是归一化常数，定义为

$$C=\left[\int_{-\infty}^{\infty}\cdots\int_{-\infty}^{\infty}\mathrm{e}^{-\left(\frac{\beta_i}{\pi S_i}\right)\int_0^H f(v)\mathrm{d}v}\prod_{i=1}^{n}\mathrm{d}x_i\mathrm{d}\dot{x}_i\right]^{-1} \tag{5.39}$$

将上述方法推广到具有随机参激和外部随机激励的系统很简单，这里不再赘述。

## 5.4.2　应用

以下两个算例用于说明上述统计非线性化方法的简单性和适用性,尤其是 Black[5.16] 曾应用第二个算例的确定性系统研究了飞机制动器的振动。

**例 Ⅰ**　考虑一个两自由度的系统,其运动方程为

$$\begin{aligned}&\ddot{x}_1-(\lambda_1-\alpha_1\dot{x}_1^2)\dot{x}_1+\omega_1^2x_1+ax_2+b(x_1-x_2)^3=w_1(t),\\&\ddot{x}_2-(\lambda_1-\lambda_2-\alpha_2\dot{x}_2^2)\dot{x}_2+\omega_2^2x_2+ax_1+b(x_2-x_1)^3=w_2(t)\end{aligned}\tag{Ⅰ-1}$$

其中,$a,b,\alpha_i,\lambda_i,w_i(i=1,2)$是常数;其余符号已在上文中定义。

在求解的第一阶段,等效系统方程为

$$\ddot{x}_1+\beta_1f(H)\dot{x}_1+g_1=w_1(t),\quad \ddot{x}_2+\beta_2f(H)\dot{x}_2+g_2=w_2(t)\tag{Ⅰ-2}$$

其中,$g_i$ 为

$$g_1=\omega_1^2x_1+ax_2+b(x_1-x_2)^3,\quad g_2=\omega_2^2x_2+ax_1+b(x_2-x_1)^3\tag{Ⅰ-3}$$

选定的坐标变换为

$$\dot{x}_1=\sqrt{2H}\sin\theta_1\cos\theta_2,\quad \dot{x}_2=\sqrt{2H}\sin\theta_1\sin\theta_2,\tag{Ⅰ-4a,b}$$

$$U(H,\theta_1,\theta_2)=\frac{b}{4}(R_1+R_2)\tag{Ⅰ-4c}$$

其中,

$$R_1=\left(\frac{4H}{b}\cos^2\theta_1\cos^2\theta_2\right),\quad R_2=\left(\frac{4H}{b}\cos^2\theta_1\sin^2\theta_2\right)\tag{Ⅰ-4d,e}$$

将式(Ⅰ-4)定义的坐标变换应用到式(5.33)中,可证明其满足式(5.33)的左边和右边。

应用式(5.36)时注意 $\beta_i=1$,可证

$$f(H)=\frac{9}{16}H(\alpha_1+\alpha_2)+\frac{1}{2}\lambda_2-\lambda_1\tag{Ⅰ-5}$$

将式(Ⅰ-5)代入式(5.38),得到平稳联合概率密度为

$$p(\boldsymbol{X};\boldsymbol{Y})=Ce^{-\left(\frac{1}{\pi S_i}\right)\left[\frac{9}{32}(\alpha_1+\alpha_2)\left(\frac{1}{2}\dot{x}_1^2+\frac{1}{2}\dot{x}_2^2+U\right)^2+\left(\frac{1}{2}\lambda_2-\lambda_1\right)\left(\frac{1}{2}\dot{x}_1^2+\frac{1}{2}\dot{x}_2^2+U\right)\right]}\tag{Ⅰ-6}$$

其中,系统的势能为

$$U(x_1,x_2)=\frac{1}{2}\omega_1^2x_1^2+\frac{1}{2}\omega_2^2x_2^2+ax_1x_2+\frac{b}{4}(x_1-x_2)^4$$

归一化常数 $C$ 由式(5.39)确定。

参考式(Ⅰ-6),观察到平稳联合概率密度是非高斯的。此非线性系统依概率的稳定极限发生在

$$\lambda_1=\frac{9}{32}(\alpha_1+\alpha_2)\left(\frac{1}{2}\dot{x}_1^2+\frac{1}{2}\dot{x}_2^2+U\right)+\frac{1}{2}\lambda_2\tag{Ⅰ-7}$$

**例 Ⅱ**　Black[5.16] 曾应用如下具有 2 个自由度的非线性系统的确定性系统为负阻尼的飞机制动器振动建模。本例将恒转矩替换为高斯白噪声过程的平稳随机转矩,从而运动方程

变为

$$\ddot{x}_1+\alpha_1\dot{x}_1-\gamma_1(\dot{x}_1+\dot{x}_2)+\lambda_1(\dot{x}_1+\dot{x}_2)^3+\delta_1 x_1=w_1(t),$$
$$\ddot{x}_2+\alpha_2\dot{x}_2-\gamma_2(\dot{x}_1+\dot{x}_2)+\lambda_2(\dot{x}_1+\dot{x}_2)^3+\delta_2 x_2=w_2(t) \tag{Ⅱ-1}$$

其中,$x_i$ 是模态坐标;$\alpha_i,\gamma_i,\lambda_i,\delta_i$ 是与制动系统参数有关的常数,并且 $w_1=w_2$。

在求解的第一阶段,等效非线性系统为

$$\ddot{x}_1+\beta_1 f(H)\dot{x}_1+g_1=w_1(t),\quad \ddot{x}_2+\beta_2 f(H)\dot{x}_2+g_2=w_2(t) \tag{Ⅱ-2}$$

其中,明确给出 $g_i$ 为

$$g_1=\delta_1 x_1,g_2=\delta_2 x_2 \tag{Ⅱ-3a,b}$$

系统的总能量为

$$H=(1/2)(\dot{x}_1^2+\dot{x}_2^2+\delta_1 x_1^2+\delta_2 x_2^2) \tag{Ⅱ-3c}$$

选择的坐标变换为

$$\dot{x}_1=\sqrt{2H}\sin\theta_1\cos\theta_2,\quad \dot{x}_2=\sqrt{2H}\sin\theta_1\sin\theta_2,$$
$$x_1=\sqrt{2H/\delta_1}\cos\theta_1\cos\theta_2,\quad x_2=\sqrt{2H/\delta_2}\cos\theta_1\sin\theta_2 \tag{Ⅱ-4}$$

将式(Ⅱ-4)应用于式(Ⅱ-3c)的右边,即可满足左边。

应用式(5.36)时注意 $\beta_i=1$,得

$$f(H)=(9/8)\lambda H+\mu \tag{Ⅱ-5}$$

其中,

$$\lambda=\lambda_1+\lambda_2,\quad \mu=(1/2)(\alpha_1+\alpha_2-\gamma_1-\gamma_2)$$

将式(Ⅱ-5)代入式(5.38)可得联合平稳概率密度为

$$p(\boldsymbol{X};\boldsymbol{Y})=C\mathrm{e}^{-\left(\frac{1}{\pi S_i}\right)\left(\frac{9}{16}\lambda H^2+\mu H\right)} \tag{Ⅱ-6}$$

归一化常数 $C$ 由式(5.39)确定。可见,方程式(Ⅱ-6)中的联合概率密度函数是非高斯的。

显而易见,上述非线性系统的概率稳定极限为

$$\gamma_1+\gamma_2=\alpha_1+\alpha_2+(9/8)\lambda H \tag{Ⅱ-7}$$

## 5.5 多自由度系统的改进的统计非线性化方法

前面介绍了各种统计非线性化方法。特别地,上节介绍的多自由度系统方法的本质与方程式(5.36)中等效系统阻尼项的推导有关。此外,易见式(5.38)中的比率 $\beta_i/S_i$ 对所有 $i=1,2,\cdots,n$ 都是一个常数。因此,5.4 节的统计非线性化方法不如文献[5.17]中的方法普遍。鉴于此,本节介绍此文献中提出的统计非线性化方法。本节架构如下:5.5.1 小节介绍阻尼力为线性的多自由度非线性系统的简化 FPK 方程的理论发展和精确解;5.5.2 小节讨论一类应用较广泛的多自由度非线性系统的统计非线性化方法的发展,该类系统的阻尼力与恢复力同时呈现非线性特性;5.5.3 小节对具有非线性阻尼和非线性刚度项的两自由度系统进行应用和比较,并将由统计非线性化方法得到的计算结果与 MCS 法的结果进行比较;5.5.4 小节为本

节的总结。

### 5.5.1 多自由度非线性系统的精确解

在有关平稳随机激励下多自由度非线性系统的精确联合平稳概率密度函数的文献中，人们已提出多种求解方法。这些方法都围绕广义平稳势展开，此平稳势与系统总能量成比例且其动能在不同模态之间的分布相同。后者在统计力学领域称为能量均衡。其典型结果均可在 Caughey[5.15,5.18]，Lin 和 Cai[5.19]，Soize[5.20]，Zhu 和 Lin[5.21]等的文献中找到。值得注意，最近在文献[5.22,5.23]中针对多自由度非线性系统的简化 FPK 方程还有其他精确解。严格地讲，在后两个文献中考虑的阻尼是线性的，因为它们的系数在时域上是恒定总能量的函数，并且其解取决于各种条件。例如，在文献[5.23]中，采用哈密顿公式解决非共振和共振情形下的问题，需要假设存在哈密顿系统可积部分的作用变量和角度变量。此外，在共振情形下，对系统的扩散系数也施加了限制。若没有此限制，则方程无解。

本小节给出了平稳白噪声激励下多自由度非线性系统的联合平稳概率密度函数的一种改进方法。"改进"一词意味着：①其解不受文献[5.15,5.18]的限制；②线性阻尼力系数与白噪声激励强度的比值通常不相等；③与文献[5.22,5.23]相比，该方法直接、简单。

考虑由如下运动方程描述的多自由度非线性系统：

$$\ddot{x}_i+\alpha_{ii}\dot{x}_i+g_i(x_1,x_2,\cdots,x_n)=w_i(t) \tag{5.40}$$

其中，$w_i(t)\,(i=1,2,\cdots,n)$ 是零均值高斯白噪声，有

$$\langle w_i(t_1)w_i(t_2)\rangle=2\pi S_i\delta(t_1-t_2)=2D_i\delta(t_1-t_2),$$
$$\langle w_i(t_1)w_j(t_2)\rangle=0,\quad i\neq j$$

其中，$S_i$ 是高斯白噪声的谱密度。

令 $y_1=x_1,y_2=x_2,\cdots,y_n=x_n$，$y_{n+1}=\dot{x}_1,y_{n+2}=\dot{x}_2,\cdots,y_{2n}=\dot{x}_n$，则方程式（5.40）以状态空间的形式可表示为

$$\begin{aligned}
&\dot{y}_1=y_{n+1},\\
&\cdots\\
&\dot{y}_n=y_{2n},\\
&\dot{y}_{n+1}=-\alpha_{11}y_{n+1}-g_1(y_1y_2,\cdots,y_n)+w_1(t),\\
&\cdots\\
&\dot{y}_{2n}=-\alpha_{nn}y_{2n}-g_n(y_1y_2,\cdots,y_n)+w_n(t)
\end{aligned} \tag{5.41}$$

多自由度非线性系统的平稳 FPK 方程变为

$$\sum_{i=1}^{n}\left(D_i\frac{\partial^2 p}{\partial y_{n+i}^2}-\frac{\partial(y_{n+i}p)}{\partial y_i}+\frac{\partial}{\partial y_{n+i}}\{[\alpha_{ii}y_{n+i}+g_i(y_1y_2,\cdots,y_n)]p\}\right)=0 \tag{5.42}$$

式(5.42)可重新整理为

$$\sum_{t=1}^{n}\left[\frac{\partial}{\partial y_{n+i}}\left(D_i\frac{\partial p}{\partial y_{n+i}}+\alpha_{ii}y_{n+i}p\right)\right]=\sum_{i=1}^{n}\left(y_{n+i}\frac{\partial p}{\partial y_i}-\frac{\partial}{\partial y_{n+i}}[g_i(y_1y_2,\cdots,y_n)p]\right) \tag{5.43}$$

联合平稳概率密度函数 $p(y_1,y_2,\cdots,y_{2n})$（或简称为 $p$）是方程式(5.43)的一个解，若 $p$ 满足下列方程：

$$D_i\frac{\partial p}{\partial y_{n+t}}+\alpha_{ii}y_{n+1}p=0,\quad i=1,2,\cdots,n \tag{5.44}$$

$$\sum_{i=1}^{n}\left(y_{n+i}\frac{\partial p}{\partial y_i}-\frac{\partial}{\partial y_{n+i}}[g_i(y_1y_2,\cdots,y_n)p]\right)=0 \tag{5.45}$$

则由式(5.44)可得 $p$ 的通解为

$$p=q(y_1,\cdots,y_n)\mathrm{e}^{-\frac{1}{2}\sum_{i=1}^{n}\beta_i y_{n+i}^2} \tag{5.46}$$

其中，$q(y_1,\cdots,y_n)$（或简称为 $q$）是关于 $y_1,y_2,\cdots,y_n$ 的函数，且 $\beta_i=\alpha_{ii}/D_i$。

将式(5.44)代入式(5.45)，有

$$\sum_{i=1}^{n}\left(y_{n+i}\frac{\partial p}{\partial y_i}+\beta_i y_{n+i}g_i(y_1y_2,\cdots,y_n)p\right)=0 \tag{5.47}$$

应用式(5.46)，式(5.47)变为

$$\sum_{i=1}^{n}\left(y_{n+i}\frac{\partial q}{\partial y_i}+\beta_i y_{n+i}g_i(y_1y_2,\cdots,y_n)q\right)=0 \tag{5.48}$$

由于 $y_{n+i}$ 线性无关，所以式(5.48)简化为

$$\sum_{i=1}^{n}\left(\frac{\partial q}{\partial y_i}+\beta_i g_i(y_1y_2,\cdots,y_n)q\right)=0 \tag{5.49}$$

由式(5.49)可得

$$q=q_i(y_1,\cdots,y_{i-1},y_{i+1},\cdots,y_n)\mathrm{e}^{-\int\beta_i g_i\mathrm{d}y_i} \tag{5.50}$$

其中，$i=1$，$2,\cdots$，$n$。注意，在式(5.50)中，$q_i(y_1,\cdots,y_n)$ 不包含 $y_i$。

经过一些代数运算后，可证明存在一个函数 $U(y_1,y_2,\cdots,y_n)$，使得

$$\mathrm{d}U=\beta_1g_1\mathrm{d}y_1+\beta_2g_2\mathrm{d}y_2+\cdots+\beta_ng_n\mathrm{d}y_n \tag{5.51a}$$

可表示为

$$\mathrm{d}U=\frac{\partial U}{\partial y_1}\mathrm{d}y_1+\frac{\partial U}{\partial y_2}\mathrm{d}y_2+\cdots+\frac{\partial U}{\partial y_n}\mathrm{d}y_n \tag{5.51b}$$

其中，

$$\frac{\partial U}{\partial y_i}=\beta_ig_i,\quad i=1,2,\cdots,n \tag{5.51c}$$

利用式(5.49)，可证明式(5.51a)是精确微分方程的充要条件为

$$\beta_1\frac{\partial^{n-1}g_1}{\partial y_2\partial y_3\cdots\partial y_n}=\beta_2\frac{\partial^{n-1}g_2}{\partial x_1\partial y_3\cdots\partial y_n}=\cdots=\beta_n\frac{\partial^{n-1}g_n}{\partial y_1\partial y_2\cdots\partial y_{n-1}} \tag{5.52}$$

由式(5.46)、式(5.49)、式(5.50)和式(5.52)，可得

$$p=C\mathrm{e}^{-\phi} \tag{5.53}$$

其中，$C$ 是归一化常数且

$$\phi = \frac{1}{2}\left( \sum_{i=1}^{n} \beta_i y_{n+i}^2 \right) + \int \beta_i g_i \mathrm{d}y_i$$

右边第二项 $i=1,2,\cdots,n$。

### 1. 附注 （1）

式(5.53)是目前提出的统计非线性化方法的基础。式(5.53)中的平稳势不同于 Caughey[5.15,5.18],Lin 和 Cai[5.19],Soize[5.20],Zhu 和 Lin[5.21],Cai 和 Lin[5.22],Zhu 和 Huang[5.23],以及 To 在 5.4 节提到的平稳势。此解与上述文献中的解之间的主要区别在于,此解中的 $\beta_i$ 通常互不相等。其与文献[5.22,5.23]的不同之处还在于,此解可直接应用微分方程理论且较易求解,而文献[5.22,5.23]中的求解则需要相对严格的准则。此外,上述推导未使用所谓的 Caughey-Wu 形式[5.18]。

### 2. 附注 （2）

根据式(5.51),由式(5.40)控制的多自由度非线性系统的势能为

$$U = \int \beta_i g_i \mathrm{d}y_i, \quad i = 1,2,\cdots,n \tag{5.54}$$

从而式(5.40)可写为

$$\ddot{x}_i + \alpha_{ii}\dot{x}_i + \frac{1}{\beta_i} \cdot \frac{\partial U}{\partial x_i} = w_i(t) \tag{5.55}$$

这里的下标 $i=1,2,\cdots,n$。

也可表示为

$$H = \frac{1}{2}\left( \sum_{i=1}^{n} y_{n+i}^2 \right) + \gamma(y_1, y_2, \cdots, y_n) \tag{5.56}$$

式中右边第二项与系统的势能[式(5.54)]有关。当所有因子 $\beta_i$ 都等于单位 1 时,式(5.54)则成为式(5.56)的右边第二项。为了说明此点,该表达式将在 5.5.3 小节中推导。因此,式(5.56)中的函数 $H$ 与式(5.53)中的 $\phi$ 不成比例。换句话说,式(5.53)中的 $\phi$ 不同于文献[5.15,5.18]中的 $\phi$。

### 3. 附注 （3）

针对具有白噪声类型的平稳随机参激的非线性系统的推广十分简单。例如,如果将式(5.55)右边的白噪声激励 $w_i(t)$ 替换为包含随机参激项 $\sigma_i(H)$ 的 $\sigma_i(H)w_i(t)$,则式(5.53)的系数变为

$$\beta_i = \alpha_{ii}(\sigma_i^2 D_i)^{-1}$$

## 5.5.2　改进的统计非线性化方法

本小节分两个阶段进行。第一阶段是寻找阻尼项的等效因子,第二阶段是利用 5.5.1 小

节的结果确定等效非线性系统的精确的平稳联合概率密度函数。第二阶段需要进行坐标变换。应注意，近期出现了关于高斯白噪声激励的多自由度非线性系统的等效非线性的文献[5.22,5.24,5.25]。特别地，文献[5.24]是基于5.5.1小节中提到的Zhu和Huang[5.23]的精确解。文献[5.24]中的等效非线性化方法需要三个准则，与本小节提出的准则不同。在文献[5.25]中，等效线性化也取决于线性阻尼系统的精确解，因为其阻尼系数是关于非线性系统总能量函数的多项式。由于假定非线性系统的总能量不随时间变化，所以文献[5.25]中考虑的阻尼是线性的。此外，等效非线性化方法基于给定阻尼和近似阻尼之差的均方最小化。因此，文献[5.22,5.24,5.25]中的非线性化方法与下述方法不同，而且它们需要相对更多的代数运算，下面介绍的统计非线性化方法更为简单。

考虑由式(5.31)描述的一类多自由度非线性系统。在求解的第一阶段，需要式(5.31)描述的等效多自由度非线性系统。令等效多自由度非线性系统的运动方程为

$$\ddot{x}_i+f_i(H)\dot{x}_i+\frac{1}{\beta_i}\cdot\frac{\partial U(x_1,x_2,\cdots,x_n)}{\partial x_i}=w_i(t) \tag{5.57}$$

其中，$i=1,2,\cdots,n$ 和 $\beta_i$ 已在5.5.1小节中定义；$f_i(H)=\alpha_{ii}(H)$（或简写为 $f_i=\alpha_{ii}$）是等效多自由度非线性系统的阻尼系数。

注意，式(5.57)与式(5.32)不同。特别地，这里的等效阻尼因子 $f_i$ 适用于每个方程，而方程式(5.32)中的 $f(H)$ 适用于整个系统。通过观察式(5.31)所示系统中的方程与式(5.57)所示的等效非线性系统之间的误差，可得到等效阻尼因子 $f_i$。其协方差 $E_i(\boldsymbol{X},\boldsymbol{Y})$ 定义为

$$E_i(\boldsymbol{X},\dot{\boldsymbol{X}})=E_i(\boldsymbol{X},\boldsymbol{Y})=f_i(H)\dot{x}_i+\frac{1}{\beta_i}\cdot\frac{\partial U(\boldsymbol{X})}{\partial x_i}-h_i(\boldsymbol{X},\boldsymbol{Y}) \tag{5.58}$$

将 $E_i(\boldsymbol{X},\boldsymbol{Y})$ 变换为 $E_i(H,\theta_1,\theta_2,\cdots,\theta_n)$，并将每个周期内相位上的均方误差表示为

$$I_i=\int_0^{2\pi}\cdots\int_0^{2\pi}[E_i(H,\theta_1,\theta_2,\cdots,\theta_n)]^2\mathrm{d}\theta_1\mathrm{d}\theta_2\cdots\mathrm{d}\theta_n \tag{5.59}$$

然后，关于 $f_i$ 最小化 $I_i$，即

$$\frac{\mathrm{d}I_i}{\mathrm{d}f_i}=0$$

得到与阻尼项相关的因子为

$$f_i(H)=\frac{\int_0^{2\pi}\cdots\int_0^{2\pi}[(\dot{x}_i)h_i-(\dot{x}_i)g_i]\mathrm{d}\theta_1\mathrm{d}\theta_2\cdots\mathrm{d}\theta_n}{\int_0^{2\pi}\cdots\int_0^{2\pi}(\dot{x}_i)^2\mathrm{d}\theta_1\mathrm{d}\theta_2\cdots\mathrm{d}\theta_n} \tag{5.60}$$

其中，$h_i=h_i(H,\theta_1,\theta_2,\cdots,\theta_n)$；$g_i=(1/\beta_i)\partial U/\partial x_i=g_i(H,\theta_1,\theta_2,\cdots,\theta_n)$；$x_i$ 和 $\dot{x}_i$ 是关于 $H,\theta_1,\theta_2,\cdots,\theta_n$ 的函数。注意，式(5.60)是当前统计非线性化方法的精髓，与文献[5.22,5.24,5.25]的方法和式(5.36)完全不同。

需要注意，$\mathrm{d}I_i/\mathrm{d}f_i=0$ 是一个最小值，因为

$$\frac{\mathrm{d}^2I_i}{\mathrm{d}f_i^2}=\int_0^{2\pi}\cdots\int_0^{2\pi}(\dot{x}_i)^2\mathrm{d}\theta_1\mathrm{d}\theta_2\cdots\mathrm{d}\theta_n \tag{5.61}$$

始终为正——只要 $H$ 是正实数。

当前统计非线性化方法求解的第二阶段是得到等效系统的精确平稳联合概率密度函数，其解见式(5.53)。

将统计非线性化方法推广到 5.5.3 小节中的“3. 附注”提出的包括沿直线参数的平稳白噪声激励很简单，但为了简洁起见，暂不考虑。

### 5.5.3　应用与比较

为了证明上述统计非线性化方法的简便性和精确性，这里考虑 5.4.2 小节中由方程式(I-1)描述的两自由度非线性系统。注意，本小节中的非线性系统包含非线性阻尼项和非线性刚度项，因此无精确解。

在上一小节提出的统计非线性化方法求解的第一阶段，需要写出如下等价方程组：

$$\ddot{x}_1+f_1(H)\dot{x}_1+g_1=w_1(t),\quad \ddot{x}_2+f_2(H)\dot{x}_2+g_2=w_2(t) \tag{Ⅰ-1a,b}$$

其中，$g_i(i=1,2)$ 给定为

$$g_1=\omega_1^2x_1+ax_2+b(x_1-x_2)^3,\quad g_2=\omega_2^2x_2+ax_1+b(x_2-x_1)^3 \tag{Ⅰ-2a,b}$$

从而系统的势能可推导如下。

由式(Ⅰ-1)和式(Ⅰ-2)可知，式(5.52)得不到满足，因为

$$\frac{\partial g_1}{\partial y_2}=\frac{\partial g_2}{\partial y_1}=a-3b(y_1-y_2)^2 \tag{Ⅰ-3}$$

且 $\beta_1\neq\beta_2$——根据式(5.46)中的定义。

为了满足式(5.52)的条件，$U$ 是精确势，即 $\mathrm{d}U=0$，引入积分因子 $F$，使得

$$F\beta_1\frac{\partial g_1}{\partial y_2}=\beta_2\frac{\partial g_2}{\partial y_1} \tag{Ⅰ-4}$$

由式(Ⅰ-3)和式(Ⅰ-4)可得 $F\beta_1=\beta_2$。因此，利用式(5.51c)可得

$$\frac{\partial U}{\partial y_1}=F\beta_1g_1=\beta_2g_1$$

对上述方程积分可得

$$U=\int\beta_2g_1\mathrm{d}y_1=\beta_2\left[\frac{1}{2}\omega_1^2y_1^2+ay_1y_2+\frac{b}{4}(y_1-y_2)^4\right]+c_1(y_2)$$

为了确定任意常数项 $c_1(y_2)$，$U$ 对 $y_2$ 取偏微分，有

$$\frac{\partial U}{\partial y_2}=\beta_2[ay_1+b(y_2-y_1)^3]+\frac{\mathrm{d}c_1(y_2)}{\mathrm{d}y_2}$$

但是，根据式(5.51c)，方程左边等于 $\beta_2g_2$，因此简化后有

$$\frac{\mathrm{d}c_1(y_2)}{\mathrm{d}y_2}=\beta_2\omega_2^2y_2\quad 或\quad c_1(y_2)=\frac{1}{2}\beta_2\omega_2^2y_2^2+c_0$$

其中，$c_0$ 是任意常数。不失一般性，令 $c_0=0$，将其代入上式的精确势 $U$ 并转换到原始坐标系统，

可得

$$U(x_1,x_2)=\frac{1}{2}\beta_2\left[\omega_1^2x_1^2+\omega_2^2x_2^2+2ax_1x_2+\frac{1}{2}b(x_1-x_2)^4\right] \tag{Ⅰ-5}$$

这里,应用5.4.2小节中的式(Ⅰ-4a,b)给出的坐标变换,式(5.56)中的右边第二项转换到原始坐标后,变为

$$\gamma(x_1,x_2)=\frac{1}{2}\sum_{i=1}^{2}\omega_i^2x_i^2+ax_1x_2+\frac{b}{4}(x_2-x_1)^4 \tag{Ⅰ-6}$$

或变换规则:

$$\gamma(H,\theta_1,\theta_2)=\frac{b}{4}(R_1+R_2) \tag{Ⅰ-7}$$

其中,$R_1$ 和 $R_2$ 已在5.4.2小节的式(Ⅰ-4d,e)中定义。注意,应用上述坐标变换,可表明满足式(5.56)。

由式(5.60),可知

$$f_1(H)=\left(\frac{9}{8}\right)(\alpha_1H)-\lambda_1,\quad f_2(H)=\left(\frac{9}{8}\right)(\alpha_2H)-\lambda_1+\lambda_2 \tag{Ⅰ-8}$$

得到式(Ⅰ-8)后,可评估 $\beta_i$,其中 $\alpha_{ii}=f_i(H)$。因此,等效系统的精确平稳联合概率密度函数可由式(5.53)确定。

系统参数取值为 $a=1,b=0.1,0.3,\alpha_1=0.1,\alpha_2=0.2,\lambda_1=1.0,\lambda_2=3.0,S_1=1.0/(2\pi),S_2=1.0/(2\pi),\omega_i=1.0\ (i=1,2)$,可得到式(5.53)所示的等效两自由度非线性系统的精确平稳联合概率密度函数,其中

$$\phi=\frac{1}{2}\left(\sum_{i=1}^{2}\beta_iy_{n+i}^2\right)+U(y_1,y_2)$$

或变换回原始坐标系统:

$$\phi=\frac{1}{2}(\beta_1\dot{x}_1^2+\beta_2\dot{x}_2^2)+U(x_1,x_2) \tag{Ⅰ-9}$$

其中,$U(x_1,x_2)$ 由式(Ⅰ-5)定义且 $\beta_1\neq\beta_2$。

为了简便起见,将5.5.2小节中利用统计非线性化方法得到的等效非线性系统的精确平稳联合概率密度函数的典型计算结果与MCS法的数值结果进行比较,如图5.1(a)、图5.1(b)、图5.2(a)、图5.2(b)所示。MCS法的结果由计算机软件包MATLAB 6.5获得。在计算试验中观察到,对于上述系统参数,当 $b=0$ 时,位移的MCS解不稳定。但是,当激励 $w_1(t)$ 变更为 $2^{1/2}w_1(t)$ 时,位移的MCS解稳定。这表明当 $b=0$ 时,系统位移响应对高斯白噪声激励的大小变化非常敏感。参照计算试验中考虑的所有情形及各图所示情形,可知与MCS法相比,当前统计非线性化方法可给出非常精确的结果。

仍需注意,在文献[5.24]中,尽管边缘平稳概率密度的MCS法的结果和近似解被包含在三维图中,但它们并未叠加在一起,因此无法直接进行比较。细观文献[5.24]中的图2~图5的边缘平稳概率密度,发现MCS法的结果和近似解之间存在显著差异。

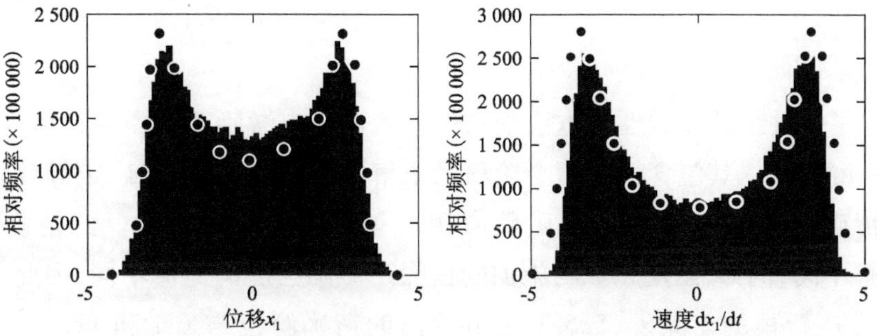


**图 5.1(a)$b=0.1$ 时的频率直方图(左)和平稳联合概率密度函数(右)**

(黑色条:MCS 法;白边的黑色实心圆:统计非线性化方法)

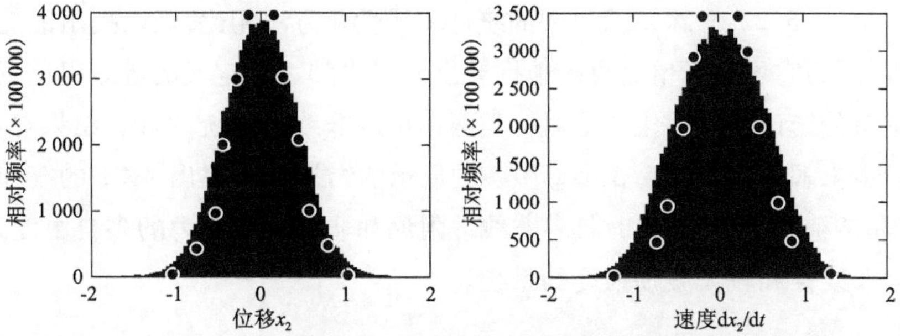


**图 5.1(b)$b=0.1$ 时频率直方图(左)和平稳联合概率密度函数(右)**

(黑色条:MCS 法;白边的黑色实心圆:统计非线性化方法)

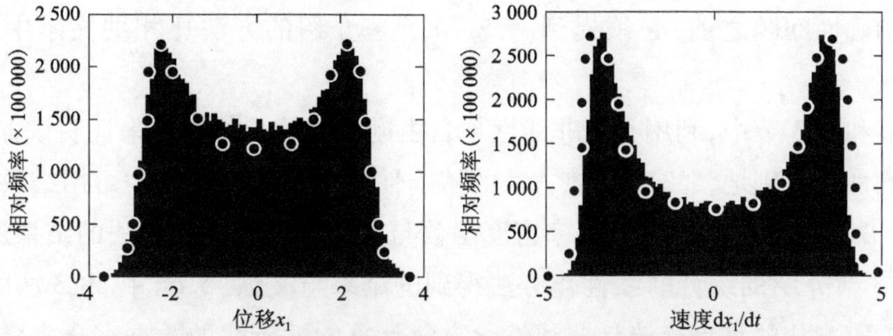


**图 5.2(a)$b=0.3$ 时频率直方图(左)和平稳联合概率密度函数(右)**

(黑色条:MCS 法;白边的黑色实心圆:统计非线性化方法)

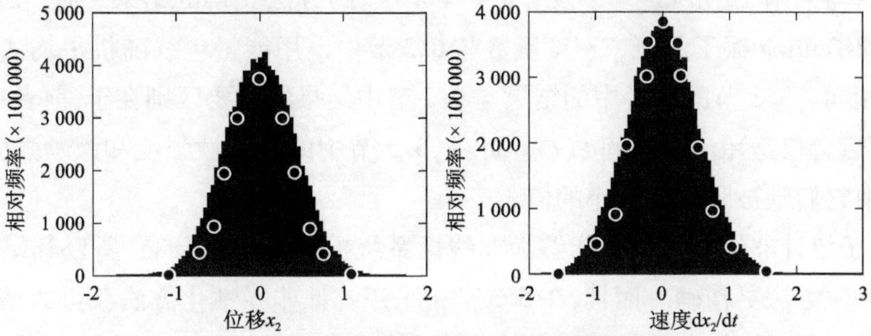


**图 5.2(b)$b=0.3$ 时频率直方图(左)和平稳联合概率密度函数(右)**

(黑色条:MCS;白边的黑色实心圆:统计非线性化方法)

### 5.5.4 总结

本节提出了一种统计非线性化方法来求解平稳白噪声激励下一类多自由度非线性系统的联合概率密度函数。其包含如下两个阶段的求解过程：第一阶段是确定等效阻尼因子，第二阶段是将精确平稳联合概率密度函数应用在等效非线性系统中。此精确解与 Caughey[5.15,5.18]的解不同，例如，阻尼系数与施加的白噪声激励强度的比值不同，因此，当前的统计非线性化方法是新颖的。此外，5.5.1 小节给出的精确解也与 Cai 和 Lin[5.22]以及 Zhu 和 Huang[5.23]的解不同，因为它可以直接从微分方程的理论获得，而 Cai 和 Lin[55.22]要求满足一个相对严格的准则，Zhu 和 Huang[5.23]采用哈密顿公式，因此它们的精确解取决于独立运动积分的数量。与文献[5.22,5.24,5.25]中的统计非线性化方法相比，当前提出的统计非线性化方法易于实现，因为它可以简单而直接地推导出方程式(5.60)定义的等效阻尼系数。

将使用本节的统计非线性化方法对一类两自由度非线性系统的计算结果与 MCS 法的结果进行比较。由求解结果及 5.5.3 小节中各图显示的结果可以得出，本节的统计非线性化方法易于实现、非常精确，适用于同时具有非线性阻尼和非线性恢复力的多自由度系统，而且适用于具有较大非线性和较大激励强度的系统。

## 5.6 统计非线性化方法的精确性

在论述精确性问题之前，必须提到，5.2～5.5 节介绍的方法比相关文献中的方法简单易用。

在 5.2 节和 5.3 节中，利用几个非线性单自由度系统的求解过程来证明该方法的适用性并评估其精确性。特别地，5.3 节中该方法的精确性通过与相关文献中可用结果的比较来检验。将例Ⅱ～例Ⅶ中非线性系统的概率密度函数与文献[5.6]中 MCS 法的结果进行了比较。有趣的是，5.3 节介绍的统计非线性化方法得到的结果与文献[5.6]中 MCS 法的结果一致。文献[5.6]中 MCS 法的结果与统计非线性化方法计算的解析解的数据完全吻合。例Ⅷ与文献[5.14]中方程式(9.236)获得的概率密度函数相同。5.3 节的例Ⅸ中使用统计非线性化方法获得的结果与采用 To 和 Li[5.9]以及 Cai 和 Lin[5.12]的方法获得的结果一致。5.3 节的例Ⅹ中 van der Pol-Duffing 振子的概率密度函数与 6.3 节中采用能量包线随机平均法所得到的概率密度函数相同。5.3 节的例Ⅹ中的结果与 6.3 节中结果的主要区别在于，前者在所有时间 $t$ 内都有效，而后者仅适用于变时间 $\xi(t)$。此外，5.3 节中的非线性强度和激励强度可以很大，而在 6.3 节中它们则被限制为较小的值。

通常，由于统计非线性化方法能够为非线性系统提供非高斯分布，所以其结果比第 4 章中的统计线性化方法更精确。而且，在 5.3 节中采用统计非线性化方法获得的精确平稳联合概率密度函数适用于大幅度均值阈值穿越分析或高阶响应统计量预测。5.3 节中的统计非线性化方法对激励和非线性的大小没有限制。当然，其需要满足的唯一条件是存在平稳随机响应。

注意,上述分析也适用于 5.4 节和 5.5 节介绍的关于多自由度非线性系统的统计非线性化方法,因为由式(5.32)和式(5.57)支配的等效非线性系统确实包含了特殊情形下的对应线性部分。等效非线性系统说明了这一点。特别地,如图 5.1(a)、图 5.1(b)、图 5.2(a)、图 5.2(b)所示,5.5 节中统计非线性化方法的结果与 MCS 法的结果具有很高的一致性。

# 第 6 章　随机平均法

## 6.1　引言

除了统计线性化和统计非线性化方法外，对单自由度和多自由度非线性系统求近似解的另一类方法是随机平均法。通常，所有随机平均法都包括两个阶段。第一阶段是求除激励函数外各项的平均。此阶段的方法类似确定性系统的平均法。第二阶段是将包含宽带过程激励函数的各项近似为白噪声。这反过来意味着响应过程的近似微分方程是一个 Itô 型的随机微分方程。

关于这个主题有各种评论，见 Mitropolsky 和 Kolomietz[6.1]，Crandall 和 Zhu[6.2]，Roberts[6.3-6.4]，Ibrahim[6.5]，Roberts 和 Spanos[6.6]，Zhu[6.7]，To[6.8]的评论。本质上，随机平均法可分为三类。第一类是经典（或标准）随机平均法（CSA）。第二类是能量包线的随机平均法（SAMEE）。第三类是 CSA 方法的派生、推广和高阶近似形式。除了第二类方法外，其余两类方法均适用于弱随机激励下具有弱线性阻尼和弱非线性的系统。对于具有线性刚度的系统，前两类方法等效。以下各节将介绍这些方法，通过几个例子说明其应用。6.5 节论述其精确性。

## 6.2　经典随机平均法

原始随机平均法由 Stratonovich[6.9]提出。可将其视为 Bogoliubov 和 Mitropolsky[6.10]的确定性平均法到随机微分方程领域的扩展。CSA 方法适用于小幅度的宽带随机激励下具有弱非线性的欠阻尼系统。Khasminskii[6.11]对此方法已给出严格证明。

已证实，与确定性方程类似，单自由度系统的二阶微分方程中某些非线性惯性项和非线性刚度项（如三次位移项）的影响在近似解中不存在。这意味着无法应用 CSA 方法研究这些非线性项对随机系统的影响。有学者建议（例如，文献[6.5]的第 149 页、文献[6.6]的第 125 页和文献[6.7]的第 191 页），为了揭示这些非线性项的影响，需要进行二阶平均。对这类系统的标准形式方程进一步研究发现，虽然非线性惯性项和非线性刚度项（例如单自由度系统的三次位移项）对幅值解没有影响，但在相位解中却存在这些非线性项的影响。因此，这些非线性项对响应统计量的影响得以保留，因为响应统计量是幅值和相位的函数。该问题将在

6.4 节的示例 I 中进行研究。

首先介绍 CSA 方法。通过几个例子说明 CSA 方法的应用过程。

考虑一个标准形式的微分方程组：

$$\frac{dz_j}{dt}=\varepsilon f_j(\boldsymbol{Z},t)+\varepsilon^{1/2}g_{jr}(\boldsymbol{Z},t)\xi_r(t)(j=1,2,\cdots,n;r=1,2,\cdots,m) \tag{6.1}$$

其中，$\varepsilon$ 是小的正参数；$\boldsymbol{Z}$ 是响应状态的 $n$ 维随机过程，$z_j$ 表示第 $j$ 个分量；$f_j$ 和 $g_{jr}$ 是确定性非线性函数；$\xi_r(t)$ 是平稳随机激励 $\xi(t)$ 的第 $r$ 个分量，其均值为零，且互相关矩阵 $\boldsymbol{\Gamma}(\tau)$ 的元素为 $\boldsymbol{\Gamma}_{rv}(\tau)=\langle\xi_r(t)\xi_v(t+\tau)\rangle$。

如果随机激励的相关时间的最大值远小于多自由度系统的弛豫时间的最小值，则可证明[6.11]状态向量 $\boldsymbol{Z}$ 弱收敛于一个扩散的马尔可夫向量 $\boldsymbol{Z}^{(0)}$，其转移概率密度为 $p(\boldsymbol{Z}^{(0)},t|\boldsymbol{Z}_0{}^{(0)},t_0)$ 或简写为 $p$，这里下标 0 表示时间 $t_0$。对应的 FPK 方程为

$$\frac{\partial p}{\partial t}=-\varepsilon\frac{\partial(a_jp)}{\partial z_j^{(0)}}+\frac{\varepsilon}{2}\cdot\frac{\partial^2(b_{jk}p)}{\partial z_j^{(0)}\partial z_k^{(0)}} \tag{6.2}$$

其漂移系数和扩散系数 $a_j$ 和 $b_{jk}$ 分别给定为

$$a_j(\boldsymbol{Z}^{(0)})=T_s^{av}\{\langle f_j(\boldsymbol{Z}^{(0)},s)\rangle+\boldsymbol{I}_{av}\} \tag{6.3a}$$

其中，

$$\boldsymbol{I}_{av}=\int_{-\infty}^{0}\left(\frac{\partial g_{jr}(\boldsymbol{Z}^{(0)},s)}{\partial z_k^{(0)}}g_{kv}(\boldsymbol{Z}^{(0)},s+\tau)\xi_r(s)\xi_v(s+\tau)\right)d\tau$$

和

$$b_{jk}(\boldsymbol{Z}^{(0)})=T_s^{av}\left\{\int_{-\infty}^{\infty}\langle g_{jr}(\boldsymbol{Z}^{(0)},s)g_{kv}(\boldsymbol{Z}^{(0)},s+\tau)\xi_r(s)\xi_v(s+\tau)\rangle d\tau\right\} \tag{6.3b}$$

其中，$T_s^{av}\{\cdot\}$ 表示样本总量对时间 $s$ 的确定性平均，即

$$T_{t_0}^{av}\{\cdot\}=\lim_{T\to\infty}\frac{1}{T}\int_{t_0}^{t_0+T}\{\cdot\}dt \tag{6.4a}$$

在显式时间 $t$ 上进行积分。如果式(6.3a)和式(6.3b)中的量是周期性的，例如周期 $T_0$，则式(6.4a)变为

$$T_{t_0}^{av}\{\cdot\}=\frac{1}{T_0}\int_{t_0}^{t_0+T_0}\{\cdot\}dt \tag{6.4b}$$

其结果与 $t_0$ 无关。式(6.4b)的含义是，以函数 $f_1(\boldsymbol{Z}^{(0)},s)$ 为例，如果此函数包含一个周期项，如 $\sin(2\pi t/T_0)$，则经过确定性平均后，其对响应的影响为零。式(6.3a)右边的积分与 WZ 或 S 修正项有关，因此应从 Itô 意义上解释式(6.2)、式(6.3a)和式(6.3b)。

马尔可夫向量 $\boldsymbol{Z}^{(0)}$ 可由如下 Itô 随机微分方程组描述：

$$dz_j^{(0)}=\varepsilon m_j(\boldsymbol{Z}^{(0)})dt+\varepsilon^{1/2}\sigma_{jr}(\boldsymbol{Z}^{(0)})dW_r(t) \tag{6.5}$$

其中，单位维纳过程定义为

$$dW_r(t)=\xi_r(t)dt$$

Itô 方程式(6.5)的漂移系数 $m_j$ 和扩散系数 $\sigma_{jr}$ 与 FPK 方程的 $a_j$ 和 $b_{jk}$ 有关,即

$$m_j(\mathbf{Z}^{(0)})=a_j(\mathbf{Z}^{(0)}),\quad \sigma_{jr}(\mathbf{Z}^{(0)})\sigma_{kr}(\mathbf{Z}^{(0)})=b_{jk}(\mathbf{Z}^{(0)}) \tag{6.6a,b}$$

在 Itô 方程式(6.5)中,尽管 FPK 方程式(6.2)的矩阵乘积$[\boldsymbol{\sigma}][\boldsymbol{\sigma}]^{\mathrm{T}}$和扩散矩阵$[\boldsymbol{b}]$是唯一的,但扩散矩阵$[\boldsymbol{\sigma}]$可能不是唯一的。可从 FPK 方程式(6.2)或 Itô 方程式(6.5)得到系统式(6.1)的近似解的精确响应统计量。

### 6.2.1 宽带平稳随机激励下单自由度系统的平稳解

为了说明 CSA 方法[6.9,6.12]的步骤,下面介绍一个受宽带平稳随机扰动的非线性系统。需要指出,Iwan 和 Spanos[6.13]以及 Roberts[6.14]也曾应用 CSA 方法评估非线性系统的响应统计量。文献[6.13]研究了 Duffing 振子,文献[6.14]采用双线性振子对迟滞系统进行建模。由于文献[6.13]和[6.14]都采用了系统的等效固有频率的概念,所以本小节不对其进行研究。

考虑如下受迫 van der Pol 振子:

$$\ddot{x}-\beta(1-x^2)\dot{x}+x=\xi(t) \tag{Ⅰ-1}$$

除了方程右边随机力的差异外,此系统是 5.3.2 小节例Ⅴ中应用统计非线性化方法研究的系统。Zhu 和 Yu[6.15]也曾使用 CSA 方法研究过此系统。与数值模拟结果相比表明,只要$\beta$比较小,CSA 方法就可给出良好的估计。使结果有效的主要假设是平稳解存在。当激励幅值相对较小时,即可满足此假设。

假设如下变换:

$$\begin{aligned}x&=A(t)\cos\theta(t)=A(t)\cos[t+\varphi(t)],\\ \dot{x}&=-A(t)\sin\theta(t)=-A(t)\sin[t+\varphi(t)]\end{aligned} \tag{Ⅰ-2a,b}$$

其中,$A(t)$和$\varphi(t)$分别是慢变的随机振幅和随机相位角。为了简单起见,下文忽略参数 $t$。对式(Ⅰ-2a)求微分,有

$$\dot{x}=\dot{A}\cos\theta-A\sin\theta-A\dot{\varphi}\sin\theta \tag{Ⅰ-3}$$

对式(Ⅰ-2b)求微分,有

$$\ddot{x}=-\dot{A}\sin\theta-A\cos\theta-A\dot{\varphi}\cos\theta \tag{Ⅰ-4}$$

令式(Ⅰ-3)与式(Ⅰ-2b)相等,则有

$$\dot{A}\cos\theta-A\dot{\varphi}\sin\theta=0 \tag{Ⅰ-5}$$

由式(Ⅰ-5)得

$$\dot{A}=A\dot{\varphi}\left(\frac{\sin\theta}{\cos\theta}\right) \tag{Ⅰ-6}$$

将式(Ⅰ-2)~式(Ⅰ-4)代入式(Ⅰ-1),然后将式(Ⅰ-6)代入所得方程,可得

$$\begin{aligned}\dot{\varphi}&=\beta\sin\theta\cos\theta(1-A^2\cos^2\theta)-\frac{\xi}{A}\cos\theta=\beta(\sin\theta\cos\theta-A^2\sin\theta\cos^3\theta)-\frac{\xi}{A}\cos\theta\\ &=\frac{\beta}{2}(\sin2\theta-A^2\sin2\theta\cos^2\theta)-\frac{\xi}{A}\cos\theta\end{aligned}$$

$$=\frac{\beta}{2}\sin 2\theta\left[\left(1-\frac{A^2}{2}\right)-\frac{A^2}{2}\cos 2\theta\right]-\frac{\xi}{A}\cos\theta$$

$$=\frac{\beta}{2}\left[\left(1-\frac{A^2}{2}\right)\sin 2\theta-\frac{A^2}{4}\sin 4\theta\right]-\frac{\xi}{A}\cos\theta \tag{Ⅰ-7}$$

将式(Ⅰ-7)代入式(Ⅰ-6),得

$$\begin{aligned}\dot{A}&=A\left(\frac{\sin\theta}{\cos\theta}\right)\left\{\frac{\beta}{2}\left[\left(1-\frac{A^2}{2}\right)\sin 2\theta-\frac{A^2}{4}\sin 4\theta\right]-\frac{\xi}{A}\cos\theta\right\}\\&=\frac{A\beta}{2}\left[2\left(1-\frac{A^2}{2}\right)\sin^2\theta-\frac{A^2}{4}\left(\frac{2\sin 2\theta\cos 2\theta\sin\theta}{\cos\theta}\right)\right]-\xi\sin\theta\\&=\frac{A\beta}{2}[2(1-\cos^2\theta)-A^2\sin^2\theta(1+\cos 2\theta)]-\xi\sin\theta\end{aligned}$$

应用三角恒等式:

$$\sin^2\theta=\frac{1}{2}(1-\cos 2\theta)$$

则有

$$\dot{A}=\frac{A\beta}{2}\left[2-2\cos^2\theta-\frac{A^2}{2}(1-\cos 2\theta)(1+\cos 2\theta)\right]-\xi\sin\theta$$

再应用三角恒等式:

$$\cos^2\theta=\frac{1}{2}(\cos 2\theta+1)$$

并简化,可得

$$\dot{A}=\frac{A\beta}{2}\left(1-\frac{A^2}{4}-\cos 2\theta+\frac{A^2}{4}\cos 4\theta\right)-\xi\sin\theta \tag{Ⅰ-8}$$

式(Ⅰ-7)和式(Ⅰ-8)可写为

$$\begin{aligned}\frac{\mathrm{d}A}{\mathrm{d}t}&=\beta f_1(A,\varphi)+\beta^{1/2}g_{11}(A,\varphi)\xi,\\\frac{\mathrm{d}\varphi}{\mathrm{d}t}&=\beta f_2(A,\varphi)+\beta^{1/2}g_{22}(A,\varphi)\xi\end{aligned} \tag{Ⅰ-9a,b}$$

其中,

$$f_1(A,\varphi)=\frac{A}{2}\left(1-\frac{A^2}{4}-\cos 2\theta+\frac{A^2}{4}\cos 4\theta\right), \tag{Ⅰ-10a}$$

$$f_2(A,\varphi)=\frac{1}{2}\left[\left(1-\frac{A^2}{2}\right)\sin 2\theta-\frac{A^2}{4}\sin 4\theta\right], \tag{Ⅰ-10b}$$

$$g_{11}(A,\varphi)=-\frac{1}{\sqrt{\beta}}\sin\theta,\quad g_{22}(A,\varphi)=-\frac{1}{A\sqrt{\beta}}\cos\theta \tag{Ⅰ-10c,d}$$

式(Ⅰ-9a,b)称为标准形式的方程。式(Ⅰ-10a,b)中的 $\sin(k\theta)$ 和 $\cos(k\theta)$ $(k=2,4)$ 会产生快速振荡,因此称为振荡项。在应用式(6.3)获得漂移系数和扩散系数之前,需要以下表达式：

$$\frac{\partial g_{11}(A,\varphi)}{\partial A}=0,\quad g_{11}(A,\varphi,\tau)=-\frac{\sin(\theta+\tau)}{\sqrt{\beta}},\qquad (\text{Ⅰ}-11\text{a,b})$$

$$\frac{\partial g_{11}(A,\varphi)}{\partial \varphi}=-\frac{\cos\theta}{\sqrt{\beta}},\quad g_{22}(A,\varphi,\tau)=-\frac{1}{A\sqrt{\beta}}\cos(\theta+\tau),\qquad (\text{Ⅰ}-11\text{c,d})$$

$$\frac{\partial g_{22}(A,\varphi)}{\partial A}=\frac{1}{A^2\sqrt{\beta}}\cos\theta,\quad \frac{\partial g_{22}(A,\varphi,\tau)}{\partial \varphi}=\frac{1}{A\sqrt{\beta}}\sin\theta\qquad (\text{Ⅰ}-11\text{e,f})$$

现在，应用式(6.3a)和式(Ⅰ-11)中的结果，可得

$$a_1=T_s^{av}\{\langle f_1(A,\varphi)\rangle+I_1+I_2\}$$

其中，

$$I_1=\int_{-\infty}^{0}\frac{\partial g_{11}}{\partial A}g_{11}(A,\varphi,s+\tau)\langle\xi(s)\xi(s+\tau)\rangle\mathrm{d}\tau,$$

$$I_2=\int_{-\infty}^{0}\frac{\partial g_{11}}{\partial \varphi}g_{22}(A,\varphi,s+\tau)\langle\xi(s)\xi(s+\tau)\rangle\mathrm{d}\tau$$

简化后，有

$$a_1=T_s^{av}\left\{\langle f_1(A,\varphi)\rangle+\frac{I}{2A\beta}\right\}\qquad (\text{Ⅰ}-12)$$

其中，

$$\int_{-\infty}^{\infty}\langle\xi(s)\xi(s+\tau)\rangle\cos\tau\mathrm{d}\tau=2\pi S(1)=I$$

已经用过。当然，更为一般的 $S(1)$ 可替代为 $S(\omega)$，只要记住在此特定示例中 $\omega=1$。

注意，$S(\omega)$ 是谱密度，$I$ 是宽带平稳随机激励 $\xi(t)$ 的强度。

利用如下关系：

$$\frac{1}{T}\int_0^T f(t)\,\mathrm{d}t=\frac{1}{2\pi}\int_0^{2\pi}f(\theta)\,\mathrm{d}\theta\qquad (\text{Ⅰ}-13)$$

将式(Ⅰ-10a)代入式(Ⅰ-12)，可得

$$a_1=\frac{1}{2\pi}\int_0^{2\pi}\frac{A}{2}\left(1-\frac{A^2}{4}-\cos 2\theta+\frac{A^2}{4}\cos 4\theta\right)\mathrm{d}\theta+\frac{1}{2\pi}\int_0^{2\pi}\frac{I}{2A\beta}\cos^2\theta\mathrm{d}\theta$$

经简化，得

$$a_1=\frac{A}{2}\left(1-\frac{A^2}{4}\right)+\frac{I}{4A\beta}\qquad (\text{Ⅰ}-14)$$

同理可得

$$a_2=0\qquad (\text{Ⅰ}-15)$$

应用式(6.3b)，有

$$b_{11}=T_s^{av}\left\{\int_{-\infty}^{\infty}\frac{1}{\beta}\sin\theta\sin(\theta+\tau)\langle\xi(s)\xi(s+\tau)\rangle\mathrm{d}\tau\right\}=\frac{I}{2\beta}\qquad (\text{Ⅰ}-16\text{a})$$

同理可得

$$b_{12}=b_{21}=0,\quad b_{22}=\frac{I}{2A^2\beta} \tag{Ⅰ-16b,c,d}$$

利用式(Ⅰ-14)~式(Ⅰ-16)和式(6.2),可得

$$\frac{\partial p}{\partial t}=-\beta\frac{\partial}{\partial A}\left\{\left[\frac{A}{2}\left(1-\frac{A^2}{4}\right)+\frac{I}{4A\beta}\right]p\right\}+\frac{\beta}{2}\cdot\frac{\partial^2}{\partial A^2}\left(\frac{I}{2\beta}p\right) \tag{Ⅰ-17}$$

为了求解平稳概率密度函数,可令方程式(Ⅰ-17)的右边为零,然后对振幅 $A$ 积分,并重新整理,可得

$$\frac{\mathrm{d}p}{p}=\left[2A\frac{\beta}{I}\left(1-\frac{A^2}{4}\right)+\frac{1}{A}\right]\mathrm{d}A \tag{Ⅰ-18}$$

注意,式(Ⅰ-18)中的 $p$ 即平稳概率密度函数。

对方程(Ⅰ-18)的两边进行积分可得

$$\ln p+\ln C'=\frac{\beta A^2}{I}-\left(\frac{\beta}{2I}\right)\frac{A^4}{4}+\ln A$$

其中,$C'$是一个任意常数。

对上一个方程重新整理并用 $C$ 代替 $1/C'$,得

$$p=AC\mathrm{e}^{-\frac{\beta}{8I}(A^2-4)^2}$$

由于 $A$ 是响应振幅,则

$$\int_{-\infty}^{\infty}p(A)\,\mathrm{d}A=\int_0^{\infty}p(A)\,\mathrm{d}A=1$$

从而,可求得任意常数 $C$ 为

$$\frac{1}{C}=\int_0^{\infty}A\mathrm{e}^{-\beta(A^2-4)^2/(8I)}\,\mathrm{d}A=\frac{1}{2}\int_0^{\infty}\mathrm{e}^{-\beta(A^2-4)^2/(8I)}\,\mathrm{d}A^2=\sqrt{\frac{\pi I}{2\beta}}\mathrm{erfc}\left(-\sqrt{\frac{2\beta}{I}}\right) \tag{Ⅰ-19}$$

除了符号外,上述结果与 Zhu 和 Yu[6.15] 所得结果基本一致,并且文献[6.15]的方程(7)中的 erf 应替换为 erfc。

### 6.2.2　随机参激和外激下单自由度系统的平稳解

本小节包括两个例子。一个是具有随机参激和外部随机激励的 van der Pol 系统,另一个是同样的 van der Pol 系统,但具有额外的外部谐波激励分量。在后一个例子中研究了主共振。

**例Ⅰ**　Wu 和 Lin[6.16] 应用 CSA 方法研究了如下随机参激和外部随机激励下的非线性系统:

$$\ddot{x}+(\alpha+\beta x^2)\dot{x}+[1+\xi_1(t)]x=\xi_2(t) \tag{Ⅰ-1}$$

其中,$\xi_1(t)$ 和 $\xi_2(t)$ 是弱独立宽带平稳随机过程;$\alpha$ 和 $\beta$ 是与 $\xi_1(t)$ 和 $S_1(0)$ 的谱密度同阶的实数小常数。

方程式（Ⅰ-1）可写为式(6.1)所示的状态空间：

$$\dot{x}_1=x_2,\qquad \dot{x}_2=-\alpha x_2-\beta x_1^2x_2-x_1-x_1\xi_1(t)+\xi_2(t) \tag{Ⅰ-2a,b}$$

其中 $x_1=x$ 和 $x_2=\mathrm{d}x/\mathrm{d}t$。

引入以下变换：

$$x_1=A(t)\cos\theta(t)=A(t)\cos[t+\varphi(t)],\qquad x_2=-A(t)\sin\theta(t)=-A(t)\sin[t+\varphi(t)] \tag{Ⅰ-3a,b}$$

其中，$A(t)$ 和 $\varphi(t)$ 分别是慢变的随机振幅和随机相位角。为了简单起见，此后将忽略参数 $t$。

与上例类似，将式（Ⅰ-3）代入式（Ⅰ-2），并简化，得

$$\dot{A}=-\alpha A\sin^2\theta-\beta A^3\sin^2\theta\cos^2\theta+A\xi_1\sin\theta\cos\theta-\xi_2\sin\theta,\qquad \dot{\varphi}=-\alpha\sin\theta\cos\theta-\beta A^2\sin\theta\cos^3\theta+\xi_1\cos^2\theta-\frac{\xi_2}{A}\cos\theta \tag{Ⅰ-4a,b}$$

应用式(6.3)并遵循6.2.1小节示例中的步骤，可得 FPK 方程为

$$\frac{\partial p}{\partial t}=-\frac{\partial}{\partial A}\left\{\left[-\frac{A}{2}\left(\alpha+\beta\frac{A^2}{4}\right)+\frac{3AI_1}{16}+\frac{I_2}{4A}\right]p\right\}+\frac{1}{2}\cdot\frac{\partial^2}{\partial A^2}\left[\left(\frac{I_1A^2}{8}+\frac{I_2}{2}\right)p\right] \tag{Ⅰ-5}$$

上式中应用了以下关系式

$$\int_{-\infty}^{\infty}\langle\xi_1(t)\xi_1(t+\tau)\rangle\cos\tau\mathrm{d}\tau=2\pi S_1(\omega)=I_1,$$

$$\int_{-\infty}^{\infty}\langle\xi_2(t)\xi_2(t+\tau)\rangle\cos\tau\mathrm{d}\tau=2\pi S_2(\omega)=I_2,\quad \omega=1$$

目前方程式（Ⅰ-5）的解析解尚无法求得。除了上述假设外，如果随机参激和外部随机激励的谱密度足够小，则振幅 $A$ 可能存在一个稳态。此情形下，方程式（Ⅰ-5）的左边为零，则 $A$ 的平稳概率密度函数为[6.16]

$$p=p(A)=C_1A(A^2+4k_1)^{k_2}\mathrm{e}^{-\beta\alpha^2/I_1} \tag{Ⅰ-6}$$

假设 $I_1>0$，其中 $k_1=I_2/I_1$，$k_2=4(\beta k_1-\alpha)/I_1$。归一化常数 $C_1$ 为

$$\frac{1}{C_1}=\frac{1}{2}\left(\frac{I_1}{\beta}\right)^{k_2+1}\mathrm{e}^{\frac{4\beta k_1}{I_1}}\Gamma\left(k_2+1,\frac{4\beta k_1}{I_1}\right) \tag{Ⅰ-7}$$

其中，$\Gamma(.)$ 是一个不完全伽马函数[6.17,6.18]。当 $k_1=0$ 时，$k_2>0$。可得平稳均方振幅为

$$\langle A^2\rangle=\frac{I_1-4\alpha}{\beta}+\frac{\dfrac{I_1}{\beta}\left(\dfrac{4\beta k_1}{I_1}\right)^{k_2+1}\mathrm{e}^{-\frac{4\beta k_1}{I_1}}}{\Gamma\left(k_2+1,\dfrac{4\beta k_1}{I_1}\right)} \tag{Ⅰ-8}$$

下面讨论三种特殊情形。

(1)情形一：$I_2=0$ 且 $\alpha=-\beta<0$。

在此情形下，系统在随机参激下变为一个 van der Pol 振子。因此，$\langle A^2\rangle = 4 + I_1/\beta$。这表明，当 $I_1$ 趋向于零时，$\langle A^2\rangle$ 达到 4。后者与确定性解一致，即 van der Pol 振子在相平面中具有幅值为 2 的极限环[6.19]。

(2)情形二：$I_2=0$，$\alpha>0$ 且 $\beta>0$。

系统退化为 Ariaratnam[6.20] 研究的系统。文献[6.20]中给出的非平凡稳定解为 $\langle A^2\rangle=(I_1-4\alpha)/\beta$，前提是 $I_1>4\alpha$。当 $I_1<4\alpha$ 时，唯一的稳定解等于零。分岔发生在 $I_1=4\alpha$ 处。

(3)情形三：$I_1=0$。

系统受外部随机噪声的激励。根据式(Ⅰ-5)，平稳概率密度函数变为

$$p=p(A)=C_2 A\mathrm{e}^{-\frac{1}{8I_2}(\beta A^4+8\alpha A^2)} \tag{Ⅰ-9}$$

其中，归一化常数 $C_2$ 为

$$\frac{1}{C_2}=\frac{1}{2}\sqrt{\frac{2\pi I_2}{\beta}}\mathrm{e}^{\frac{2\alpha^2}{\beta I_2}}\mathrm{erfc}\left(\sqrt{\frac{2\alpha^2}{\beta I_2}}\right) \tag{Ⅰ-10}$$

可得平稳均方振幅为

$$\langle A^2\rangle=-\frac{4\alpha}{\beta}+\sqrt{\frac{8I_2}{\pi\beta}}\mathrm{e}^{-\frac{2\omega^2}{\beta I_2}}\frac{1}{\mathrm{erfc}\left(\sqrt{\dfrac{2\alpha^2}{\beta I_2}}\right)} \tag{Ⅰ-11}$$

注意，即使对于较小的 $I_2$，式(Ⅰ-11)的右边也非负。而且，当 $\alpha=-\beta<0$ 时，结果将退化为上节所得结果。

**例Ⅱ**　To[6.21] 应用 CSA 方法研究了具有随机变化刚度、外部随机力和外部周期激励的 van der Pol 振子的主共振。运动方程为

$$\ddot{x}+(\alpha+\beta x^2)\dot{x}+[1+\xi_1(t)]x=\xi_2(t)+F_0\cos\omega t \tag{Ⅱ-1}$$

其中，$\xi_1(t)$ 和 $\xi_2(t)$ 是独立的宽带平稳随机过程；$F_0$ 是周期力幅值；$\alpha$ 和 $\beta$ 是与 $\xi_1(t)$ 和 $S_1(0)$ 的谱密度同阶的微小实常数。周期力 $F_0$ 的幅度也很小，为正，且为 $\varepsilon^{1/2}$ 阶。显然，式(Ⅱ-1)与式(Ⅰ-1)相似——除了附加的外部周期激励。

本例研究了主共振，即满足共振条件 $\omega=\Omega+\varepsilon\mu$，式(Ⅱ-1)中的 $\Omega=1$，$\varepsilon$ 是小的正参数，$\mu$ 是调谐参数，也为正，因此下面定义的 $b$ 也很小且为 $\varepsilon^{1/2}$ 阶。

假设一个新变量：

$$y=x-b\cos\omega t,\ b=\frac{F_0}{\Omega^2-\omega^2}=\frac{F_0}{1-\omega^2} \tag{Ⅱ-2a,b}$$

根据定义，过程 $y$ 对应主共振振荡。

利用式(Ⅱ-2a)，式(Ⅱ-1)变为

$$\begin{aligned}&\ddot{y}+(\alpha+\beta b^2\cos^2\omega t+2\beta by\cos\omega t+\beta y^2)\dot{y}+[1+\xi_1(t)-\beta\omega b^2\sin 2\omega t]y-(\beta\omega b\sin\omega t)y^2\\&=\{F_0+\omega^2 b-b[1+\xi_1(t)]\}\cos\omega t+(\alpha b\omega+\beta\omega b^3\cos^2\omega t)\sin\omega t+\xi_2(t)\end{aligned} \tag{Ⅱ-3}$$

进一步，引入以下变换：

$$y=y_1=A(t)\cos\theta(t)=A(t)\cos[\omega t+\varphi(t)],\quad \dot{y}=y_2=-A(t)\omega\sin\theta(t) \tag{Ⅱ-4a,b}$$

其中，$A(t)$和$\varphi(t)$分别是慢变的随机振幅和随机相位角。

将式(Ⅱ-4)代入式(Ⅱ-3)，并化简，得到两个标准形式方程：

$$\dot{A}=-\alpha_1 A\sin^2\theta-\beta A^3\sin^2\theta\cos^2\theta-\frac{\xi_2}{\omega}\sin\theta+\frac{A}{\omega}\xi_1\sin\theta\cos\theta-\text{t. s. a.}, \tag{Ⅱ-5a}$$

$$\dot{\varphi}=-\alpha_1\sin\theta\cos\theta-\beta A^2\sin\theta\cos^3\theta+\frac{1-\omega^2}{\omega}\cos^2\theta-\frac{\xi_2}{A\omega}\cos\theta+\frac{\xi_1}{\omega}\cos^2\theta-\text{t. s. a.} \tag{Ⅱ-5b}$$

其中，t. s. a. 表示应用 CSA 方法的过程中消失的项，且

$$\alpha_1=\alpha+\frac{\beta b^2}{2} \tag{Ⅱ-6}$$

通过式(6.3)并按照上小节的步骤，可得到$A(t)$的转移概率密度函数的 FPK 方程为

$$\frac{\partial p}{\partial t}=-\frac{\partial}{\partial A}\left\{\left[-\frac{A}{2}\left(\alpha_1+\beta\frac{A^2}{4}\right)+\frac{3AI_1}{16\omega^2}+\frac{I_2}{4A\omega^2}\right]p\right\}+\frac{1}{2}\cdot\frac{\partial^2}{\partial A^2}\left[\left(\frac{I_1A^2}{8\omega^2}+\frac{I_2}{2\omega^2}\right)p\right] \tag{Ⅱ-7}$$

其中，宽带平稳随机激励的强度为

$$\int_{-\infty}^{\infty}\langle\xi_i(t)\xi_i(t+\tau)\rangle\cos\tau\mathrm{d}\tau=2\pi S_i(\omega)=I_i,\quad \omega=1,i=1,2$$

式(Ⅱ-7)与上例中的式(Ⅰ-5)相似，故不可求解析解。如果振幅 $A$ 的平稳概率密度函数存在，则可利用式(Ⅰ-6)~式(Ⅰ-8)中的结果，不难得到一个非平凡稳定解$\langle A^2\rangle=(I_1^*-4\alpha_1)/\beta$，前提是$I_1^*>4\alpha_1$并且$I_2=0$，其中$I_1^*=I_1/\omega^2$。当$I_1^*<4\alpha_1$且$I_2=0$时，唯一的稳定解等于0。因此，分岔发生在$I_1^*=4\alpha_1$处。

当$I_2$不等于0时，只需要对符号做适当修改，就可得到与上一个例子类似的结果。

### 6.2.3 单自由度系统的非平稳解

非线性系统的解析非平稳随机响应很难得到。即使对于单自由度非线性系统，其解也非常有限。这里考虑两个代表性系统。第一个系统在零均值调制宽带随机激励下具有弱非线性阻尼和线性刚度。第二个系统具有非线性阻尼和随机变化的刚度。非平稳随机响应由系统的初始条件引起。本小节解决了响应稳定性的重要问题。

**例Ⅰ** Spanos[6.22]使用 CSA 方法研究了具有非线性阻尼和调制随机激励下的单自由度系统。其运动方程为

$$\ddot{x}+2\zeta[1+\varepsilon h(x,\dot{x})]\dot{x}+x=\mu(\tau)\xi(\tau) \tag{Ⅰ-1}$$

其中，$\tau=\Omega t$，$\Omega=1$ rad/s 是$\varepsilon=0$时系统的固有频率；$\dot{x}$和$\ddot{x}$表示对无量纲时间$\tau$的一阶导和二阶导；$\varepsilon$是一个表示非线性强度的正的小参数，与$S(\omega)$同阶；$\xi(\tau)$是零均值的宽带平稳随机过程且谱密度$S(\omega)$在$\omega=1$附近近似均匀；$\zeta<<1$，是$\varepsilon=0$时的临界阻尼比；$\mu(\tau)$是一个归一化确定性调制函数，它随无量纲时间$\tau$缓慢变化；$h$是位移和速度的非线性函数。当$\varepsilon=$

0时,系统位移的平稳方差为

$$\sigma_x^2=\langle x^2\rangle=\frac{\pi S(\omega)}{2\zeta}=1$$

这确保$S(\omega)$是$\zeta$的阶数,使CSA方法适用于式(Ⅰ-1)所示的系统。

假设变换:

$$\begin{aligned}x&=A(\tau)\cos\theta(\tau)=A(\tau)\cos[\tau+\varphi(\tau)],\\ \dot{x}&=-A(\tau)\sin\theta(\tau)=-A(\tau)\sin[\tau+\varphi(\tau)]\end{aligned}\tag{Ⅰ-2a,b}$$

其中,$A(\tau)$和$\varphi(\tau)$分别是慢变的随机振幅和随机相位角。为了简单起见,此后忽略参数$\tau$。

将式(Ⅰ-2)代入式(Ⅰ-1),并按照6.2.1小节中应用于van der Pol振子的类似步骤,可得

$$\dot{A}=-2\zeta[1+\varepsilon h(A\cos\theta,-A\sin\theta)]A\sin^2\theta-\mu(\tau)\xi(\tau)\sin\theta,\tag{Ⅰ-3a}$$

$$\dot{\varphi}=-2\zeta[1+\varepsilon h(A\cos\theta,-A\sin\theta)]\sin\theta\cos\theta-\frac{1}{A}\mu(\tau)\xi(\tau)\cos\theta\tag{Ⅰ-3b}$$

式(Ⅰ-3)可写成

$$\begin{aligned}\frac{\mathrm{d}A}{\mathrm{d}\tau}&=f_1(A,\varphi)+g_{11}(A,\varphi)\xi(\tau)\mu(\tau),\\ \frac{\mathrm{d}\varphi}{\mathrm{d}\tau}&=f_2(A,\varphi)+g_{22}(A,\varphi)\xi(\tau)\mu(\tau)\end{aligned}\tag{Ⅰ-4a,b}$$

其中,

$$f_1(A,\varphi)=-2\zeta A[1+\varepsilon h(A\cos\theta,-A\sin\theta)]\sin^2\theta,\tag{Ⅰ-5a}$$

$$f_2(A,\varphi)=-2\zeta[1+\varepsilon h(A\cos\theta,-A\sin\theta)]\sin\theta\cos\theta,\tag{Ⅰ-5b}$$

$$g_{11}(A,\varphi)=-\sin\theta,g_{22}(A,\varphi)=-\frac{1}{A}\cos\theta\tag{Ⅰ-5c,d}$$

注意,在式(Ⅰ-4)中,平滑确定性调制函数不是周期性的。因此,式(Ⅰ-3a)中的项$-\xi(\tau)\sin\theta$被分解为其期望值和一个随机波动分量[6.22],即

$$-\xi(\tau)\sin\theta=\eta(\tau)+\sqrt{2\zeta}\rho(\tau)\tag{Ⅰ-6}$$

其中,

$$\eta(\tau)=-\langle\xi(\tau)\sin\theta\rangle$$

且$\rho(\tau)$是零均值随机过程,使得

$$\langle\rho(\tau)\rho(\tau+\tau_1)\rangle=\delta(\tau_1)$$

很容易证明[6.22]:

$$\eta(\tau)=\zeta\frac{\mu(\tau)}{A(\tau)}\tag{Ⅰ-7}$$

利用式(Ⅰ-6)和式(Ⅰ-7),式(Ⅰ-3a)变为

$$\dot{A}=-2\zeta[1+\varepsilon h(A\cos\theta,-A\sin\theta)]A\sin^2\theta+\frac{\zeta}{A}\mu^2(\tau)+\sqrt{2\zeta}\mu(\tau)\rho(\tau) \tag{Ⅰ-8}$$

这里,应用式(6.3a)和式(6.3b),可知,转移概率密度函数 $p(A,\tau)$(或简写为 $p$)满足如下FPK方程:

$$\frac{1}{\zeta}\cdot\frac{\partial p}{\partial\tau}=\frac{\partial}{\partial A}\left\{\left[A-\frac{\mu^2(\tau)}{A}\right]p\right\}+\varepsilon\frac{\partial}{\partial A}[A\zeta_a p]+\mu^2(\tau)\frac{\partial^2 p}{\partial A^2}, \tag{Ⅰ-9}$$

$$\zeta_a=\frac{1}{\pi}\int_0^{2\pi}h(A\cos\theta,-A\sin\theta)\sin^2\theta\mathrm{d}\theta \tag{Ⅰ-10}$$

应当注意,方程式(Ⅰ-9)可直接通过CSA方法得到,无须应用式(Ⅰ-6)和式(Ⅰ-7),因为漂移系数可由式(6.3a)得到

$$a_1=T_s^{av}\{f_1(A,\varphi)\}+\mu^2(\tau)\left(\frac{I}{2A}\right)T_s^{av}\{\cos^2\theta\} \tag{Ⅰ-11}$$

而扩散系数可由式(6.3b)得到

$$\begin{aligned}&b_{11}=\mu^2(\tau)IT_s^{\alpha v}\{\sin^2\theta\},\\&\int_{-\infty}^{\infty}\langle\xi_1(t)\xi_1(t+\tau)\rangle\mathrm{d}\tau=2\pi S(0)=I\end{aligned} \tag{Ⅰ-12}$$

其中,$S(0)$是宽带平稳随机过程$\xi(\tau)$的谱密度;$\mu(\tau)$是无量纲时间$\tau$的光滑非周期函数。通过利用上述位移的平稳方差$I=4\zeta$,对式(Ⅰ-11)和式(Ⅰ-12)进行确定性平均,并将漂移系数和扩散系数代入式(6.2),从而得到方程式(Ⅰ-9)。

通常,方程式(Ⅰ-9)的求解需要采用数值方法。文献[6.22]中提出的Galerkin方法用于评估FPK方程的近似解。基于近似的转移概率密度函数,文献[6.22]还给出了响应幅值统计矩的方程。

**例Ⅱ** 如下系统已由Brouwers[6.23]研究,并在各种类型的海洋结构中得到了广泛应用。其主要关心的是稳定运动和不稳定运动的问题。其运动方程为

$$\ddot{x}+\varepsilon h(\dot{x})+[1+\sqrt{\varepsilon}\xi(t)]x=0 \tag{Ⅱ-1}$$

其中,$\xi(t)$为参激,是均值为零的宽带平稳高斯过程;$\varepsilon$是一个小的常数参数,非线性阻尼力为

$$h(\dot{x})=\beta_0\dot{x}+\beta_\alpha\dot{x}|\dot{x}|^\alpha \tag{Ⅱ-2}$$

其中,$\beta_0$是常数,

$$\beta_\alpha>0,\quad \alpha\geqslant-1 \tag{Ⅱ-3}$$

方程式(Ⅱ-1)在$t=0$时的初始条件为

$$\begin{aligned}&x=x_0,\qquad \dot{x}=\dot{x}_0,\\&-\infty<x_0<+\infty,\quad -\infty<\dot{x}_0<+\infty\end{aligned} \tag{Ⅱ-4}$$

引入如下变换:

$$\begin{aligned}&x=x(t)=A(T)\cos[t+\varphi(T)],\\&0\leqslant A\leqslant\infty,\quad -\pi<\varphi\leqslant\pi,\quad T=\varepsilon t\end{aligned} \tag{Ⅱ-5}$$

应用式(Ⅱ-5)和随机平均法[6.9,6.11],可得到标准化形式的方程,其中 $\varepsilon\to0$,使得这些方程在弱意义下渐近收敛:

$$\frac{\mathrm{d}A}{\mathrm{d}T}=-\frac{1}{2}\beta A^{1+\alpha}-\frac{1}{2}\beta_0 A+\frac{\pi S_0}{8}A+\frac{\sqrt{S_0}}{4}A\xi_1(T),$$

$$\frac{\mathrm{d}\varphi}{\mathrm{d}T}=\frac{\pi\bar{S}}{8}+\frac{\sqrt{S_0}}{4}\xi_2(T) \qquad (\text{Ⅱ-6a,b})$$

在 $T=0$ 的初始条件下,

$$A=A_0,\quad \varphi=\varphi_0,$$

$$0<A_0<\infty,\quad -\pi<\varphi_0<\pi \qquad (\text{Ⅱ-7})$$

FPK 方程

$$\frac{\partial p}{\partial T}=\frac{\beta}{2}\cdot\frac{\partial}{\partial A}(A^{1+\alpha}p)+\frac{\beta_0\partial(Ap)}{2}+\frac{\pi S_0}{16}\cdot\frac{\partial}{\partial A}\left[A^3\frac{\partial}{\partial A}\left(\frac{p}{A}\right)\right] \qquad (\text{Ⅱ-8})$$

在初始条件为 $T=0$ 时

$$p=\delta(A-A_0)$$

其中,$\delta$ 是狄拉克(Dirac)三角函数;$p$ 是随机振幅 $A$ 的转移概率密度函数;$S_0=S(\omega=2)$ 是参激 $\xi(t)$ 在无阻尼线性系统 2 倍固有频率处的单边功率谱局部值(即 $\varepsilon=0$ 时):

$$\beta=\frac{\beta_\alpha\Gamma(\alpha+3)}{2^{\alpha+1}\left[\Gamma\left(2+\frac{\alpha}{2}\right)\right]^2}, \qquad (\text{Ⅱ-9})$$

$$S_0+i\bar{S}=\frac{2}{\pi}\int_0^\infty\langle\xi(t)\xi(t+\tau)\rangle \mathrm{e}^{2i\tau}\mathrm{d}\tau \qquad (\text{Ⅱ-10})$$

其中,$\Gamma$ 是伽马函数;$i=(-1)^{1/2}$;$\xi_1(T)$ 和 $\xi_2(T)$ 是相互独立的宽带平稳高斯随机过程,均值为 0,$\xi_1(T)$ 和 $\xi_2(T)$ 的功率密度是双边的且值为 1。

注意,式(Ⅱ-6)和式(Ⅱ-8)是在 Stratonovich 意义下成立的。此外,方程式(Ⅱ-6a)是一个伯努利方程,因此很容易找到其解析解。接下来讨论方程式(Ⅱ-6a)和 FPK 方程式(Ⅱ-8)的解。

(1)响应幅值的解。

满足初始条件[式(Ⅱ-7)]的方程式(Ⅱ-6a)的一个解为[6.23]

$$A=y\mathrm{e}^{\frac{1}{8}[(\gamma\pi S_0)T+2\sqrt{S_0}b(T)]} \qquad (\text{Ⅱ-11})$$

其中,当 $\alpha=0$ 时,$y=A_0$,对应线性阻尼力,当 $\alpha$ 不为 0 时,则

$$y=\left\{A_0^{-\alpha}+\frac{1}{2}\alpha\beta\int_0^T\mathrm{e}^{\frac{\alpha}{8}[\gamma\pi S_0\tau+2\sqrt{S_0}b(\tau)]}\mathrm{d}\tau\right\}^{-1/\alpha} \qquad (\text{Ⅱ-12})$$

其中,

$$\gamma=1-\frac{4\beta_0}{\pi S_0},\quad b(T)=\int_0^T\xi_1(\tau)\mathrm{d}\tau$$

后者是单位强度的维纳过程。众所周知[6.24]：

$$|b(T)|\leqslant\sqrt{2T\ln\ln T},\quad T\to\infty$$

其概率为 1。Ariaratnam 和 Tam[6.25]研究并给出了具有线性阻尼力的方程式(Ⅱ-11)的解，而文献[6.23]给出并讨论了具有非线性阻尼力的方程式(Ⅱ-12)的解。

关于非线性阻尼力的求解，四种不同情形总结如下。

①情形一：$\alpha>0$ 且 $\gamma>0$。

在此情形下，可观察到，当 $T$ 接近∞ 时，式(Ⅱ-12)右边括号内的第二项与第一项相比，其大小呈指数增长。第一项表示初始条件影响，当 $T$ 趋向于∞ 时变为 0。应用式(Ⅱ-11)和式(Ⅱ-12)，有

$$A\sim\left\{\frac{1}{2}\alpha\beta\int_0^T \mathrm{e}^{\frac{\alpha}{8}[\gamma\pi S_0(\tau-T)+2\sqrt{S_0}(b(\tau)-b(T))]}\mathrm{d}\tau\right\}^{-1/\alpha},\quad T\to\infty \tag{Ⅱ-13}$$

由此方程可看到，当 $T\to\infty$ 时，响应振幅 $A$ 以概率 1 收敛为有限非零值。

②情形二：$\alpha>0$ 且 $\gamma<0$。

此情形下，式(Ⅱ-12)给出

$$A\sim\left(A_0^{-\alpha}+\frac{1}{2}\alpha\beta C\right)^{-1/\alpha}\mathrm{e}^{\frac{1}{8}[\gamma\pi S_0T+2\sqrt{S_0}b(T)]},\quad T\to\infty \tag{Ⅱ-14}$$

其中，

$$C=\int_0^\infty \mathrm{e}^{\frac{\alpha}{8}[\gamma\pi S_0+2\sqrt{S_0}b(\tau)]}\mathrm{d}\tau \tag{Ⅱ-15}$$

回顾：

$$|b(T)|\leqslant\sqrt{2T\ln\ln T},\quad T\to\infty$$

概率为 1。因此，根据式(Ⅱ-14)，当 $T\to\infty$ 时，响应振幅 $A$ 依概率 1 指数衰减到 0。

③情形三：$\alpha<0$ 且 $\gamma<0$。

式(Ⅱ-12)右边括号内的第二项随 $t$ 呈指数增长。由于 $\alpha$ 为负，所以存在一个有限时间 $T^*$，满足

$$A_0^{-\alpha}+\frac{1}{2}\alpha\beta\int_0^{T^*}\mathrm{e}^{\frac{\alpha}{8}[r\pi S_0\tau+2\sqrt{S_0}b(\tau)]}\mathrm{d}\tau=0 \tag{Ⅱ-16}$$

使得 $y$ 以及响应振幅 $A$ 变为 0，从而由式(Ⅱ-11)和式(Ⅱ-12)给出的解仅适用于 $0\leqslant T\leqslant T^*$。

④情形四：$\alpha<0$ 且 $\gamma>0$。

与情形二类似，式(Ⅱ-12)右边的积分在 $T\to\infty$ 时变为一个常数。本书简单地指出，在满足特定条件下[6.23]，振幅 $A$ 随着 $T$ 趋向于无穷而呈指数增长，若未能满足条件，则振幅会在有限时间内衰减至一个接近 0 的有限值。

(2)FPK 方程的解和统计矩。

Ariaratnam 和 Tam[6.25]以及 Stratonovich 和 Romanovskii[6.26]已给出关于线性阻尼的 FPK 方程式(Ⅱ-8)的解。Brouwers[6.23]已给出关于非线性阻尼的解。下文将概述文献[6.23]中

的求解步骤。

采用拉普拉斯变换求解 FPK 方程式(Ⅱ-8),令 $A$ 的转移概率密度函数为

$$p(A,T_1)=\frac{1}{2\pi i}\int_{a-1}^{a+1}P(A,s)\mathrm{e}^{sT_1}\mathrm{d}s \tag{Ⅱ-17}$$

其中,$s$ 是变换参数;$P(A,s)$ 是 $p(A,T_1)$ 的拉普拉斯变换,并且

$$T_1=\left(\frac{\pi S_0}{16}\right)T$$

进行拉普拉斯变换并应用初始条件,方程式(Ⅱ-8)变为

$$sP-\delta(A-A_0)=\left(\frac{8\beta}{\pi S_0}\right)\frac{\mathrm{d}}{\mathrm{d}A}(A^{1+\alpha}P)+\frac{\mathrm{d}}{\mathrm{d}A}\left[-2\gamma AP+A\frac{\mathrm{d}}{\mathrm{d}A}(AP)\right] \tag{Ⅱ-18}$$

其中,忽略参数 $P$。方程式(Ⅱ-18)的解可采用类似格林函数[6.27]的推导来构造:

$$P=\begin{cases}P_1, & 0\leqslant A\leqslant A_0\\ P_2, & A_0\leqslant A\leqslant\infty\end{cases} \tag{Ⅱ-19}$$

其中,$P_1$ 和 $P_2$(或简写为 $P_{1,2}$)是如下齐次方程的解:

$$sP_{1,2}=\left(\frac{8\beta}{\pi S_0}\right)\frac{\mathrm{d}}{\mathrm{d}A}(A^{1+\alpha}P_{1,2})+\frac{\mathrm{d}}{\mathrm{d}A}\left[-2\gamma AP_{1,2}+A\frac{\mathrm{d}}{\mathrm{d}A}(AP_{1,2})\right] \tag{Ⅱ-20}$$

边界条件是当 $A\to 0$ 和 $A\to\infty$ 时,$AP_1$ 和 $AP_2$ 分别趋向于 0。另外,需要附加条件,可通过对式(Ⅱ-18)在区间 $A_0-\rho\leqslant A\leqslant A_0+\rho$ 上积分得到,令 $\rho\to 0$,即

$$P_2=P_1,\frac{\mathrm{d}P_2}{\mathrm{d}A}=\frac{\mathrm{d}P_1}{\mathrm{d}A}-\frac{1}{A_0^2},\quad A=A_0 \tag{Ⅱ-21}$$

考虑 $\alpha>0$ 的情形。对于 $\alpha<0$,其解相似且推导已由 Brouwers[6.23] 给出。令

$$\begin{aligned}&\eta=\frac{8\beta}{\pi S_0\alpha}A^{\alpha},\quad P_{1,2}=A^{\gamma-1}\eta^{-\frac{1}{2}}\mathrm{e}^{-\frac{\eta}{2}}f(\eta),\\&\mu=\frac{\sqrt{s+\gamma^2}}{\alpha},\quad \kappa=\frac{1}{2}+\frac{\gamma}{\alpha}\end{aligned} \tag{Ⅱ-22}$$

代入式(Ⅱ-20),得

$$\frac{\mathrm{d}^2f}{\mathrm{d}\eta^2}+\left(-\frac{1}{4}+\frac{\kappa}{\eta}+\frac{\frac{1}{4}-\mu^2}{\eta^2}\right)f=0 \tag{Ⅱ-23}$$

方程式(Ⅱ-23)是一个合流超几何方程,具有两个基本解,已由文献[6.18,6.28]中定义的 Whittaker 函数 $W_{\kappa,\mu}(\eta)$ 和 $M_{\kappa,\mu}(\eta)$ 给出。

应用上述边界条件,有如下解:

$$P_1=\frac{\Gamma\left(\mu-\frac{\gamma}{\alpha}\right)}{\alpha\eta_0A\Gamma(1+2\mu)}\left(\frac{\eta}{\eta_0}\right)^{\frac{\gamma}{\alpha}-\frac{1}{2}}\mathrm{e}^{-\frac{\eta}{2}+\frac{\eta_0}{2}}W_{k,\mu}(\eta_0)M_{k,\mu}(\eta), \tag{Ⅱ-24a}$$

$$P_2=\frac{\Gamma\left(\mu-\dfrac{\gamma}{\alpha}\right)}{\alpha\eta_0 A\Gamma(1+2\mu)}\left(\frac{\eta}{\eta_0}\right)^{\frac{\gamma}{\alpha}-\frac{1}{2}}\mathrm{e}^{-\frac{\eta}{2}+\frac{\eta_0}{2}}W_{k,\mu}(\eta)M_{k,\mu}(\eta_0) \tag{Ⅱ-24b}$$

其中,$\eta_0$ 是 $A$ 被 $A_0$ 代替后的 $\eta$。为了得到转移概率密度函数 $p$,需要对式(Ⅱ-24)进行拉普拉斯逆变换,反过来,又需要应用围道积分和柯西定理。最后,对于 $\gamma>0$ 且 $T_1\to\infty$,可得[6.23]:

$$p(A,T_1)\sim\frac{\alpha}{\Gamma\left(\dfrac{2\gamma}{\alpha}\right)}\left(\frac{8\beta}{\pi S_0\alpha}\right)^{2\frac{\gamma}{\alpha}}A^{2\gamma-1}\mathrm{e}^{-8\beta A^{*}/(\pi S_0\alpha)} \tag{Ⅱ-25}$$

振幅的统计矩由下式给出:

$$\langle A^k\rangle=\int_0^{\infty}A^k p(A,T_1)\mathrm{d}A,\quad k\geqslant 1 \tag{Ⅱ-26}$$

可以看出,由式(Ⅱ-26)定义的统计矩在 $T_1\to\infty$ 时趋向于一个常数。

对于 $\gamma<0$ 的情形,统计矩随 $T_1$ 的增加呈指数衰减至 0。

类似地,当 $\alpha<0$ 且 $\gamma>0$ 时,可看到统计矩在 $T_1\to\infty$ 时呈指数增长。当 $\alpha<0$ 和 $\gamma<0$ 时,只要统计矩的阶数 $k<-2\gamma$,统计矩就呈指数减小至 0。但是,当 $k>-2\gamma$ 时,第 $k$ 矩呈指数增长。$\alpha=0$ 的情形已在文献[6.25,6.26]中论述。

主要研究结果见表 6.1。

**表 6.1　响应振幅在 $T\to\infty$ 时的特性**

| 参数 $\gamma,\alpha$ | 响应振幅 $A(T)$ | 概率密度函数 $p(A,T)$ | 统计矩 $\langle A^k\rangle$(其中 $k\geqslant 1$) |
|---|---|---|---|
| $\gamma>0,\alpha>0$ | 既不会衰减到 0,也不会无限增长 | 平稳 | 常数 |
| $\gamma>0,\alpha=0$(见文献[6.25,6.26]) | 指数增长 | 振幅趋向于∞ | 指数增长 |
| $\gamma>0,\alpha<0$ | 一些是指数增长;其他是衰减到 0 或在有限时间内几乎为 0 | 振幅趋向于∞,但不包含 $A=0$ | 指数增长 |
| $\gamma<0,\alpha>0$ | 指数衰减到 0 | 振幅趋向于 0 | 衰减到 0 |
| $\gamma<0,\alpha=0$(见文献[6.25,6.26]) | 指数衰减到 0 | 振幅趋向于 0 | 若 $k<-2\gamma$,则衰减到 0;若 $k>-2\gamma$,则指数增长 |
| $\gamma<0,\alpha<0$ | 衰减到 0 或在有限时间内几乎为 0 | 趋向于 0 且不描述 $A=0$ 处 | 若 $k<-2\gamma$,则衰减到 0;若 $k>-2\gamma$,则指数增长 |

### 6.2.4　附注

在此阶段应注意三点。

首先,对于共振系统,式(6.1)中的函数 $f_j$ 和 $g_{jr}$ 是时间 $t$ 和频率 $\omega$ 的周期函数。在此情况下，应采用以下坐标变换：

$$x = A(t)\cos\theta(t) = A(t)\cos\left[\left(\frac{r}{s}\right)\omega t + \varphi(t)\right],$$

$$\dot{x} = -A(t)\left(\frac{r}{s}\omega\right)\sin\theta(t) = -A(t)\left(\frac{r}{s}\omega\right)\sin\left[\left(\frac{r}{s}\right)\omega t + \varphi(t)\right]$$

其中，$r$ 和 $s$ 是正整数，

$$\Omega^2 = \left[\left(\frac{r}{s}\right)\omega\right]^2 + \varepsilon\mu$$

其中，$\Omega$ 是相关线性系统的固有频率；$\mu$ 是调谐参数。

其次，如 6.2.3 小节的式（Ⅰ-11）和式（Ⅰ-12）所示，CSA 方法适用于小幅度调制宽带高斯平稳随机过程激励的系统。

最后，CSA 方法适用于弱非线性惯性和刚度的系统。在 6.4 节的例Ⅰ中将讨论此问题。

总之，CSA 方法适用于弱宽带随机激励下具有弱阻尼和弱非线性的系统。当然，它也适用于具有类似限制的线性系统。

## 6.3　能量包线的随机平均法

SAMEE 方法由 Stratonovich[6.12] 提出，随后由 Roberts[6.29-6.32]，Dimentberg[6.33-6.34]，Zhu 及其同事[6.35-6.36]，Zhu 和 Lin[6.37]，Red-Horse 和 Spanos[6.38-6.40]，To[6.41] 应用并改进，其中白噪声激励均应替换为宽带随机过程。系统的能量方程中存在非线性恢复力对位移和速度的联合概率密度函数的影响。因此，研究非线性恢复力对系统位移和速度的联合概率密度函数的影响时无须求解相位方程。

下文将考虑文献[6.41]中的 SAMEE 方法，将其白噪声替换为宽带随机过程。选择它的原因如下：①其标准形式方程、漂移系数和扩散系数的定义均与式(6.1)~式(6.4)一致；②不需要评估目标系统的自由振荡周期；③可应用于弱随机激励下具有弱线性阻尼和非线性阻尼及较强非线性恢复力的系统。

### 6.3.1　一般理论

考虑如下单自由度非线性系统的运动方程：

$$\ddot{x} + \varepsilon h(x,\dot{x}) + g(x) = \sqrt{\varepsilon}\,\xi(t) \tag{6.7}$$

其中，$h$ 是位移和速度的非线性函数；$g$ 是位移的非线性函数；$\varepsilon$ 是一个小参数；$\xi(t)$ 是零均值平稳宽带随机过程；其余符号具有其通常含义。

由式(6.7)乘以速度 $\mathrm{d}x/\mathrm{d}t$ 可得

$$\dot{x}\ddot{x} + \varepsilon\dot{x}h(x,\dot{x}) + \dot{x}g(x) = \sqrt{\varepsilon}\,\dot{x}\xi(t) \tag{6.8}$$

系统的能量包线或总能量可定义为

$$U = \frac{1}{2}\dot{x}^2 + \int g(x)\,\mathrm{d}x = \frac{1}{2}\dot{x}^2 + G(x) \tag{6.9}$$

式(6.9)的积分上、下限未确定,因为势能的参考水平可任意选择。在为各种非线性系统选择合适的坐标变换时,这种灵活性似乎具有额外的优势。

对式(6.9)关于时间 $t$ 求微分,有

$$\dot{U}=\dot{x}\ddot{x}+\dot{x}g(x)$$

将式(6.8)代入最后一个方程并重新整理,可得

$$\dot{U}=-\varepsilon\dot{x}h(x,\dot{x})+\sqrt{\varepsilon}\,\dot{x}\xi(t) \tag{6.10}$$

利用式(6.10)和对位移和速度的坐标变换,$x=R_1(U,\Phi)$,$\mathrm{d}x/\mathrm{d}t=R_2(U,\Phi)$,其中 $R_1(U,\Phi)$ 和 $R_2(U,\Phi)$ 是能量 $U$ 和相位角 $\Phi$ 的函数,可得到类似式(6.1)的标准形式的方程:

$$\frac{\mathrm{d}\boldsymbol{Z}_j}{\mathrm{d}t}=\varepsilon f_j(\boldsymbol{Z},t)+\varepsilon^{1/2}g_{jr}(\boldsymbol{Z},t)\xi_p(t),\quad j=1,2;r=1,2 \tag{6.11}$$

其中,$f_j$ 和 $g_{jr}$ 通常表示非线性函数;$\boldsymbol{Z}$ 是二维随机过程,其元素 $z_1=U$ 和 $z_2=\Phi$;其余元素符号已在式(6.1)中定义。坐标变换的选择使得

$$U=U(R_1(U,\Phi),R_2(U,\Phi)) \tag{6.12}$$

即系统的总能量是变换后坐标的函数。这种坐标转换的选择具有普适性。其他选择,如文献[6.29-6.40]中的选择,是式(6.12)的特殊情形。此特殊情形很难用于具有非线性刚度和非线性阻尼的系统,因为非线性刚度和非线性阻尼是位移和速度的函数。这可能解释了文献[6.30,6.37]中仅考虑作为速度函数的非线性阻尼的原因。

若随机激励相关时间的最大值远小于多自由度系统弛豫时间的最小值,则表明[6.11]状态向量 $\boldsymbol{Z}$ 弱收敛于一个扩散的马尔可夫量 $\boldsymbol{Z}^{(0)}$,其转移概率密度为 $p(\boldsymbol{Z}^{(0)},t\mid\boldsymbol{Z}_0^{(0)},t_0)$(或简写为 $p$),其中下标 0 表示时间 $t_0$。FPK 方程为

$$\frac{\partial p}{\partial t}=-\varepsilon\frac{\partial(a_j p)}{\partial z_j^{(0)}}+\frac{\varepsilon}{2}\cdot\frac{\partial^2(b_{jk}p)}{\partial z_j^{(0)}\partial z_k^{(0)}} \tag{6.13}$$

其中,漂移系数 $a_j$ 和扩散系数 $b_{jk}$ 分别由式(6.3a)和式(6.3b)给出。符号 $T_s^{av}\{\cdot\}$ 表示

$$T_{t_0}^{av}\{\cdot\} = \lim_{T(B)\to\infty}\frac{1}{T(E)}\int_{t_0}^{t_0+T(B)}\{\cdot\}\,\mathrm{d}t \tag{6.14a}$$

其中,积分是对显式时间 $t$ 进行的;$E$ 是能量包线,即,$z_1^{(0)}=U^{(0)}=E$。若式(6.3a)和式(6.3b)是周期性的,例如周期为 $T_0(E)$,则式(6.14a)变为

$$T_{t_0}^{av}\{\cdot\} = \frac{1}{T_0(E)}\int_{t_0}^{t_0+T_0(B)}\{\cdot\}\,\mathrm{d}t \tag{6.14b}$$

其结果与 $t_0$ 无关。

需强调,若 $g(x)$ 是线性函数,则上述 SAMEE 方法退化为上节描述的 CSA 方法。但是,式(6.7)中的 $g(x)$ 是非线性函数,因此相位角 $z_2{}^{(0)}=\Phi^{(0)}=\theta$ 不是一个慢变随机过程。这使得

很难确定由式(6.3)和式(6.14)定义的漂移系数和扩散系数。为了避免这个复杂问题,文献[6.12,6.29-6.39]中提供了 $T_0(E)$ 的各种表达式。后者考虑了非线性系统的自由振荡周期。严格地说,它是非线性系统受迫振荡的周期。事实上,对于随机激励下的非线性系统,自由振荡和受迫振荡的周期差异很大。确定漂移系数和扩散系数需要近似相位角 $\theta$[6.29-6.32,6.39]或假设随机能量 $E$ 和随机相位角 $\theta$ 对于数学期望算子是确定的[6.37]。

当前 SAMEE 方法采用的策略是消除每个周期中相位角 $\theta$ 的快速振荡和快变分量。该策略与 Stratonovich[6.9]的策略一致,也与文献[6.30]中的策略非常相似,采用该策略无须评估振荡周期 $T_0(E)$。这里将相位角写为 $\theta=\Theta(t)+\varphi$,其中 $\varphi$ 是慢变的随机相位角。角度 $\Theta(t)$ 是相位角 $\theta$ 的一阶微分方程右边的快变项对时间 $t$ 的积分。换句话说,项 $\Theta(t)=\omega(E)T_0(E)$,其中 $\omega(E)$ 是振荡的能量依赖频率,$T_0(E)$ 是振荡周期。其近似误差可通过 $\omega(E)$ 的泰勒展开来估算。实际上,若假设存在平稳概率密度函数,即存在平稳运动,则 $\omega(E)$ 在每个周期内的近似与时间无关。因此,式(6.13)和式(6.3)给出了总能量 $E$ 的平稳概率密度函数[6.12,6.29,6.30,6.33,6.37,6.40],即

$$p(E)=C\frac{T_0(E)}{b_{11}(E)}\mathrm{e}^{2\int_0^E\frac{a_1(v)}{b_{11}(v)}\mathrm{d}v} \tag{6.15}$$

其中,$C$ 是归一化常数。从信号处理的角度来看,可将此策略视为低通滤波,它消除了响应中的高频变量,只保留低频变量或慢变量。

位移和速度的联合平稳概率密度函数由文献[6.41]给出:

$$p(x,\dot{x})=\frac{p(E)}{T_0(E)}=\frac{C}{b_{11}(E)}\mathrm{e}^{2\int_0^E\frac{a_1(v)}{b_{11}(v)}\mathrm{d}v} \tag{6.16}$$

以式(6.10)为起点,验证式(6.16)。不失一般性,用 $E$ 和 $x$ 代替 $U$ 和 $x$。可看出,$\theta$ 的分布与 $\Theta(t)$ 的分布相同。由此可见,在给定的能量水平下,式(6.7)中 $x$ 在 $\mathrm{d}x$ 范围内的概率等于自由无阻尼振荡在该范围内所花费时间的比例[6.30],即

$$p(x|E)\mathrm{d}x=\frac{\mathrm{d}t}{T_0(E)} \tag{6.17}$$

其中,$p(x|E)$ 是 $x$ 的条件概率密度函数;$\mathrm{d}t$ 是遍历 $\mathrm{d}x$ 所花费的时间。与式(6.10)相关的 $x$ 和 $E$ 的平稳联合概率密度函数为

$$p(x,E)=p(x|E)p(E) \tag{6.18}$$

将式(6.17)代入式(6.18),有

$$p(x,E)=\frac{p(E)\mathrm{d}t}{T_0(E)\mathrm{d}x}=\frac{p(E)}{T_0(E)\dot{x}} \tag{6.19}$$

进而

$$p(x,E)\mathrm{d}E=p(x,\dot{x})\mathrm{d}\dot{x} \tag{6.20}$$

应用式(6.19)和式(6.20),有

$$p(x,\dot{x})=\left[\frac{p(E)}{T_0(E)\dot{x}}\right]\frac{\mathrm{d}E}{\mathrm{d}\dot{x}} \tag{6.21}$$

对于固定位移 $x$,由式(6.9)定义的能量包线给出

$$\mathrm{d}U=\mathrm{d}E=\dot{x}\mathrm{d}\dot{x} \tag{6.22}$$

将式(6.22)代入式(6.21)可得式(6.16)。

### 6.3.2 几个例子

下面两个例子用于阐明上述 SAMEE 方法。这两个例子在工程力学和物理的许多领域都有重要的应用。

**例Ⅰ** 本例类似5.3节中考虑的白噪声激励下的 van der Pol-Duffing 振子,除了增加一个小参数 $\varepsilon$,还将白噪声激励替代为宽带平稳随机激励。其运动方程为

$$\ddot{x}+\varepsilon(\alpha+\beta x^2)\dot{x}+\gamma x+\delta x^3=\sqrt{\varepsilon}\xi(t) \tag{Ⅰ-1}$$

其中,$\alpha,\beta,\gamma,\delta$ 均为实常数,且不一定为小量;$\xi(t)$ 是宽带平稳随机激励。

假设以下坐标变换:

$$\dot{x}=\sqrt{2U}\sin\Phi,x=\sqrt{\sqrt{\frac{4U}{\delta}}\cos\Phi-\left(\frac{\gamma}{\delta}\right)} \tag{Ⅰ-2a,b}$$

从而系统的总能量变为

$$U=\frac{1}{2}\dot{x}^2+\frac{\delta}{4}\left(x^2+\frac{\gamma}{\delta}\right)^2 \tag{Ⅰ-3}$$

不失一般性,接下来用 $E$ 和 $\theta$ 代替 $U$ 和 $\Phi$,从而

$$\dot{x}=\sqrt{2E}\sin\theta,x=\sqrt{\sqrt{\frac{4E}{\delta}}\cos\theta-\left(\frac{\gamma}{\delta}\right)} \tag{Ⅰ-4a,b}$$

和

$$E=\frac{1}{2}\dot{x}^2+\frac{\delta}{4}\left(x^2+\frac{\gamma}{\delta}\right)^2 \tag{Ⅰ-5}$$

利用式(Ⅰ-1),式(Ⅰ-4),式(Ⅰ-5)和式(6.10),可得能量 $E$ 的标准化形式的方程:

$$\dot{E}=-\varepsilon(2E)\left[\left(\alpha-\frac{\beta\gamma}{8}\right)\sin^2\theta+\left(\beta\sqrt{\frac{4E}{8}}\right)\sin^2\theta\cos\theta\right]+\sqrt{\varepsilon}(\sqrt{2E}\sin\theta)\xi(t) \tag{Ⅰ-6}$$

上式可表示为

$$\frac{\mathrm{d}E}{\mathrm{d}t}=\varepsilon f_1(E,\theta)+\varepsilon^{1/2}g_{11}(E,\theta)\xi \tag{Ⅰ-7}$$

其中,

$$f_1(E,\theta)=-2E\left[\left(\alpha-\frac{\beta\gamma}{\delta}\right)\sin^2\theta+\left(\beta\sqrt{\frac{4E}{\delta}}\right)\sin^2\theta\cos\theta\right] \tag{Ⅰ-8}$$

和

$$g_{11}(E,\theta)=\sqrt{2E}\sin\theta \tag{Ⅰ-9}$$

现在确定式(Ⅰ-6)的补余方程。首先,对式(Ⅰ-4b)两边平方,根据所得方程和式(Ⅰ-4a),

随机相位角可表示为

$$\theta=\tan^{-1}\left[\sqrt{\frac{2}{\delta}}\frac{\dot{x}}{\left(x^2+\frac{\gamma}{\delta}\right)}\right] \tag{Ⅰ-10}$$

将式(Ⅰ-10)中的相位角对时间 $t$ 进行微分并化简得

$$\frac{\mathrm{d}\theta}{\mathrm{d}t}=\left(\frac{\delta}{4E}\right)\left(\sqrt{\frac{2}{\delta}}\right)\left[\ddot{x}\sqrt{\frac{4E}{\delta}}\cos\theta-2x\dot{x}^2\right] \tag{Ⅰ-11}$$

参照式(Ⅰ-1)和式(Ⅰ-4)并简化,式(Ⅰ-11)退化为

$$\frac{\mathrm{d}\theta}{\mathrm{d}t}=\varepsilon f_2(E,\theta)+\varepsilon^{1/2}g_{22}(E,\theta)\xi \tag{Ⅰ-12}$$

其中,

$$f_2(E,\theta)=f_{21}+f_{22}+f_{23}+f_{24},\quad g_{22}(E,\theta)=\frac{\cos\theta}{\sqrt{2E}}, \tag{Ⅰ-13,14}$$

$$f_{21}=-\frac{1}{\varepsilon}\sqrt{\sqrt{E\delta}\cos\theta-\frac{\gamma}{2}},\quad f_{22}=-f_{21}\cos 2\theta, \tag{Ⅰ-15a,b}$$

$$f_{23}=-f_{21}\frac{\cos\theta}{\sqrt{2E}}\left[\gamma+\delta\left(\sqrt{\frac{4E}{\delta}}\cos\theta-\frac{\gamma}{\delta}\right)\right], \tag{Ⅰ-15c}$$

$$f_{24}=-\frac{1}{2}\left[\alpha+\beta\left(\sqrt{\frac{4E}{\delta}}\cos\theta-\frac{\gamma}{\delta}\right)\right]\sin 2\theta \tag{Ⅰ-15d}$$

式(Ⅰ-15a)~式(Ⅰ-15c)构成了相位角 $\theta$ 的快变分量 $\Theta(t)$。回顾 $\theta=\Theta(t)+\varphi$,式(Ⅰ-12)可写成

$$\frac{\mathrm{d}\varphi}{\mathrm{d}t}=\varepsilon f_{24}(E,\theta)+\varepsilon^{1/2}g_{22}(E,\theta)\xi \tag{Ⅰ-16}$$

式(Ⅰ-7)和式(Ⅰ-16)是一对一阶微分方程,可用来完全描述由式(Ⅰ-1)描述的振子的行为。

在应用式(6.3)构造能量包线 $E$ 的简化微分方程之前,需注意

$$\frac{\partial g_{11}(E,\theta)}{\partial E}=\frac{\sin\theta}{\sqrt{2E}},g_{11}(E,\theta,\tau)=\sqrt{2E}\sin(\theta+\tau), \tag{Ⅰ-17a,b}$$

$$\frac{\partial g_{11}(E,\theta)}{\partial\theta}=\sqrt{2E}\cos\theta,\quad g_{22}(E,\theta,\tau)=\frac{\cos(\theta+\tau)}{\sqrt{2E}} \tag{Ⅰ-17c,d}$$

应用式(6.3a)和式(Ⅰ-17),可得

$$a_1=T_s^{av}\{\langle f_1(E,\theta)\rangle\}+T_s^{av}\left\{\int_{-\infty}^{0}\frac{\partial g_{11}}{\partial E}g_{11}(E,\theta,s+\tau)\langle\xi(s)\xi(s+\tau)\rangle\mathrm{d}\tau\right\}$$
$$+T_s^{av}\left\{\int_{-\infty}^{0}\frac{\partial g_{11}}{\partial\theta}g_{22}(E,\theta,s+\tau)\langle\xi(s)\xi(s+\tau)\rangle\mathrm{d}\tau\right\}=T_s^{av}\{\langle f_1(E,\theta)\rangle\}+T_s^{av}\left\{\frac{I}{2}\right\} \tag{Ⅰ-18}$$

式中利用了以下定义：

$$\int_{-\infty}^{\infty}\langle\xi_1(t)\xi_1(t+\tau)\rangle\cos\tau\mathrm{d}\tau=2\pi S(\omega)=I,\quad\omega=1 \tag{Ⅰ-19a}$$

通过利用以下关系：

$$\frac{1}{T_0(E)}\int_0^{T_0(B)}f(t)\,\mathrm{d}t=\frac{1}{2\pi}\int_0^{2\pi}f(\theta)\,\mathrm{d}\theta \tag{Ⅰ-19b}$$

并将式（Ⅰ-8）代入式（Ⅰ-18），有

$$a_1=-\left(\alpha-\frac{\beta\gamma}{8}\right)E+\frac{I}{2} \tag{Ⅰ-20}$$

应用式（6.3b）可得

$$b_{11}=\frac{2EI}{2\pi}\int_0^{2\pi}\sin^2\theta\mathrm{d}\theta=EI \tag{Ⅰ-21}$$

显然，能量包线 $E$ 的一阶微分方程与相位角 $\varphi$ 是非耦合的。因此，$E$ 的 FPK 方程为

$$\frac{\partial p}{\partial t}=-\varepsilon\frac{\partial}{\partial E}\left\{\left[-\left(\alpha-\frac{\beta\gamma}{\delta}\right)E+\frac{I}{2}\right]p\right\}+\frac{\varepsilon}{2}\cdot\frac{\partial^2}{\partial E^2}(EIp) \tag{Ⅰ-22}$$

为了得到平稳概率密度函数 $p(E)$，可应用式（6.15）或直接应用式（Ⅰ-22），令等式右边等于 0，可得

$$p(E)=C\frac{T_0(E)}{I}\mathrm{e}^{-\frac{1}{2\pi S}\left(\alpha-\frac{\beta Y}{\delta}\right)\left[x^2+\frac{\delta}{2}\left(x^2+\frac{\gamma}{\delta}\right)^2\right]} \tag{Ⅰ-23}$$

应用式（6.16），位移和速度的平稳联合概率密度变为

$$p(x,\dot{x})=(C/I)\mathrm{e}^{-\frac{1}{2\pi S}\left(\alpha-\frac{\beta\gamma}{\delta}\right)\left[z^2+\frac{\delta}{2}\left(x^2+\frac{\gamma}{\delta}\right)^2\right]} \tag{Ⅰ-24}$$

该结果与应用统计非线性化方法的 5.3.2 小节式（X-7）的结果一致。后者对时间 $t$ 成立，而式（Ⅰ-24）对慢时间 $\varepsilon(t)$ 有效，可观察式（Ⅰ-22）。当然，极限情况为 $\alpha=\beta\gamma/\delta$，当 $\alpha<\beta\gamma/\delta$ 时，常数 $C$ 无法归一化。这时发生分岔的情况。

**例Ⅱ** 本例中具有非线性阻尼和非线性恢复力的振子类似 5.3.2 小节的例Ⅳ中研究的振子，仅非线性阻尼和外激励项中的小参数 $\varepsilon$ 存在差异

$$\ddot{x}+\varepsilon\beta|\dot{x}^2|\mathrm{sgn}(\dot{x})+\gamma x+\eta x^3=\sqrt{\varepsilon}\xi(t) \tag{Ⅱ-1}$$

其中，$\beta,\gamma,\eta$ 均是常数，但不一定是小量。通过适当修改常数参数的符号，该方程可用于建模和分析随机海中船舶的非线性横摇运动[6.30]。

令坐标变换为

$$\dot{x}=\sqrt{2E}\sin\theta,\sqrt{G(x)}=\sqrt{E}\cos\theta \tag{Ⅱ-2a,b}$$

其中，

$$E=\frac{1}{2}\dot{x}^2+G(x),\quad G(x)=\int g(x)\,\mathrm{d}x,\quad g(x)=\gamma x+\eta x^3 \tag{Ⅱ-2c,d,e}$$

利用式（Ⅱ-1）、式（Ⅱ-2）和式（6.10），可得到关于能量 $E$ 的标准化形式的一阶方程：

$$\frac{dE}{dt}=\varepsilon f_1(E,\theta)+\varepsilon^{1/2}g_{11}(E,\theta)\xi \tag{Ⅱ-3}$$

其中,

$$f_1(E,\theta)=-\beta(2E)^{3/2}|\sin\theta|\sin^2\theta,\quad g_{11}(E,\theta)=\sqrt{2E}\sin\theta \tag{Ⅱ-4,5}$$

下面确定式(Ⅱ-3)的补余方程。首先,将式(Ⅱ-2a)除以式(Ⅱ-2b),可得相位角:

$$\theta=\text{arc}\ \tan\left[\frac{\dot{x}}{\sqrt{2G(x)}}\right] \tag{Ⅱ-6}$$

相位角对时间 $t$ 微分并简化得

$$\frac{d\theta}{dt}=\varepsilon f_2(E,\theta)+c_2(E,\theta)+\varepsilon^{1/2}g_{22}(E,\theta)\xi \tag{Ⅱ-7}$$

其中,

$$f_2(E,\theta)=-\frac{\beta}{2}\sqrt{2E}\sin 2\theta|\sin\theta|,\quad c_2(E,\theta)=-\frac{g(E,\theta)}{\sqrt{2E}\cos\theta} \tag{Ⅱ-8,9}$$

且

$$g_{22}(E,\theta)=\frac{\cos\theta}{\sqrt{2E}} \tag{Ⅱ-10}$$

注意,$g(E,\theta)=g(x)$。应用与例Ⅰ类似的推理,便于式(Ⅱ-7)两边去除快变项。所得方程为

$$\frac{d\varphi}{dt}=\varepsilon f_2(E,\theta)+\varepsilon^{1/2}g_{22}(E,\theta)\xi \tag{Ⅱ-11}$$

式(Ⅱ-3)和式(Ⅱ-11)是一对一阶微分方程,可用来完全描述由式(Ⅱ-1)描述的振子的行为。

在应用式(6.3)构造能量包线 $E$ 的简化微分方程之前,在本例中有

$$\frac{\partial g_{11}(E,\theta)}{\partial E}=\frac{\sin\theta}{\sqrt{2E}},\quad g_{11}(E,\theta,\tau)=\sqrt{2E}\sin(\theta+\tau), \tag{Ⅱ-12a,b}$$

$$\frac{\partial g_{11}(E,\theta)}{\partial\theta}=\sqrt{2E}\cos\theta,\quad g_{22}(E,\theta,\tau)=\frac{\cos(\theta+\tau)}{\sqrt{2E}} \tag{Ⅱ-12c,d}$$

应用式(6.3a)和式(Ⅱ-12)后,得

$$\begin{aligned}a_1 &= T_s^{av}\{\langle f_1(E,\theta)\rangle\}+T_s^{av}\left\{\int_{-\infty}^{0}\frac{\partial g_{11}}{\partial E}g_{11}(E,\theta,s+\tau)\langle\xi(s)\xi(s+\tau)\rangle d\tau\right\}\\ &\quad+T_s^{av}\left\{\int_{-\infty}^{0}\frac{\partial g_{11}}{\partial\theta}g_{22}(E,\theta,s+\tau)\langle\xi(s)\xi(s+\tau)\rangle d\tau\right\}\\ &= T_s^{av}\{\langle f_1(E,\theta)\rangle\}+T_s^{av}\{I/2\}\end{aligned} \tag{Ⅱ-13}$$

应用例Ⅰ中的式(Ⅰ-19),并将式(Ⅱ-4)代入式(Ⅱ-13),得

$$a_1=-\left(\frac{8\beta}{3\pi}\right)(2E)^{3/2}+\frac{I}{2} \tag{Ⅱ-14}$$

由式(6.3b)可得

$$b_{11} = \frac{2EI}{2\pi}\int_0^{2\pi} \sin^2\theta \mathrm{d}\theta = EI \tag{Ⅱ-15}$$

注意,能量包线 $E$ 的一阶微分方程与相位角 $\varphi$ 是非耦合的。因此,$E$ 的 FPK 方程为

$$\frac{\partial p}{\partial t} = -\varepsilon \frac{\partial}{\partial E}\left\{\left[-\left(\frac{8\beta}{3\pi}\right)(2E)^{3/2} + \frac{I}{2}\right]p\right\} + \frac{\varepsilon}{2}\cdot\frac{\partial^2}{\partial E^2}(EIp) \tag{Ⅱ-16}$$

平稳概率密度函数 $p(E)$ 可通过应用式(6.15)或直接应用式(Ⅱ-16)得到,令等式右边等于0,得

$$p(E) = C\frac{T_0(E)}{I}\mathrm{e}^{-\frac{8\beta}{9\pi^2 S}\left(\dot{x}^2+\gamma x^2+\frac{1}{2}\eta x^4\right)^{3/2}} \tag{Ⅱ-17}$$

位移和速度的平稳联合概率密度函数为

$$p(x,\dot{x}) = \left(\frac{C}{I}\right)\mathrm{e}^{-\frac{8\beta}{9\pi^2 S}\left(\dot{x}^2+\gamma x^2+\frac{1}{2}\eta x^4\right)^{3/2}} \tag{Ⅱ-18}$$

除归一化常数外,这与 5.3.2 小节中的式(Ⅳ-4)一致。这里的归一化常数是 $C/I$,而不是 $C$。当然,这种差异并不重要。5.3.2 小节中的式(Ⅳ-4)在时间 $t$ 内有效,而此处的式(Ⅱ-18)在慢时间 $\varepsilon(t)$ 内有效。同等重要的是,式(Ⅳ-4)与文献[6.42]中的式(5.61)一致,其中式(5.61)已由 MCS 法验证。因此,利用上述 SAMEE 方法可得到正确的解。

### 6.3.3 附注

上文已提出 SAMEE 方法的一般理论。其标准方程式、漂移系数和扩散系数的定义与 CSA 方法类似。这表明可以采用类似的步骤推导 6.2.3 小节的式(Ⅰ-11)和式(Ⅰ-12),从而 SAMEE 方法可应用于非平稳随机激励下的系统。Red-Horse 和 Spanos 应用不同版本的 SAMEE 方法,尝试给出了非平稳随机激励下非线性系统的解[6.38-6.40]。其主要困难仍然是联合转移概率密度函数的 FPK 方程的求解。

本节的 SAMEE 方法应用于宽带零均值高斯平稳随机激励下的两类非线性单自由度系统。有趣的是,这些解在形式上与 5.3 节中统计非线性化方法得到的解相同,并且上述例Ⅱ的结果在形式上与文献[6.42]中的结果相同,而且文献中的 MCS 数据与解析结果十分吻合。仍需注意,在上述两个例子中,若假设激励是零均值高斯白噪声过程,并采用确定性平均法而非随机平均法,则位移和速度的联合平稳概率密度函数的结果在形式上与上述方法相同。

## 6.4 其他随机平均法

第三类随机平均法包括 6.2 节中介绍的 CSA 方法[6.12,6.43]的派生、推广和高阶近似形式。例如,Sethna 和 Orey[6.44]提出了一种随机平均法,该方法最初由 Sethna[6.45-6.46]开发。该方法在快、慢两种时间尺度上对系统微分方程进行了分析:在快时间尺度上进行随机分析,在慢时

间尺度上进行确定性分析。因此,该方法在本质上类似一阶 CSA 方法。然而,与 CSA 方法相比,该方法具有较少的限制。Brückner 和 Lin[6.47]提出了一种求解非线性振动问题的复杂随机平均法。这是 Ariaratnam 和 Tam[6.48]对谐波和随机激励下的线性系统开发的方法的扩展。但是,非线性系统响应的统计矩方程具有无限阶,因此需要一种截断方法来求解。Rajan 和 Davies[6.49]以及 Davies 和 Liu[6.50]已将 CSA 方法的二阶导数用于研究响应线性滤波器的窄带随机激励作用下的单自由度非线性系统。

文献[6.49]考虑了 Duffing 振子,文献[6.50]考虑的系统具有一般形式的非线性阻尼和非线性刚度。这些文献中这两种方法的一个共同特征是应用了等效固有频率。文献[6.50]还应用了等效阻尼参数。

基于 Stratonovich[6.9]介绍的方法,Baxter[6.51]和 Schmidt[6.52]已开发了二阶随机平均法(SOSA)。SOSA 方法中的代数运算量远远大于 CSA 方法中的代数运算量。因此,它们在多自由度非线性系统中的应用非常有限,而且不经济。然而,由于能够提供更高的精确度,Baxter[6.51]的 SOSA 方法将在例Ⅰ中概述。在文献[6.53]中,To 和 Lin 已将广义 CSA 方法应用于平稳随机激励下的一个两自由度非线性系统的分岔分析。为了说明其在多自由度非线性系统中的应用,本节将其作为例Ⅱ。本节中的例Ⅲ与 Dimentberg[6.54]的随机平均法有关。在此方法中,采用复变量法对固有频率随机变化的 Duffing 振子的亚谐共振进行分析。例Ⅳ是关于非线性弹性结构的 SOSA 方法[6.52]。

**例Ⅰ**　Baxter[6.51]研究了随机参激下弹性柱体的非线性行为,如图 6.1 所示。柱体的横向运动方程为

$$(1+\varepsilon\alpha Y^2+\varepsilon^2\beta Y^4)\ddot{Y}+\varepsilon[2\zeta\Omega+\alpha\dot{Y}Y+\varepsilon(2\zeta\Omega\gamma Y^2+8Y^3\dot{Y}+\beta\dot{Y})]\dot{Y}$$
$$+\Omega^2[1+\varepsilon\eta Y^2+\varepsilon^2\lambda Y^4-\varepsilon(2\mu+\varepsilon\rho Y^2)\xi(t)]Y=0 \tag{Ⅰ-1}$$

其中,$Y$ 是横向振动的无量纲振幅,定义为

$$Y=\frac{1}{\sqrt{\varepsilon}}\left(\frac{\pi}{L}\right)y_0(t)$$

其中,$y_0(t)$是柱体中点处的振动振幅,柱体的弯曲固有频率为

$$\Omega=\left(\frac{\pi}{L}\right)\sqrt{\frac{P}{m}\left(1-\frac{KZ_0}{P}\right)},P=EI\left(\frac{\pi}{L}\right)^2+\left(M+\frac{mL}{2}\right)g$$

激励参数为

$$\mu=\frac{K\sigma}{2(P-KZ_0)},\rho=\frac{3\mu}{4\Omega^2}$$

$m$ 是柱体单位长度的质量;$M$ 是附着在柱体导向端的集中质量;$g$ 是重力加速度;$L$ 是柱体的长度;$K$ 是弹簧常数;$Z_0$ 是弹簧静挠度,是 $Z$ 的均值;$\sigma$ 是 $Z$ 关于弹簧静挠度的标准差;$\alpha$ 和 $\beta$ 是非线性惯性参数;$\gamma$ 和 $\delta$ 是非线性阻尼参数;$\zeta$ 是线性阻尼参数;$\eta$ 和 $\lambda$ 是非线性弹簧参数;图 6.1 中的 $\xi(t)=w$ 是零均值高斯宽带平稳随机过程,而 $\varepsilon$ 是一个小参数。

引入变换:

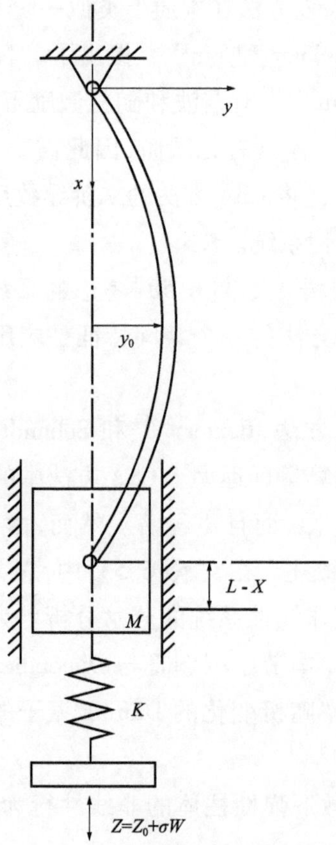


**图 6.1　随机参激下的弹性柱体**

$$Y=A(t)\cos\theta(t)=A(t)\cos[\Omega t+\theta(t)],$$
$$\dot{Y}=-A(t)\Omega\sin\Theta(t)=-A(t)\Omega\sin[\Omega t+\theta(t)] \quad (\text{I}-2\text{a,b})$$

其中,$A(t)$和$\theta(t)$分别是慢变化的随机振幅和随机相位角。为了简单起见,忽略自变量$t$。$Y$的随机振幅和相位角的导数可表示为$\varepsilon$的两个幂级数:

$$\frac{\mathrm{d}A}{\mathrm{d}t}=\varepsilon G(A,\Theta,\xi)=\sum_{i=1}^{3}\varepsilon^{i}G_{i}+\text{hot},$$
$$\frac{\mathrm{d}\theta}{\mathrm{d}t}=\varepsilon H(A,\Theta,\xi)=\sum_{i=1}^{3}\varepsilon^{i}H_{i}+\text{hot} \quad (\text{I}-3\text{a,b})$$

其中,hot 表示高阶项。式(Ⅰ-3a)和(Ⅰ-3b)称为标准渐近方程。

为了提高精确性,一种方法是考虑一个更高阶或二阶近似。需要应用另一种变换:

$$A=a+\varepsilon u(a,\varphi),\theta=\varphi+\varepsilon v(a,\varphi),\varphi=\Omega t+\phi \quad (\text{I}-4\text{a,b,c})$$

其中,非振荡振幅$a$、相位角$\varphi$满足如下新的微分方程组:

$$\frac{\mathrm{d}a}{\mathrm{d}t}=\varepsilon g(a,\varphi,w)=\varepsilon(g_1+\varepsilon g_2+\text{hot}),$$
$$\frac{\mathrm{d}\varphi}{\mathrm{d}t}=\varepsilon h(a,\varphi,w)=\varepsilon(h_1+\varepsilon h_2+\text{hot}) \quad (\text{I}-5\text{a,b})$$

这些方程被称为非振荡渐近方程,其形式类似式(Ⅰ-3a,b)。振荡项可表示为

$$u(a,\varphi)=\sum_{j=0}^{2}\varepsilon^{j}u_{j}+\text{hot},\quad v(a,\varphi)=\sum_{j=0}^{2}\varepsilon^{j}v_{j}+\text{hot} \tag{Ⅰ-6a,b}$$

为了简单起见,在此阶段忽略随机激励 $\xi(t)$。在式(Ⅰ-3)和式(Ⅰ-5)中令 $\xi(t)=0$,并对式(Ⅰ-4a,b)微分,有

$$\begin{aligned}\frac{\mathrm{d}A}{\mathrm{d}t}&=\frac{\mathrm{d}a}{\mathrm{d}t}+\varepsilon\left[\frac{\mathrm{d}a}{\mathrm{d}t}\cdot\frac{\partial u}{\partial a}+\left(\Omega+\frac{\mathrm{d}\varphi}{\mathrm{d}t}\right)\frac{\partial u}{\partial\varphi}\right],\\ \frac{\mathrm{d}\theta}{\mathrm{d}t}&=\frac{\mathrm{d}\varphi}{\mathrm{d}t}+\varepsilon\left[\frac{\mathrm{d}a}{\mathrm{d}t}\cdot\frac{\partial v}{\partial a}+\left(\Omega+\frac{\mathrm{d}\varphi}{\mathrm{d}t}\right)\frac{\partial v}{\partial\varphi}\right]\end{aligned} \tag{Ⅰ-7a,b}$$

将式(Ⅰ-5a,b)代入式(Ⅰ-7a,b),得

$$\begin{aligned}\frac{\mathrm{d}A}{\mathrm{d}t}&=\varepsilon g(a,\varphi,0)+\varepsilon\left[\varepsilon g\frac{\partial u}{\partial a}+(\Omega+\varepsilon h)\frac{\partial u}{\partial\varphi}\right]\\&=\varepsilon(g_1+\varepsilon g_2+\text{hot})+\varepsilon\left[\varepsilon(g_1+\varepsilon g_2+\text{hot})\frac{\partial u}{\partial a}\right],\end{aligned} \tag{Ⅰ-8a}$$

$$\begin{aligned}\frac{\mathrm{d}\theta}{\mathrm{d}t}&=\varepsilon h(a,\varphi,0)+\varepsilon\left[\varepsilon g\frac{\partial v}{\partial a}+(\Omega+\varepsilon h)\frac{\partial v}{\partial\varphi}\right]\\&=\varepsilon(g_1+\varepsilon g_2+\text{hot})+\varepsilon\left[\varepsilon(g_1+\varepsilon g_2+\text{hot})\frac{\partial v}{\partial a}\right]\end{aligned} \tag{Ⅰ-8b}$$

也可将式(Ⅰ-2a,b)展开为泰勒级数并令 $\xi(t)=0$,则有

$$\frac{\mathrm{d}A}{\mathrm{d}t}=\varepsilon G(a+\varepsilon u,\varphi+\varepsilon v,0), \tag{Ⅰ-9a}$$

$$\frac{\mathrm{d}\theta}{\mathrm{d}t}=\varepsilon H(a+\varepsilon u,\varphi+\varepsilon v,0), \tag{Ⅰ-9b}$$

$$G(a+\varepsilon u,\varphi+\varepsilon v,0)=\left[G(a,\varphi,0)+\left(\varepsilon u\frac{\partial G}{\partial A}+\varepsilon v\frac{\partial G}{\partial\theta}+\text{hot}\right)_{a,\phi}\right],$$

$$H(a+\varepsilon u,\varphi+\varepsilon v,0)=\left[H(a,\varphi,0)+\left(\varepsilon u\frac{\partial H}{\partial A}+\varepsilon v\frac{\partial H}{\partial\Theta}+\text{hot}\right)_{a,\phi}\right]$$

其中,$(.)_{a,\phi}$ 表示偏微分运算后括号内 $G$ 和 $H$ 的变量 $A$ 和 $\Theta$ 分别替换为 $a$ 和 $\phi$。

令式(Ⅰ-9)与式(Ⅰ-8)相等,并比较 $\varepsilon$ 的同次幂项,可以找到控制逐次逼近过程的方程。因此,对于与 $\varepsilon$ 相关的一阶近似,有

$$g_1(a,\varphi,0)+\Omega\frac{\partial u_0(a,\varphi)}{\partial\varphi}=G_1(a,\varphi,0), \tag{Ⅰ-10a}$$

$$h_1(a,\varphi,0)+\Omega\frac{\partial v_0(a,\varphi)}{\partial\varphi}=H_1(a,\varphi,0) \tag{Ⅰ-10b}$$

式(Ⅰ-10a)或式(Ⅰ-10b)左边的第一项和第二项分别是非振荡项和振荡项。对于与 $\varepsilon^2$ 相关的二阶逼近,发现

$$g_2+\Omega\frac{\partial u_1}{\partial\varphi}+g_1\frac{\partial u_0}{\partial a}+h_1\frac{\partial u_0}{\partial\varphi}=\left(G_2+u_0\frac{\partial G_1}{\partial A}+v_0\frac{\partial G_1}{\partial\Theta}\right)_{a,\phi}, \tag{Ⅰ-11a}$$

$$h_2+\Omega\frac{\partial v_1}{\partial\varphi}+g_1\frac{\partial v_0}{\partial a}+h_1\frac{\partial v_0}{\partial\varphi}=\left(H_2+u_0\frac{\partial H_1}{\partial A}+v_0\frac{\partial H_1}{\partial\Theta}\right)_{a,\phi} \tag{Ⅰ-11b}$$

在求解式(Ⅰ-10)和式(Ⅰ-11)的非振荡项和振荡项之前,需要式(Ⅰ-1)所示系统的表达式 $G_i$ 和 $H_i$,其中 $i=1,2$。为了得到这些表达式,可变换式(Ⅰ-2)和式(Ⅰ-1),消除非线性惯性项并经过一些代数运算后,可得

$$G_1(A,\Theta,\xi)=-\zeta\Omega A(1-\cos 2\Theta)+\frac{1}{8}\eta\Omega A^3(2\sin 2\Theta+\sin 4\Theta)-\frac{1}{4}\alpha\Omega A\sin 4\Theta-(\mu\Omega A\sin 2\Theta)\xi(t), \tag{Ⅰ-12a}$$

$$G_2(A,\Theta,\xi)=\sum_{i=1}^{n=6}G_2^{(i)}, \tag{Ⅰ-12b}$$

$$G_2^{(1)}=-\frac{1}{4}\zeta\Omega\gamma A^3(1-\cos 4\Theta),\quad G_2^{(2)}=\frac{1}{32}\delta\Omega A^5(3\sin 2\Theta-\sin 6\Theta),$$

$$G_2^{(3)}=\frac{1}{32}\lambda\Omega A^5(5\sin 2\Theta+4\sin 4\Theta+\sin 6\Theta),$$

$$G_2^{(4)}=-\frac{1}{16}\beta\Omega A^5(\sin 2\Theta+2\sin 4\Theta+\sin 6\Theta),$$

$$G_2^{(5)}=\frac{1}{32}\alpha A^3[8\zeta\Omega(1-\cos 4\Theta)-\eta\Omega A^2(5\sin 2\Theta+4\sin 4\Theta+\sin 6\Theta)+2\alpha\Omega A^2(\sin 2\Theta+2\sin 4\Theta+\sin 6\Theta)],$$

$$G_2^{(6)}=-\frac{1}{32}\mu\Omega(3-8\alpha)A^3(2\sin 2\Theta+\sin 4\Theta)\xi(t),$$

$$\begin{aligned}H_1(A,\Theta,\xi)=&-\zeta\Omega\sin 2\Theta+\frac{1}{8}\eta\Omega A^2(3+4\cos 2\Theta+\cos 4\Theta)\\&-\frac{1}{4}\alpha\Omega A^2(1+2\cos 2\Theta+\cos 4\Theta)-\mu\Omega(1+\cos 2\Theta)\xi(t),\end{aligned} \tag{Ⅰ-12c}$$

$$H_2(A,\Theta,\xi)=\sum_{i=1}^{n=6}H_2^{(i)}, \tag{Ⅰ-12d}$$

$$H_2^{(2)}=\frac{1}{32}\lambda\Omega A^4(10+15\cos 2\Theta+6\cos 4\Theta+\cos 6\Theta),$$

$$H_2^{(3)}=\frac{1}{32}\delta\Omega A^4(2+\cos 2\Theta-2\cos 4\Theta-\cos 6\Theta),$$

$$H_2^{(4)}=-\frac{1}{16}\beta\Omega A^4(4+7\cos 2\Theta+4\cos 4\Theta+\cos 6\Theta),$$

$$\begin{aligned}H_2^{(5)}=\frac{1}{32}\alpha A^2[&8\zeta\Omega(2\sin 2\Theta+\sin 4\Theta)-\eta\Omega A^2(10+15\cos 2\Theta+6\cos 4\Theta+\cos 6\Theta)\\&+2\alpha\Omega A^2(4+7\cos 2\Theta+4\cos 4\Theta+\cos 6\Theta)],\end{aligned}$$

$$H_2^{(6)}=-\frac{1}{32}\mu\Omega(3-8\alpha)A^2(3+4\cos 2\Theta+\cos 4\Theta)\xi(t)$$

利用式(Ⅰ-10a)和式(Ⅰ-12a),非振荡项为

$$g_1(a,\varphi,0)=-\zeta\Omega a \tag{Ⅰ-13a}$$

同理，由式(Ⅰ-10b)和式(Ⅰ-12c)，可得非振荡项为

$$h_1(a,\varphi,0)=\frac{1}{8}\Omega a^2(3\eta-2\alpha) \tag{Ⅰ-13b}$$

为了得到式(Ⅰ-10a)左边的振荡项，可将式(Ⅰ-10a)左边的第二项等同于式(Ⅰ-12a)右边的振荡项，并对 $\varphi$ 积分，可得

$$u_0(a,\varphi)=\frac{1}{2}\zeta a\sin 2\varphi-\frac{1}{8}\eta a^3\cos 2\varphi-\frac{a^3}{32}(\eta-2\alpha)\cos 4\varphi+C_1(a) \tag{Ⅰ-13c}$$

为了评估式(Ⅰ-10b)左边的振荡项，可将式(Ⅰ-10b)左边的第二项等同于式(Ⅰ-12c)左边的振荡项，并对 $\varphi$ 积分，可得

$$v_0(a,\varphi)=\frac{1}{2}\zeta\cos 2\varphi+\frac{1}{4}a^2(\eta-\alpha)\sin 2\varphi+\frac{a^2}{32}(\eta-2\alpha)\sin 4\varphi+C_2(a) \tag{Ⅰ-13d}$$

积分常数 $C_1(a)$ 和 $C_2(a)$ 可确定如下。应用式(Ⅰ-2a)、式(Ⅰ-4)和式(Ⅰ-6)，有

$$\begin{aligned}Y(t)&=A(t)\cos\theta\\&=(a+\varepsilon u_0+\text{hot})\cos(\varphi+\varepsilon v_0+\text{hot})\\&\approx a\cos\varphi+\varepsilon(u_0\cos\varphi-v_0 a\sin\varphi)+\text{hot}\end{aligned} \tag{Ⅰ-14}$$

将式(Ⅰ-13c)和式(Ⅰ-13d)代入式(Ⅰ-14)，可得

$$\begin{aligned}Y(t)&\approx a\cos\varphi+\varepsilon(u_0\cos\varphi-v_0 a\sin\varphi)+\text{hot}\\&\approx a\cos\varphi+\varepsilon\left[\left(\frac{1}{2}\zeta a-aC_2\right)\sin\varphi-\frac{1}{16}(-3\eta a^3+2\alpha a^3+C_1)\cos\varphi\right.\end{aligned} \tag{Ⅰ-15}$$

积分常数 $C_1$ 和 $C_2$ 的值可通过非振荡幅度 $a$ 等于基波 $\cos\varphi$ 处响应的全平均振幅来确定。这意味着与 $\varepsilon$ 有关的项及更高次幂项为 0。换句话说，$\sin\varphi$ 和 $\cos\varphi$ 的系数必须为 0。不考虑振荡项，例如方括号内的 $\cos\varphi$，从而有

$$C_1=a^3(3\eta-2\alpha),\quad C_2=\frac{\zeta}{2} \tag{Ⅰ-16a,b}$$

根据上述结果和式(Ⅰ-11)，可得二阶项为

$$g_2(a,\varphi,0)=-\frac{1}{8}\zeta\Omega a^3(2\gamma-49\eta-30\alpha) \tag{Ⅰ-17}$$

将激励项加到 $g_1$ 和 $g_2$，Stratonovich 方程式(Ⅰ-5a)退化为

$$\frac{\mathrm{d}a}{\mathrm{d}t}\approx\varepsilon(g_1+\varepsilon g_2) \tag{Ⅰ-18}$$

振幅 $a$ 的方程式(Ⅰ-18)与相位 $\varphi$ 的对应方程完全解耦，因此，接下来重点分析振幅 $a$。对于相位 $\varphi$ 可同理研究，为了简洁起见，此处不再赘述。振幅 $a$ 的 Itô 方程可表示为

$$\begin{aligned}\mathrm{d}a&=\varepsilon\left[-\zeta\Omega a-\frac{\varepsilon}{8}\zeta a^3(2\gamma-49\eta+30\alpha)+\frac{3}{4}\varepsilon\mu^2\Omega^2 aS(2\Omega)\right]\mathrm{d}t\\&=a_1\mathrm{d}t+\sqrt{b_{11}}\,\mathrm{d}B(t)\end{aligned} \tag{Ⅰ-19}$$

其中，$dB(t)=\xi(t)dt$，$a_1$ 和 $b_{11}$ 分别是漂移系数和扩散系数，并且

$$S(\Omega)=\int_{-\infty}^{\infty}\langle\xi(t)\xi(t+\tau)\rangle\cos(\Omega\tau)\,d\tau$$

振幅 $a$ 的平稳 FPK 方程为

$$\frac{\partial(a_1 p)}{\partial a}+\frac{1}{2}\cdot\frac{\partial^2(b_{11}p)}{\partial a^2}=0 \tag{Ⅰ-20}$$

式(Ⅰ-20)给出

$$p(a)=Ca^{\kappa}e^{-\Lambda a^2} \tag{Ⅰ-21}$$

其中，$C$ 是归一化常数，

$$\kappa=1-\frac{2\zeta\Omega}{\varepsilon S_0},\quad S_0=\frac{1}{2}\mu^2\Omega^2 S(2\Omega),$$

$$\Lambda=\frac{\zeta\Omega}{8S_0}(2\gamma-49\eta+30\alpha)$$

若 $\Lambda>0$ 或 $\gamma>(24\eta-14\alpha)$，则归一化常数变为

$$C=\frac{2\Lambda^{(\kappa+1)/2}}{\Gamma\left(\frac{\kappa+1}{2}\right)} \tag{Ⅰ-22}$$

式(Ⅰ-21)和式(Ⅰ-22)提供了非振荡振幅 $a$ 的平稳概率密度。注意，式(Ⅰ-21)和式(Ⅰ-22)包含除 $\beta$,$\delta$ 和 $\lambda$ 以外的所有系统参数。这三个系统参数实际上包含在相位角 $\varphi$ 的 Itô 方程的漂移系数中，因为它们出现在式(Ⅰ-12d)定义的 $H_2(A,\Theta,\xi)$ 的非振荡项中。

由于响应是振幅和相位的函数，所以运动方程中存在所有非线性项和线性项对响应统计量的影响。当忽略式(Ⅰ-1)中与 $\varepsilon^2$ 相关的项时，采用式(Ⅰ-12a)和式(Ⅰ-12c)的 CSA 方法能够得到响应，从而捕获式(Ⅰ-1)中与 $\varepsilon$ 相关的非线性项的所有影响。这是因为响应是振幅和相位的函数，其关联的 Itô 方程含有与 $\varepsilon$ 相关的系统非线性效应的漂移系数。参考式(Ⅰ-12a)和式(Ⅰ-12c)，不难看出，方程的非振荡项中存在非线性效应。换句话说，没有必要进行二次平均以揭示非线性项的影响(如文献[6.5-6.7]所建议)。

**例Ⅱ** To 和 Lin[6.53]对平稳随机参激下的两自由度非线性系统进行了分岔分析。运动方程为

$$\ddot{x}-\lambda_1\dot{x}+\alpha_1x^2\dot{x}+\omega_1^2x-\beta(y-x)^3+\sqrt{\varepsilon}\,b_{11}\xi_1(t)x+\varepsilon b_{12}y=0, \tag{Ⅱ-1a}$$

$$\ddot{y}-(\lambda_1-\lambda_2)\dot{y}+\alpha_2y^2\dot{y}+\omega_2^2y+\beta(y-x)^3+\varepsilon b_{21}x+\sqrt{\varepsilon}\,b_{22}\,\xi_2(t)y=0 \tag{Ⅱ-1b}$$

其中，$\varepsilon$ 是一个小的常数参数；$x$ 和 $y$ 是振子质量的无量纲位移；$\omega_1$ 和 $\omega_2$ 是对应线性系统的固有频率；$\beta>0$ 和 $b_{ij}(i,j=1,2)$ 是耦合系数；$\alpha_i$，$\lambda_1$ 和 $\lambda_2$ 是阻尼系数，在这里是分岔参数。如果 $b_{ii}=\varepsilon=\beta=0$，则振子非耦合。每个非耦合运动方程控制一个 van der Pol 振子。参激 $\xi_1(t)$ 和 $\xi_2(t)$ 的谱密度函数为具有较小相关时间的任意平滑渐变函数。假设相关时间远小于系统的弛豫时间。假设的含义是，作用于系统的激励带宽远大于响应。

已知当参激不存在时，对于所有 $\lambda_1$ 和 $\lambda_2$，$x=y=0$ 都是方程式(Ⅱ-1)的稳态解或基本

解，而 $\lambda_1=0$ 或 $\lambda_1=\lambda_2>0$ 是主分岔点或 Hopf 分岔点。当 $\lambda_2$ 接近 0 时，主分岔点合并，意味着次级分岔[6.55]。

为得到式(Ⅱ-1)在基本解和 $\lambda_1=0$ 附近的分岔解，应用如下变换对状态向量($x$, $\mathrm{d}x/\mathrm{d}t$, $y$, $\mathrm{d}y/\mathrm{d}t$)重新标度：

$$x=\sqrt{\varepsilon}x_1,\dot{x}=\sqrt{\varepsilon}x_2,y=\sqrt{\varepsilon}x_3,\dot{y}=\sqrt{\varepsilon}x_4 \qquad (Ⅱ\text{-}2a,b,c,d)$$

并令

$$\lambda_1=\eta\varepsilon,\quad \lambda_2=\xi\varepsilon \qquad (Ⅱ\text{-}3)$$

其中，$\eta$，$\xi>0$ 是常数参数；$\varepsilon$ 是一个小的常数参数。

然后，根据新变量 $x_i(i=1,2,3,4)$ 将式(Ⅱ-1)重写为弱非线性方程组：

$$\begin{aligned}
&\dot{x}_1=x_2,\\
&\dot{x}_2=-\omega_1^2x_1+\varepsilon[\eta x_2-\alpha_1x_2x_1^2+\beta(x_3-x_1)^3-b_{11}x_1\xi_1(t)\varepsilon^{-1/2}-b_{12}x_3],\\
&\dot{x}_3=x_4,\\
&\dot{x}_4=-\omega_2^2x_3+\varepsilon[(\eta-\xi)x_4-\alpha_2x_4x_3^2-\beta(x_3-x_1)^3-b_{21}x_1-b_{22}x_3\xi_2(t)\varepsilon^{-1/2}]
\end{aligned} \qquad (Ⅱ\text{-}4)$$

利用坐标变换：

$$\begin{aligned}
&x_{2j+1}=a_{j+1}\cos\theta_{j+1},\quad x_{2j+2}=-\omega_{j+1}a_{j+1}\sin\theta_{j+1},\\
&\theta_{j+1}=\omega_{j+1}t+\varphi_{j+1},\quad j=0,1
\end{aligned} \qquad (Ⅱ\text{-}5)$$

将式(Ⅱ-5)代入式(Ⅱ-4)，可得标准形式方程：

$$\dot{a}_1=-\frac{\varepsilon}{\omega_1}s_1[-\eta a_1\omega_1s_1+\alpha_1a_1^3\omega_1s_1c_1^2+\beta(a_2c_2-a_1c_1)^3-b_{11}a_1c_1\xi_1(t)\varepsilon^{-1/2}-b_{12}a_2c_2]=\varepsilon G_1, \qquad (Ⅱ\text{-}6a)$$

$$\dot{a}_2=-\frac{\varepsilon}{\omega_2}s_2[(\xi-\eta)a_2\omega_2s_2+\alpha_2a_2^3\omega_2s_2c_2^2-\beta(a_2c_2-a_1c_1)^3-b_{21}a_1c_1-b_{22}a_2c_2\xi_2(t)\varepsilon^{-1/2}]=\varepsilon G_2, \qquad (Ⅱ\text{-}6b)$$

$$\dot{\varphi}_1=-\frac{\varepsilon}{a_1\omega_1}c_1[-\eta a_1\omega_1s_1+\alpha_1a_1^3\omega_1s_1c_1^2+\beta(a_2c_2-a_1c_1)^3-b_{11}a_1c_1\xi_1(t)\varepsilon^{-1/2}-b_{12}a_2c_2]=\varepsilon H_1, \qquad (Ⅱ\text{-}6c)$$

$$\dot{\varphi}_2=-\frac{\varepsilon}{a_2\omega_2}c_2[(\xi-\eta)a_2\omega_2s_2+\alpha_2a_2^3\omega_2s_2c_2^2-\beta(a_2c_2-a_1c_1)^3-b_{21}a_1c_1-b_{22}a_2c_2\xi_2(t)\varepsilon^{-1/2}]=\varepsilon H_2 \qquad (Ⅱ\text{-}6d)$$

其中，$c_i=\cos\theta_i$，$s_i=\sin\theta_i$，$i=1,2$。

从表面上看，式(Ⅱ-6)中所有项的有界性都出现了问题。例如，在式(Ⅱ-6c)和式(Ⅱ-6d)中，存在涉及振幅比率的项，如 $a_1/a_2$ 和 $a_2/a_1$。深入研究发现，如果对 $i=1,2$ 取初始条件 $a_i(0)\neq 0$，那么这样的问题就与式(Ⅱ-6)无关，因为 $t\sim 1/\varepsilon$。因此，当 $t\sim 1/\varepsilon$ 时，与 $a_1/a_2$ 和 $a_2/a_1$ 相关的项有界。当然，若初始条件为 0，则式(Ⅱ-6c)和式(Ⅱ-6d)中的相位角无界。

进一步,利用式(6.3)可得到相关 Itô 方程的漂移系数和扩散系数。另一种代数运算量较小的方法是应用以下三角关系式简化式(Ⅱ-6):

$$\sin^2 A=\frac{1}{2}-\frac{1}{2}\cos 2A,\cos^2 A=\frac{1}{2}+\frac{1}{2}\cos 2A,\sin^3=\frac{3}{4}\sin A-\frac{1}{4}\sin 3A,$$

$$\cos^3 A=\frac{3}{4}\cos A+\frac{1}{4}\cos 3A,\sin^4 A=\frac{3}{8}-\frac{1}{2}\cos 2A+\frac{1}{8}\cos 4A,\tag{Ⅱ-7a}$$

$$\cos^4 A=\frac{3}{8}+\frac{1}{2}\cos 2A+\frac{1}{8}\cos 4A,$$

$$\sin A\sin B=\frac{1}{2}[\cos(A-B)-\cos(A+B)],\tag{Ⅱ-7b}$$

$$\cos A\cos B=\frac{1}{2}[\cos(A-B)+\cos(A+B)]$$

并假设

$$\omega_1\neq\omega_2,\omega_1\neq 3\omega_2,\omega_1\neq\frac{\omega_2}{3}\tag{Ⅱ-8}$$

即式(Ⅱ-8)所示的条件意味着仅考虑非共振振动。然后,在确定性平均后,从式(Ⅱ6a,b,c,d)得到的近似方程为

$$\dot{a}_1=\varepsilon\tilde{G}_1+\frac{\sqrt{\varepsilon}}{2\omega_1}[b_{11}a_1\xi_1(t)]\sin 2\theta_1,\tag{Ⅱ-9a}$$

$$\dot{a}_2=\varepsilon\tilde{G}_2+\frac{\sqrt{\varepsilon}}{2\omega_2}[b_{22}a_2\xi_2(t)]\sin 2\theta_2,\tag{Ⅱ-9b}$$

$$\dot{\varphi}_1=\varepsilon\tilde{H}_1+\frac{\sqrt{\varepsilon}}{2\omega_1}[b_{11}\xi_1(t)](1+\cos 2\theta_1),\tag{Ⅱ-9c}$$

$$\dot{\varphi}_2=\varepsilon\tilde{H}_2+\frac{\sqrt{\varepsilon}}{2\omega_2}[b_{22}\xi_2(t)](1+\cos 2\theta_2)\tag{Ⅱ-9d}$$

其中,波浪线表示确定性平均,即式(6.3)中的 $T_s^{\text{av}}\{\cdot\}$,因此,

$$\tilde{G}_1=\frac{\eta}{2}a_1-\frac{1}{8}\alpha_1 a_1^3,\quad \tilde{G}_2=-\left[\frac{1}{2}(\xi-\eta)a_2+\frac{1}{8}\alpha_2 a_2^3\right],\tag{Ⅱ-10a,b}$$

$$\tilde{H}_1=\frac{3\beta}{8\omega_1}(2a_2^2+a_1^2),\quad \tilde{H}_2=\frac{3\beta}{8\omega_2}(a_2^2+2a_1^2)\tag{Ⅱ-10c,d}$$

现在,对式(Ⅱ-9)应用随机平均法,须知式(Ⅱ-10a,b,c,d)中的项是确定性量而非随机变量。然后,参照式(6.3a,b),振幅 $a_1$ 的 Itô 方程的漂移系数 $m_1$ 和扩散系数 $\sigma_{11}$ 为

$$m_1=\tilde{G}_1+\int_{-\infty}^{0}\frac{\partial g_{11}}{\partial a_1}g_{11}(a_1,\varphi_1,t+\tau)\langle\xi_1(t)\xi_1(t+\tau)\rangle\mathrm{d}\tau$$

$$+\int_{-\infty}^{0}\frac{\partial g_{11}}{\partial\varphi_1}g_{33}(a_1,\varphi_1,t+\tau)\langle\xi_1(t)\xi_1(t+\tau)\rangle\mathrm{d}\tau,$$

$$\sigma_{11}^{2}=\int_{-\infty}^{\infty} g_{11}g_{11}(a_1,\varphi_1,t+\tau)\langle\xi_1(t)\xi_1(t+\tau)\rangle\mathrm{d}\tau$$

其中，

$$g_{11}=\frac{b_{11}}{2\omega_1}a_1\sin 2\theta_1,\quad g_{33}=\frac{b_{11}}{2\omega_1}(1+\cos 2\theta_1)$$

分别来自式(Ⅱ-9a)和式(Ⅱ-9c)。因此，漂移系数右边的第一个积分变为

$$\int_{-\infty}^{0}\frac{\partial g_{11}}{\partial a_1}g_{11}(a_1,\varphi_1,t+\tau)\langle\xi_1(t)\xi_1(t+\tau)\rangle\mathrm{d}\tau$$

$$=\frac{b_{11}^2a_1}{4\omega_1^2}\int_{-\infty}^{0}\sin 2\theta_1\sin(2\theta_1+2\omega_1\tau)\langle\xi_1(t)\xi_1(t+\tau)\rangle\mathrm{d}\tau=I_1$$

应用式(Ⅱ-7)的第七个三角关系：

$$\sin 2\theta_1\sin(2\theta_1+2\omega_1\tau)=\frac{1}{2}[\cos(-2\omega_1\tau)-\cos(4\theta_1+2\omega_1\tau)]$$

忽略快速振荡项 $\cos(4\theta_1+2\omega_1\tau)$，从而有

$$\begin{aligned}&I_1=b_{11}^2a_1S_1(2\omega_1)(16\omega_1^2)^{-1},\\&S_1(2\omega_1)=\int\langle\xi_1(t)\xi_1(t+\tau)\rangle\cos(2\omega_1\tau)\mathrm{d}\tau\end{aligned}\tag{Ⅱ-11}$$

漂移系数右边的第二个积分变为

$$\int_{-\infty}^{0}\frac{\partial g_{11}}{\partial\varphi_1}g_{33}(a_1,\varphi_1,t+\tau)\langle\xi_1(t)\xi_1(t+\tau)\rangle\mathrm{d}\tau$$

$$=2\frac{b_{11}^2a_1}{4\omega_1^2}\int_{-\infty}^{0}\langle\xi_1(t)\xi_1(t+\tau)\rangle\cos 2\theta_1[1+\cos(2\theta_1+2\omega_1\tau)]\mathrm{d}\tau$$

$$=2\frac{b_{11}^2a_1}{4\omega_1^2}\int_{-\infty}^{0}\langle\xi_1(t)\xi_1(t+\tau)\rangle\cos 2\theta_1\cos(2\theta_1+2\omega_1\tau)\mathrm{d}\tau=I_2$$

忽略与上面方括号内第一项相关的快速振荡项 $\cos 2\theta_1$。利用式(Ⅱ-7)的第八个三角关系并忽略快速振荡项 $\cos 4\theta_1$，则有

$$I_2=\frac{b_{11}^2a_1}{8\omega_1^2}S_1(2\omega_1)\tag{Ⅱ-12}$$

将结果应用于式(Ⅱ-11)和式(Ⅱ-12)，漂移系数变为

$$m_1=\frac{a_1}{8}(4\eta-\alpha_1a_1^2)+\frac{3b_{11}^2a_1}{16\omega_1^2}S_1(2\omega_1)\tag{Ⅱ-13}$$

扩散系数为

$$\begin{aligned}\sigma_{11}^2&=\frac{b_{11}^2a_1^2}{4\omega_1^2}\int_{-\infty}^{\infty}\langle\xi_1(t)\xi_1(t+\tau)\rangle\sin 2\theta_1\sin(2\theta_1+2\omega_1\tau)\mathrm{d}\tau\\&=\frac{b_{11}^2a_1^2}{8\omega_1^2}S_1(2\omega_1)\end{aligned}\tag{Ⅱ-14}$$

由式(Ⅱ-13)和式(Ⅱ-14),$a_1$ 的 Itô 方程可写为

$$da_1=\varepsilon m_1 dt+\sqrt{\varepsilon}\sigma_{11}dB_1(t) \tag{Ⅱ-15a}$$

其中,$dB_1(t)$满足

$$\left\langle\frac{dB_1(t)}{dt}\cdot\frac{dB_1(t+\tau)}{dt}\right\rangle=\delta(\tau)$$

其中,$\delta(\tau)$是狄拉克 $\delta$ 函数。

同理,不难证明 $a_2$,$\varphi_1$ 和 $\varphi_2$ 的 Itô 方程为

$$\begin{aligned}da_2&=\varepsilon m_2 dt+\sqrt{\varepsilon}\sigma_{22}dB_2(t),\\ d\varphi_1&=\varepsilon m_3 dt+\sqrt{\varepsilon}\sigma_{33}dB_1(t),\\ d\varphi_2&=\varepsilon m_4 dt+\sqrt{\varepsilon}\sigma_{44}dB_2(t)\end{aligned} \tag{Ⅱ-15b,c,d}$$

其中,

$$m_2=\tilde{G}_2+\frac{3b_{22}^2a_2}{16\omega_2^2}S_2(2\omega_2),$$

$$m_3=\tilde{H}_1+\frac{b_{11}^2}{8\omega_1^2}\Psi_1(2\omega_1),\quad m_4=\tilde{H}_2+\frac{b_{22}^2}{8\omega_2^2}\psi_2(2\omega_2),$$

$$\sigma_{22}^2=\frac{b_{22}^2a_2^2}{8\omega_2^2}S_2(2\omega_2),\quad \sigma_{33}^2=\frac{b_{11}^2}{8\omega_1^2}S_3,\quad \sigma_{44}^2=\frac{b_{22}^2}{8\omega_2^2}S_4,$$

$$S_i(\omega)=\int_{-\infty}^{\infty}\langle\xi_i(t)\xi_i(t+\tau)\rangle\cos(\omega\tau)d\tau,\quad i=1,2,$$

$$\psi_i(\omega)=\int_{-\infty}^{\infty}\langle\xi_i(t)\xi_i(t+\tau)\rangle\sin(\omega\tau)d\tau,\quad i=1,2,$$

$$S_{i+2}=2S_i(0)+S_i(2\omega_i)$$

注意,在式(Ⅱ-15a)和式(Ⅱ-15b)中,$a_1$ 和 $a_2$ 互不耦合,需要首先求解这两个变量。然后,将 $a_1$ 和 $a_2$ 代入式(Ⅱ-15c)和式(Ⅱ-15d),从而求解式(Ⅱ-15c)和式(Ⅱ-15d)中的相位。非线性耦合项出现在式(Ⅱ-15c)和式(Ⅱ-15d)中。但是,线性耦合项在式(Ⅱ-15)中消失。因此,根据式(Ⅱ-15)可以观察到,平均后的响应 $x_1$ 和 $x_2$ 中保留了非线性耦合效应,因为每个响应都是振幅和相位的函数。

**例Ⅲ** Dimentberg[6.54]应用随机平均法研究了由以下方程描述的系统中 1/3 阶的稳定亚谐振荡:

$$\ddot{x}+2\alpha_1\dot{x}+\Omega^2[1+\mu_1\xi(t)]x+\eta_1x^3=F_0\cos\omega t \tag{Ⅲ-1}$$

其中,$\xi(t)$是宽带平稳随机过程;$F_0$ 是周期力的振幅大小;$\alpha_1$,$\mu_1$,$\eta_1$,$\omega$ 和 $\Omega$ 是常数。

引入下式:

$$y=x-b\cos\omega t,\quad b=\frac{F_0}{\Omega^2-\omega^2} \tag{Ⅲ-2a,b}$$

假设常数 $\alpha_1$,$\eta_1$,$\mu_1$ 和 $|\omega-3\Omega|$都很小,可表示为

$$\alpha_1=\varepsilon\alpha,\mu_1=\sqrt{\varepsilon}\mu,\eta_1=\varepsilon\eta,\Omega^2-\left(\frac{\omega}{3}\right)^2=\varepsilon\Omega\sigma \tag{Ⅲ-3}$$

其中，$\varepsilon <<1$ 和 $\sigma$ 是调谐参数，根据定义，过程 $y$ 对应亚谐振荡。

进而，引入复变量 $z$ 和 $z^*$ 到如下关系中：

$$y=\frac{1}{2}\left(ze^{\frac{i\omega t}{3}}+z^*e^{-\frac{i\omega t}{3}}\right),\quad \frac{dy}{dt}=\frac{1}{6}i\omega\left(ze^{\frac{i\omega t}{3}}-z^*e^{-\frac{i\omega t}{3}}\right) \tag{Ⅲ-4a,b}$$

其中，i 是虚数单位；$z^*$ 是 $z$ 的复共轭。

将式（Ⅲ-2）~式（Ⅲ-4）应用到式（Ⅲ-1）中，可得如下标准形式方程：

$$\frac{dz}{dt}=\sqrt{\varepsilon}Z_1(z,z^*,t)+\varepsilon Z_2(z,z^*,t),$$
$$\frac{dz^*}{dt}=\sqrt{\varepsilon}Z_1^*(z,z^*t)+\varepsilon Z_2^*(z,z^*,t) \tag{Ⅲ-5a,b}$$

其中，

$$Z_1(z,z^*,t)=-\frac{3\mu\Omega^2}{2i\omega}w(t)\left(z+z^*e^{-\frac{2}{3}i\omega t}+bY_1\right), \tag{Ⅲ-6a}$$

$$Z_2(z,z^*,t)=-\frac{3}{i\omega}\left(z_{21}+z_{22}+z_{23}+\frac{\eta}{8}Y_2\right), \tag{Ⅲ-6b}$$

$$z_{21}=\frac{1}{2}\Omega_0\left(z+z^*e^{-\frac{2}{3}i\omega t}\right),z_{22}=\frac{i\omega\alpha}{3}\left(z-z^*e^{-\frac{2}{3}i\omega t}\right),$$

$$z_{23}=\alpha\omega b\left(e^{\frac{2}{3}i\omega t}-e^{-\frac{4}{3}i\omega t}\right),Y_1=\left(e^{\frac{2}{3}i\omega t}+e^{-\frac{4}{3}i\omega t}\right),$$

$$Y_2=\left[\left(z^3e^{\frac{2}{3}i\omega t}+3z^2z^*+3z(z^*)^2e^{-\frac{2}{3}i\omega t}+(z^*)^3e^{-\frac{4}{3}i\omega t}\right),\right.$$

$$Y_2=\left[\left(+3b^2\left(ze^{2i\omega t}+2z+ze^{-2i\omega t}+z^*e^{\frac{4}{3}i\omega t}+2z^*e^{-\frac{2}{3}i\omega t}+z^*e^{-\frac{8}{3}i\omega t}\right)\right.\right.$$

将 CSA 方法应用于式（Ⅲ-5），可得

$$\frac{dz_0}{dt}=\varepsilon\left[Pz_0-\frac{9}{8i\omega}\eta b(z_0^*)^2\right],$$
$$\frac{dz_0^*}{dt}=\varepsilon\left(P^*z_0^*+\frac{9}{8i\omega}\eta bz_0^2\right) \tag{Ⅲ-7a,b}$$

其中，$z_0$ 和 $z_0{}^*$ 分别是 $z$ 和 $z^*$ 的平均值，

$$P,P^*=-\alpha-\pi\left(\frac{3}{2\omega}\mu\Omega^2\right)^2\left[S(0)-S\left(\frac{2}{3}\omega\right)\right]$$
$$\pm\frac{3}{i\omega}\left[\frac{\omega^2}{18}-\frac{\Omega^2}{2}+\frac{3\pi}{4\omega}\mu^2\Omega^4S_1\left(\frac{2}{3}\omega\right)-\frac{3}{8}\eta z_0z_0^*-\frac{3}{4}\eta b^2\right]$$

其中，

$$S(\omega)=\frac{1}{\pi}\int_0^{\infty}\langle\xi(t)\xi(t+\tau)\rangle\cos\omega\tau\mathrm{d}\tau,$$

$$S_1(\omega)=\frac{1}{\pi}\int_0^{\infty}\langle\xi(t)\xi(t+\tau)\rangle\sin\omega\tau\mathrm{d}\tau$$

如果方程式(Ⅲ-7)的稳态解存在,则可令方程式(Ⅲ-7)的右边为零,从而得到如下关于平均振幅 $a$ 的四次方程:

$$\left(\frac{3}{8}\eta\right)^2a^4+a^2\left\{\frac{3}{8}\eta_1\left[\theta-\left(\frac{\omega}{3}\right)^2+\frac{3}{2}\eta_1b^2\right]-\left(\frac{3}{8}\eta_1b\right)^2\right\}+\frac{1}{2}\left[\theta-\left(\frac{\omega}{3}\right)^2+\frac{3}{2}\eta_1b^2\right]+\left(\frac{\omega}{3}\gamma\right)^2=0 \tag{Ⅲ-8}$$

其中,

$$a^2=z_0z_0^*,\quad \gamma=\alpha_1+\pi\left(\frac{3\mu_1}{2\omega}\Omega^2\right)^2\left[S(0)-S\left(\frac{2}{3}\omega\right)\right],$$

$$\theta=\Omega^2-\frac{3\pi}{2\omega}\mu_1^2\Omega^4S_1\left(\frac{2}{3}\omega\right)$$

参考式(Ⅲ-8)中的 $\gamma$ 和 $\theta$,观察到随机变化的固有频率的影响是既会增大系统的阻尼系数,又会延长其振荡周期。需要注意,平均振幅可从式(Ⅲ-8)中以解析形式获得。

**例Ⅳ** Schmidt[6.52]研究了一个非线性弹性结构,其由以下运动方程支配:

$$(1-\alpha Y^2)Y+(2\zeta-\alpha Y\dot{Y}+\beta Y^2)\dot{Y}+[1-\eta Y^2-\varepsilon\xi(t)]Y=0 \tag{Ⅳ-1}$$

其中,$\alpha,\beta,\zeta$ 和 $\eta$ 是常数参数;$\varepsilon$ 是小的正常数参数;宽带高斯平稳随机激励 $\xi(t)$ 的均值为0。该结构的线性固有频率等于1。

将式(Ⅰ-2a,b)定义的变换应用于式(Ⅳ-1)并令 $\Omega=1$,可得标准形式的方程:

$$\frac{\mathrm{d}A}{\mathrm{d}t}=f_1(A,\theta)+g_{11}(A,\theta)\xi(t),\frac{\mathrm{d}\theta}{\mathrm{d}t}=f_2(A,\theta)+g_{22}(A,\theta)\xi(t) \tag{Ⅳ-2}$$

标准形式方程的系数为

$$f_1=f_{11}+f_{12},f_2=f_{21}+f_{22}, \tag{Ⅳ-3a,b}$$

$$g_{11}=-\frac{\varepsilon}{2}A\sin2\theta,g_{22}=-\frac{\varepsilon}{2}(1+\cos2\theta), \tag{Ⅳ-3c,d}$$

$$f_{11}=-\zeta A(1-\cos2\theta)-\frac{\beta}{8}A^3(1-\cos\theta)+\frac{1}{4}\alpha A^3\sin4\theta,$$

$$f_{12}=-\frac{1}{8}\eta A^3(2\sin2\theta+\sin4\theta)+\frac{\varepsilon^2}{16}A(3+4\cos2\theta+\cos4\theta),$$

$$f_{21}=-\frac{1}{2}\zeta\sin2\theta-\frac{\beta}{8}A^2(2\sin2\theta+\sin4\theta)-\frac{\varepsilon^2}{4}(2\sin2\theta+\sin4\theta),$$

$$f_{22}=-\frac{1}{8}\eta A^2(3+4\cos2\theta+\cos4\theta)+\frac{1}{4}\alpha A^2(1+2\cos2\theta+\cos4\Theta)$$

上述结果与文献[6.56]第337页的结果一致。然而,在文献[6.5]的第157页,对应最后一个方程右边第二个括号内的整数项为0。因此,文献[6.5]中的结果不正确。

式(Ⅳ-2a,b)的 Itô 方程可表示为

$$dA=a_1dt+\sqrt{b_{11}}dB(t),d\theta=a_2dt+\sqrt{b_{22}}dB(t) \tag{Ⅳ-4a,b}$$

其中,漂移系数和扩散系数 $a_i$ 和 $b_{ii}$ 分别由式(Ⅳ-3)和式(6.3)确定。

为了提供二阶近似分析,引入与式(Ⅰ-4)类似的另一变换,即

$$A=a+u(a,\varphi),\quad \theta=\varphi+v(a,\varphi),\varphi=t+\varphi \tag{Ⅳ-5a,b,c}$$

经过一些代数运算,可将非振荡过程 $a$ 和 $\varphi$ 的随机微分写为两个 Itô 方程:

$$da=Rdt+QdB(t),\quad d\varphi=\tilde{R}dt+\tilde{Q}dB(t) \tag{Ⅳ-6a,b}$$

其中,漂移系数和扩散系数为

$$R=\sum_{i=1}^{N}R_i,\quad Q=\sum_{i=1}^{N}Q_i,\quad \tilde{R}=\sum_{i=1}^{N}\tilde{R}_i,\quad \tilde{Q}=\sum_{i=1}^{N}\tilde{Q}_i$$

其中,整数 $N$ 是近似阶数。

(1)一阶近似。

可证:

$$R=R_1=a_1=a\left(-\zeta+\frac{3\varepsilon^2}{16}\right)-\frac{\beta}{8}a^3, \tag{Ⅳ-7a}$$

$$Q=Q_1=\sqrt{b_{11}}=\frac{\varepsilon}{2\sqrt{2}}a \tag{Ⅳ-7b}$$

非振荡振幅 $a$ 的平稳概率密度 $p$ 对应的 FPK 方程为

$$\frac{\partial(Rp)}{\partial a}-\frac{1}{2}\cdot\frac{\partial^2}{\partial a^2}(Q^2p)=0 \tag{Ⅳ-8}$$

求解式(Ⅳ-8),有

$$p=Ca^{\left(1-\frac{16\zeta}{\varepsilon^2}\right)}e^{-\beta\left(\frac{a}{\varepsilon}\right)^2} \tag{Ⅳ-9}$$

其中,归一化常数 $C$ 见文献[6.17]:

$$C=\left(\frac{\beta}{\varepsilon^2}\right)^{1-8\zeta/\varepsilon^2}\left[\Gamma\left(1-\frac{8\zeta}{\varepsilon^2}\right)\right]^{-1},\quad \varepsilon^2>8\zeta \tag{Ⅳ-10}$$

需要强调,三次位移项对系统响应的影响存在于平均相位角 $\theta$ 的概率密度中,可参考式(Ⅳ-3b)中 $f_2$ 的非振荡项。但是,振幅的概率密度不包括非线性惯性参数 $\alpha$ 的影响。仔细观察式(Ⅳ-3b)可以发现,参数 $\alpha$ 对平均相位角 $\theta$ 的概率密度有影响。

当然,如果只想研究 $\alpha$ 对振幅的概率密度的影响,则需要二阶近似。以下是二阶近似结果的概述。

(2)二阶近似。

可知[6.51]

$$R_2=-\frac{\zeta}{4}\alpha a^3+\frac{25}{128}\eta\varepsilon^2a^3-\frac{47}{32}\varepsilon^2a^3-\frac{\beta\eta}{32}a^5 \tag{Ⅳ-11}$$

再由式(Ⅳ-7a)和式(Ⅳ-11),得

$$R=R_1+R_2=a_1=\frac{1}{2}a^2\left(-2\zeta+\frac{3\varepsilon^2}{8}\right)-\frac{\beta\eta}{32}a^5-B(a) \qquad (Ⅳ-12)$$

其中，

$$B(a)=\frac{a^3}{128}(16\beta+32\zeta\alpha-25\eta\varepsilon^2+18\alpha\varepsilon^2)$$

同理，可知

$$Q=Q_1+Q_2=\sqrt{b_{11}}=\frac{\varepsilon}{8}a\sqrt{8+a^2(5\eta-2\alpha)} \qquad (Ⅳ-13)$$

其中，$a_1$ 和 $b_{11}$ 是 FPK 方程式(Ⅳ-8)的漂移系数和扩散系数。可得平稳概率密度为

$$p=C_3a^{\left(1-\frac{16\zeta}{\varepsilon^2}\right)}\kappa(a)\mathrm{e}^{-\left(\frac{2\beta}{5\eta-2\alpha}\right)\left(\frac{a}{\varepsilon}\right)^2} \qquad (Ⅳ-14)$$

其中，

$$\kappa(a)=\left\{\left(\frac{\varepsilon^2}{8}\right)\left[1+\frac{a^2}{8}(5\eta-2\alpha)\right]\right\}^{\lambda},$$

$$\lambda=\frac{\alpha}{2(5\eta-2\alpha)}-\left(\frac{8}{\varepsilon^2}\right)\left[\zeta+\left(\frac{2\alpha\zeta+\beta}{5\eta-2\alpha}\right)-\frac{2\beta}{(5\eta-2\alpha)^2}\right]$$

对归一化常数 $C_3$ 必须进行数值计算。

## 6.5 随机平均法的精确性

从广义上讲，存在两类普遍的随机平均法。前述各节介绍的方法属于光滑随机平均法的一般类别[6.57]。另一类随机平均法是非光滑随机平均法。

### 6.5.1 光滑随机平均法

为了使用随机平均法得到精确的结果，选择合适类别的方法非常重要。对于一个特定问题，必须考虑两个方面：①波动的频谱组成或变化速度；②激励强度。激励过程的相关时间必须与系统的弛豫时间进行比较。用频谱分析的语言来讲，即将激励带宽与响应带宽进行比较。如果激励的相关时间 $\tau_c$ 比振子的弛豫时间 $\tau_r$ 小得多，即激励带宽比响应带宽大得多，则可使用上述几节介绍的方法，因为其可满足马尔可夫过程的理论适用条件。

对于 $m$ 个独立随机激励下的 $n$ 自由度线性或准线性系统，存在 $m(m-1)$ 个相关时间和 $n$ 个弛豫时间，其中 $n$ 和 $m$ 为正整数。若 $m(m-1)$ 个相关时间的最大值远小于 $n$ 个弛豫时间的最小值，则上述方法适用[6.7]。对于单自由度线性或准线性系统，其弛豫时间为 $\tau_r=1/(\zeta\Omega)$，其中 $\zeta$ 和 $\Omega$ 是系统的阻尼比和固有频率。对于非线性多自由度系统，其弛豫时间很难确定，因此通常假设满足上述条件。

### 6.5.2 非光滑随机平均法

如果激励带宽等于或小于响应带宽，或者随机激励很强，那么目前所提方法并不适用，因

为响应过程的与马尔可夫特性相关的条件不再被满足。取而代之的是,必须调用所谓的非光滑随机平均法[6.57],但其时间平均不适用于式(6.1)的 $f_j(\boldsymbol{Z},t)$ 和 $g_{jr}(\boldsymbol{Z},t)$。该法由 Stratonovich[6.9]和近期的 Lin 和 Cai[6.57]所提出。尽管其数学基础很严格,本章也不予考虑,主要由于以下两个原因。

第一,对于强平稳随机激励下特定的单自由度非线性机械或结构系统,响应过程的概率密度函数的存在性通常难以确定或无法保证。对于强平稳随机激励下多自由度系统尤其如此。即使这样的概率密度函数确实存在,相关时间 $\tau_c$ 与弛豫时间 $\tau_r$ 的比值也是决定连续逼近收敛性的一个参数[6.12]。

第二,当平稳随机激励很强时,必须先解决稳定性和分岔问题才能对非线性系统的响应过程进行有意义的分析。

应注意,如果式(6.1)中的 $f_j(\boldsymbol{Z},t)$ 和 $g_{jr}(\boldsymbol{Z},t)$ 明确依赖时间 $t$,则其对 $t$ 的依赖关系将通过时间平均而丢失。这意味着对于具有时间依赖性的系统,例如前向飞行中的直升机旋翼系统[6.58],应使用非光滑随机平均法。同样,只要系统中存在这种明确的时间依赖性,就必须先解决随机稳定性和分岔问题,然后寻找响应解。

### 6.5.3　附注

最后,需特别注意,在所述条件下(即正的常数参数 $g$ 很小,相关时间 $\tau_c$ 远小于弛豫时间 $\tau_r$,且在慢时间内有效),与 MCS 法和统计线性化方法[6.43]相比,6.2 节的随机平均法更为精确。然而,在分布的尾部出现了明显差异。这并不奇怪,因为它是与高斯形式作比较,而通过精确的 CSA 方法获得的分布是非高斯的。另外,6.3 节介绍的 SAMEE 方法是精确的,并且可给出正确结果。例如,为两个振子解得的联合平稳概率密度的结果与作者采用统计非线性化方法得到的结果一致。同时,式(Ⅱ-18)的概率密度函数在形式上与文献[6.42]中的结果一致,文献[6.42]中的解析结果与 MCS 法的结果非常吻合。由于结果与概率密度函数有关,所以它们适用于大振幅均值阈值穿越分析或高阶响应统计量预测。当然,文献[6.42,6.43]和 5.3.2 小节中的结果在时间 $t$ 内有效,而 6.3 节中的结果适用于慢时间 $\varepsilon(t)$。

# 第 7 章　累积量截断法和其他方法

## 7.1 引言

除上述几章介绍的方法外，相关文献还提出了许多其他方法。本章介绍了非线性随机振动中最常用的三种方法，即累积量截断法、摄动法和函数级数法。尽管这些方法在随机激励下单自由度非线性系统领域比较流行，但对多自由度非线性系统的应用在代数上和计算上仍不可行，因此，以下各节只给出基本步骤和简单的几个例子，以说明这些方法的特征并证实本书所提观点。

### 7.2 累积量截断法

考虑如下多自由度系统的 Itô 方程：

$$\mathrm{d}X=\boldsymbol{f}(\boldsymbol{X},t)+\boldsymbol{G}(\boldsymbol{X},t)\mathrm{d}B, t\geqslant t_0 \tag{7.1}$$

其中，$\boldsymbol{X}=(x_1\ x_2,\cdots,x_n)^{\mathrm{T}}$，$\boldsymbol{f}(\boldsymbol{X},t)$ 和 $\boldsymbol{G}(\boldsymbol{X},t)$ 分别是 $n\times1$ 维漂移向量和 $n\times n$ 维扩散矩阵。其对应的 FPK 方程为

$$\frac{\partial p(\boldsymbol{X},t)}{\partial t}=-\sum_{j=1}^{n}\frac{\partial[f_j(\boldsymbol{X},t)p(\boldsymbol{X},t)]}{\partial x_j}+\sum_{i=1}^{n}\sum_{j=1}^{n}\frac{\partial^2[(\boldsymbol{GDG}^{\mathrm{T}})_{ij}p(\boldsymbol{X},t)]}{\partial x_i\partial x_j} \tag{7.2}$$

其中，$p(\boldsymbol{X},t)$ 是联合转移概率密度函数；$\boldsymbol{D}$ 是激励强度矩阵，第 $ij$ 个元素是 $D_{ij}=\pi S_{ij}$。

为了得到式(7.1)的矩方程，这里直接采用 Cumming 法[7.1]，可写为

$$h(\boldsymbol{X},t)=x_1^{k_1}x_2^{k_2}\cdots x_n^{k_n} \tag{7.3}$$

其中，$k_i(i=1,2,\cdots,n)$ 是整数。假设 $\partial h/\partial t$ 和 $\partial^2 h/\partial x_i\partial x_j$ 在 $\boldsymbol{X}$ 和 $t$ 的任意区间上连续且有界，$\delta$ 作为时间增量 $\delta t$ 上的有限前向增量算子，则有

$$\boldsymbol{\delta}h=h(\boldsymbol{X}+\delta X,t+\delta t)-h(\boldsymbol{X},t) \tag{7.4}$$

应用泰勒展开：

$$\delta h=\sum_{j=1}^{n}\delta x_j\frac{\partial h}{\partial x_j}+\frac{1}{2}\sum_{i,j=1}^{n}\delta x_i\delta x_j\frac{\partial^2 h}{\partial x_i\partial x_j}+\delta t\frac{\partial h}{\partial t}+o(\delta\boldsymbol{X}\delta\boldsymbol{X}^{\mathrm{T}})+o(\delta t) \tag{7.5}$$

众所周知，式(7.1)给出

$$\langle\delta x_j|\boldsymbol{X}\rangle=f_j(\boldsymbol{X},t)\delta t+o(\delta t), \tag{7.6a}$$

$$\langle\delta x_i\delta x_j|\boldsymbol{X}\rangle=2(\boldsymbol{GDG}^{\mathrm{T}})_{ij}\delta t+o(\delta t) \tag{7.6b}$$

给定 $\boldsymbol{X}$,式(7.4)的条件期望为

$$\langle \delta h | \boldsymbol{X} \rangle = \sum_{j=1}^{n} f_j(\boldsymbol{X},t) \frac{\partial h}{\partial x_j} \delta t + \sum_{i=1}^{n} \sum_{j=1}^{n} (\boldsymbol{GDG}^{\mathrm{T}})_{ij} \frac{\partial^2 h}{\partial x_i \partial x_j} \delta t + \frac{\partial h}{\partial t} \delta t + o(\delta t) \tag{7.7}$$

可知,式(7.7)左边的期望为

$$\langle \langle \delta h | \boldsymbol{X} \rangle \rangle = \langle \delta h \rangle \tag{7.8}$$

因此,由式(7.7)的期望得

$$\langle \delta h \rangle = \sum_{j=1}^{n} \left\langle f_j(\boldsymbol{X},t) \frac{\partial h}{\partial x_j} \right\rangle \delta t + \sum_{i=1}^{n} \sum_{j=1}^{n} \left\langle (\boldsymbol{GDG}^{\mathrm{T}})_{ij} \frac{\partial^2 h}{\partial x_i \partial x_j} \middle| \delta t \right\rangle + \left\langle \frac{\partial h}{\partial t} \right\rangle \delta t + o(\delta t) \tag{7.9}$$

假定期望存在。式(7.9) 除以 $\delta t$ 并取极限 $\delta t \to 0$,将期望与微分互换,可得

$$\frac{\partial \langle h \rangle}{\partial t} = \sum_{j=1}^{n} \left\langle f_j(\boldsymbol{X},t) \frac{\partial h}{\partial x_j} \right\rangle + \sum_{i=1}^{n} \sum_{j=1}^{n} \left\langle (\boldsymbol{GDG}^{\mathrm{T}})_{ij} \frac{\partial^2 h}{\partial x_i \partial x_j} \right\rangle + \left\langle \frac{\partial h}{\partial t} \right\rangle \tag{7.10}$$

若方程式(7.1)描述的是一个含参或不含参的白噪声激励下的线性多自由度系统,则对应的矩方程式(7.10)是一个有限非耦合的确定性微分方程,其解很容易通过微积分求得。若激励是均匀调制的白噪声过程,则对应的矩方程在理论上可用截断形式求解,在实践中也可用数值格式积分求解。但是,当系统为非线性时,矩方程将耦合并构成一个无限递推方程组,求精确解不可行,近似方法的应用将不可避免。除了上述章节已介绍的近似方法外,一类常见的近似方法是通过各种特殊方法来截断高阶矩。为了得到一个可解的有限方程组,要求任何一种截断方法都应至少保留矩特性以使其有效。

从式(7.10)得到的非线性一阶矩方程可表示为无限递推方程组:

$$\frac{\mathrm{d}M_i}{\mathrm{d}t} = F_i(M_1, M_2, \cdots, M_i, M_{i+1}, \cdots) \tag{7.11}$$

其中,$i = 1,2,\cdots,\infty$ ,$M_i(t = 0) = c_i$;$M_i$是无限递推方程组的精确解。所有截断方法均将式(7.11)所示的系统简化为如下形式的有限方程组:

$$\frac{\mathrm{d}N_i}{\mathrm{d}t} = G_i(N_1, N_2, \cdots, N_i, N_{i+1}, \cdots) \tag{7.12}$$

此时 $i=1,2,\cdots,k, N_i(t = 0) = b_i$;这里 $N_i$是截断后的近似解。一个好的截断方法是保留矩特性的同时使误差($M_i-N_i$)最小。Bellman 和 Richardson[7.2] 以及 Wilcox 和 Bellman[7.3] 为此建立了两个引理。

累积量截断法大体上可分为两类:高斯截断法(GC)和非高斯截断法(NGC)。

累积量截断法的一个共同特征是,需要对与系统的响应统计矩有关的微分方程组进行数值积分。GC 方法一般利用累积量(也称为半不变量)的性质。累积量截断闭合也属于此类,该方法通过保留高于二阶的累积量(而非仅采用一阶、二阶累积量)来有效提高计算精度。

### 7.2.1　高斯截断法

在 GC 方法中,响应或响应函数近似服从高斯分布,因此所有高于二阶的累积量消失。高

于二阶的矩用一阶矩和二阶矩表示。当系统响应与高斯分布存在很大差异时,很显然 GC 方法是不适用的,这就类似存在随机参激且系统非线性不可忽略的情况。

Crandall[7.4]提出了一种处理随机激励下非线性系统的方案。Iyengar 和 Dash[7.5]已表明,在非高斯激励下,该方法可在最小均方误差意义下实现最佳估计。Wu 和 Lin[7.6]也表明,通过保留四阶累积量,可提高二阶矩的精确性。Ibrahim 等人也使用该方案解决了各种非线性问题[7.7–7.10]。需要指出,文献[7.7–7.10]中的求解策略适用于弱非线性系统。此外,这些文献中的结论和文献[7.11]第 8 章的类似结果都与模态响应有关,这与原始坐标中的结果有很大不同。

在文献[7.12]中,Sun 和 Hsu 利用 GC 方法和忽略累积量法研究了 Dimentberg[7.13]的随机非线性振子。结果表明,忽略四阶累积量是不适当的。他们还研究了忽略六阶累积量的方法,也得到了类似结论。

这些累积量截断法的本质是假设式(7.1)中的 $\boldsymbol{X}$ 在任何时间 $t$ 处都是高斯过程。

### 7.2.2 非高斯截断法

Ibrahim 等人[7.7–7.10,7.14]利用 NGC 方法处理各种非线性问题。在 NGC 方法中,对一个两自由度非线性系统的求解保留五阶矩,采用国际数学和统计图书馆(IMSL)中提供的五阶和六阶龙格-库塔算法对 69 个方程进行数值求解。显然,对于多自由度系统,此过程在计算上不可行。此外,Crandall 在他的著作[7.15]中指出,在应用具有 Gram-Charlier 密度的 NGC 方法时,可能遇到一个陷阱,即所得的非线性代数方程可能没有实解。这意味着可能出现负概率密度,从而可能导致响应解完全无效。

Liu 和 Davies[7.16]采用基于截断的 Gram-Charlier 级数[7.15]的 NGC 方法来研究非平稳激励下非线性系统的解,给出了非平稳激励下 Duffing 振子的数值结果。与相关文献结果相比,Liu 和 Davies 表示,他们所提出的方法能够获得令人满意的计算精度,远优于 GC 方法和统计线性化方法。当近似概率密度变小时,可能出现负值。Liu 和 Davies[7.17]应用基本相同的 NGC 方法,研究了白噪声激励下非线性阻尼振子的非平稳响应概率密度函数。考虑所谓的能量依赖阻尼和 van der Pol 振子,将结果与一些精确稳态解和 CSA 方法得到的结果进行比较。对于 NGC 方法,多达 231 个联立微分方程可数值求解。Liu[7.18]介绍了针对非线性单自由度系统的 NGC 方法的理论、计算和应用。可采用 IMSL 软件包中的 Runge-Kutta-Verner 算法求解微分方程。另外,非线性代数方程和复杂方程仍需要采用其他算法求解。显然,此方法适用于单自由度系统。然而,对于多自由度系统而言,该方法的实施难度极高,甚至在计算代价上也未必可行。

在另一项独立研究中[7.19,7.20],Noori,Davoodi 和 Saffar 应用基于多维 Edgeworth 展开的 GC 方法和 NGC 方法,分析了一类时滞振子在零均值高斯白噪声激励下的响应。他们所研究的运动方程为

$$\ddot{x}+2\zeta\omega_0\dot{x}+\alpha\omega_0^2x+(1-\alpha)\omega_0^2z=w \tag{7.13}$$

其中，$\alpha$ 是屈服后与屈服前刚度比，且

$$\dot{z}=\frac{1}{\eta}\{A\dot{x}-v[\beta|\dot{x}\|z|^{(n-1)}z+\gamma\dot{x}|z|^{n}]\} \tag{7.14}$$

其中，$\beta$，$\gamma$ 和 $n$ 决定迟滞曲线形状；$A$ 被定义为切线刚度；$\nu$ 和 $\eta$ 是退化控制参数。

由此可得到响应坐标的四阶矩。对得到的二阶矩，将 Bouc-Baber-Wen 模型与统计线性化方法、GC 法以及数字仿真数据进行比较。同时，将高阶矩与数字仿真数据进行比较。在较大范围的参数和输入功率谱密度水平下的研究表明，与统计线性化方法和 GC 方法相比，NGC 方法与数字仿真或 MCS 法的结果具有更好的一致性。必须注意，这里推导了 34 个一阶微分方程，对其中 31 个方程进行了数值积分。

Ibrahim 和 Li[7.21]研究了宽带随机激励下一个具有 3 个自由度的系统的模态相互作用和组合内共振的有趣问题。非线性运动方程可分为线性部分和非线性部分。非线性部分可从等式左边移到等式右边，因此非线性部分被视为伪强迫项。然后，通过正态分析对方程左边解耦，构成相应的关于无量纲时间的 Stratonovich 和 Itô 微分方程。建立对应的 FPK 方程，并基于符号运算软件 MACSYMA 平台，分别采用 GC 方法和 NGC 方法求解。NGC 方法基于高于 3 阶的累积量特性。作为一阶近似，NGC 方法在模态坐标的一～四阶的联合力矩中给出了 209 个一阶微分方程，这与原始运动方程的坐标不同，对这些方程均进行了数值积分。正如 7.2.1 小节针对 GC 方法所指出的，Ibrahim 和 Li[7.21]应用 NGC 方法得到的解位于无量纲时间的模态坐标中，这与原始运动方程的坐标有很大不同。因此，在解读这些结果时需要特别谨慎。

### 7.2.3　几个例子

由于到目前为止所述的累积量截断方法适用于低自由度系统及非平稳随机激励问题，但对于一般多自由度非线性系统，这些方法即使并非完全不可行，其计算效率也显著不足，所以为了了解所需推导步骤和代数运算量，本小节考虑两个简单的单自由度非线性系统。

**例Ⅰ**　考虑如下运动方程：

$$\ddot{x}+\beta\dot{x}+\gamma\dot{x}^{3}+x=w(t) \tag{Ⅰ-1}$$

其中，$\beta$ 和 $\gamma$ 是正常数；$w(t)$ 是一个谱密度为 $S$ 的白噪声过程。应用 GC 方法确定 $x$ 的平稳均方值。

方程式(Ⅰ-1)可写为

$$\begin{aligned}\dot{x}_1&=x_2,\\ \dot{x}_2&=-\beta x_2-\gamma x_2^3-x_1+w(t)\end{aligned} \tag{Ⅰ-2a,b}$$

其中，$x_1$ 和 $x_2$ 具有其通常含义。

假设有一任意函数 $h(x_1,x_2)$，并应用式(7.10)，有

$$\left\langle x_2\frac{\partial h}{\partial x_1}\right\rangle-\left\langle(\beta x_2+\gamma x_2^3+x_1)\frac{\partial h}{\partial x_2}\right\rangle+\pi S\left\langle\frac{\partial^2 h}{\partial x_2^2}\right\rangle=0 \tag{Ⅰ-3}$$

令 $h = x_1, x_2, x_1^{\ 2}, x_1 x_2, x_2^{\ 2}, \mu_{ij} = \langle x_1^{\ i} x_2^{\ j} \rangle$，可得

$$\mu_{01}=0, \quad \beta\mu_{01}+\gamma\mu_{03}+\mu_{10}=0, \tag{Ⅰ-4a,b}$$

$$2\mu_{11}=0, \quad \mu_{02}-\beta\mu_{11}-\gamma\mu_{13}-\mu_{20}=0, \tag{Ⅰ-5a,b}$$

$$\beta\mu_{02}+\gamma\mu_{04}+\mu_{11}-\pi S=0 \tag{Ⅰ-5c}$$

对于 GC 方法，

$$\mu_{03}=0, \quad \mu_{13}=3\mu_{11}\mu_{02}, \quad \mu_{04}=3\mu_{02}^2 \tag{Ⅰ-6}$$

应用式(Ⅰ-5)和式(Ⅰ-6)，可得

$$\langle x_1^2 \rangle = \mu_{20} = \frac{\sqrt{\beta^2+12\gamma\pi S}-\beta}{6\gamma} \tag{Ⅰ-7}$$

**例Ⅱ** 应用基于忽略四阶累积量的截断方程，评估例Ⅰ的非线性系统中 $x$ 的平稳均方值。

令 $h = x_1^{\ i} x_2^{\ j} (i+j=3,4)$ 并采用式(Ⅰ-3)，可得

$$3\mu_{21}=0,2, \quad \mu_{12}-\beta\mu_{21}-\gamma\mu_{23}-\mu_{30}=0, \tag{Ⅱ-1a,b}$$

$$\mu_{03}-2\beta\mu_{12}-2\gamma\mu_{14}-2\mu_{21}+2\pi S\mu_{10}=0, \tag{Ⅱ-1c}$$

$$\beta\mu_{03}+\gamma\mu_{05}+\mu_{12}-2\pi S\mu_{01}=0, \tag{Ⅱ-1d}$$

$$4\mu_{31}=0, \quad 3\mu_{22}-\beta\mu_{31}-\gamma\mu_{33}-\mu_{40}=0, \tag{Ⅱ-2a,b}$$

$$\mu_{13}-\beta\mu_{22}-\gamma\mu_{24}-\mu_{31}+\pi S\mu_{20}=0, \tag{Ⅱ-2c}$$

$$\mu_{04}-3\beta\mu_{13}-3\gamma\mu_{15}-3\mu_{22}+6\pi S\mu_{11}=0, \tag{Ⅱ-2d}$$

$$\beta\mu_{04}+\gamma\mu_{06}+\mu_{13}-3\pi S\mu_{02}=0 \tag{Ⅱ-2e}$$

显然，在对 $\mu_{10}, \mu_{01}, \mu_{40}, \mu_{04}, \mu_{22}$ 和 $\mu_{13}$ 的非线性代数方程进行数值求解之前，需要进一步的代数运算，此处不再讨论，更多的单自由度示例可参考文献[7.22-7.24]。

最后，必须指出，即使对一个简单的单自由度非线性系统，累积量截断法与统计非线性化方法相比，其所需代数运算和数值积分的工作量也显著增大。因此，对于多自由度非线性系统，有必要应用符号代数包，例如 MACSYMA 或 MAPLE。这是一个计算的问题，在此不作深入探讨。

### 7.2.4 附注

尽管相关文献中已提出并应用了各种累积量截断法，但 Fan 和 Ahmadi[7.25]已证明，GC 方法和 NGC 方法获得的解可能不唯一。Soong 和 Grigoriu[7.24]曾指出累积量截断法通常不存在矩收敛，并得到 Bergman，Wojtkiewicz，Johnson 和 Spencer[7.26]的数值结果的验证。

## 7.3 摄动法

在摄动法中，只有非线性足够弱，其解才能表示为描述非线性强度的小参数的幂级数展开式。

### 7.3.1 非线性单自由度系统

考虑如下运动方程:

$$\ddot{x}+\beta\dot{x}+\omega_0^2[x+\varepsilon h(x)]=f(t) \tag{7.15}$$

其中,假定非线性函数 $h(x)$ 对 $x$ 可微至合适的阶数;$f(t)$ 是随机激励;$\varepsilon$ 是小参数。

解 $x$ 可表示为

$$x=x_0+\varepsilon x_1+\varepsilon^2 x_2+\cdots \tag{7.16}$$

将式(7.16)代入式(7.15),使 $\varepsilon$ 的相同幂项相等,有

$$\begin{aligned}&\ddot{x}_0+\beta\dot{x}_0+\omega_0^2x_0=f(t),\\&\ddot{x}_1+\beta\dot{x}_1+\omega_0^2x_1=-\omega_0^2h(x_0),\\&\ddot{x}_2+\beta\dot{x}_2+\omega_0^2x_2=-\omega_0^2x_1h'(x_0),\\&\cdots\end{aligned} \tag{7.17}$$

其中,$h'(x_0)$ 是 $h(x)$ 在 $x = x_0$ 处的导数。式(7.17)表明,$x$ 展开式中的每项都满足一个含有随机输入的线性微分方程。因此,非线性问题退化为线性随机微分方程组的求解。

该方法最初由 Crandall[7.27] 提出,用于求解平稳随机激励下非线性系统的稳态解。该方法曾用于获得非线性阻尼振子的响应矩[7.28],并研究平稳激励下非线性系统的响应谱[7.29-7.33]。

### 7.3.2 非线性多自由度系统

多位学者针对离散多自由度非线性系统,提出了上述摄动法的扩展形式[7.27,7.34-7.36]。文献[7.36]报道了非线性多自由度系统在平稳随机激励下的瞬态响应向量。其主要困难是一阶修正项的求解。原因与单自由度的情形类似,即一阶项的微分方程具有非高斯激励。

考虑非线性多自由度系统的运动矩阵方程:

$$\boldsymbol{M}\ddot{\boldsymbol{X}}+\boldsymbol{C}\dot{\boldsymbol{X}}+\boldsymbol{K}\boldsymbol{X}+\varepsilon\boldsymbol{g}(\boldsymbol{X};\dot{\boldsymbol{X}})=\boldsymbol{F}(t) \tag{7.18}$$

其中,$\boldsymbol{M}$,$\boldsymbol{C}$ 和 $\boldsymbol{K}$ 分别表示线性质量、阻尼和刚度矩阵;$\boldsymbol{X}$ 是随机位移向量;$g$ 是位移和速度向量的非线性函数;其余符号具有其通常的含义。

方程式(7.18)的解可近似为

$$\boldsymbol{X}=\boldsymbol{X}_0+\varepsilon\boldsymbol{X}_1+\cdots \tag{7.19}$$

将式(7.19)代入式(7.18),重新整理并忽略与 $\varepsilon^2$ 和 $\varepsilon$ 的高次幂相关的项,即可得

$$\boldsymbol{M}\ddot{\boldsymbol{X}}_0+\boldsymbol{C}\dot{\boldsymbol{X}}_0+\boldsymbol{K}\boldsymbol{X}_0=\boldsymbol{F} \tag{7.20}$$

和

$$\boldsymbol{M}\ddot{\boldsymbol{X}}_1+\boldsymbol{C}\dot{\boldsymbol{X}}_1+\boldsymbol{K}\boldsymbol{X}_1=-\boldsymbol{g}(\boldsymbol{X}_0,\dot{\boldsymbol{X}}_0) \tag{7.21}$$

根据式(7.19)中的响应向量,$\boldsymbol{X}$ 的自相关性为

$$\langle \boldsymbol{X}\boldsymbol{X}^{\mathrm{T}}\rangle = \langle \boldsymbol{X}_0\boldsymbol{X}_0^{\mathrm{T}}\rangle + \varepsilon\langle \boldsymbol{X}_1\boldsymbol{X}_0^{\mathrm{T}}\rangle + \varepsilon\langle \boldsymbol{X}_0\boldsymbol{X}_1^{\mathrm{T}}\rangle$$

但是，

$$\langle \boldsymbol{X}_1\boldsymbol{X}_0^{\mathrm{T}}\rangle = \langle \boldsymbol{X}_0\boldsymbol{X}_1^{\mathrm{T}}\rangle^{\mathrm{T}}$$

因此，

$$\langle \boldsymbol{X}\boldsymbol{X}^{\mathrm{T}}\rangle = \langle \boldsymbol{X}_0\boldsymbol{X}_0^{\mathrm{T}}\rangle + \varepsilon(\langle \boldsymbol{X}_0\boldsymbol{X}_1^{\mathrm{T}}\rangle^{\mathrm{T}} + \langle \boldsymbol{X}_0\boldsymbol{X}_1^{\mathrm{T}}\rangle) \tag{7.22}$$

方程式(7.20)是线性的，因此很容易求解。

方程式(7.20)的脉冲响应函数矩阵 $\boldsymbol{h}(t)$ 与其响应向量有关：

$$\boldsymbol{X}_0 = \int_{-\infty}^{\infty} \boldsymbol{h}(t-\tau)\boldsymbol{F}(\tau)\mathrm{d}\tau$$

因此，

$$\langle \boldsymbol{X}_0\boldsymbol{X}_0^{\mathrm{T}}\rangle = \int_{-\infty}^{\infty}\int_{-\infty}^{\infty} \boldsymbol{h}(t-\tau_1)\langle \boldsymbol{F}(\tau_1)\boldsymbol{F}(\tau_2)^{\mathrm{T}}\rangle \boldsymbol{h}^{\mathrm{T}}(t-\tau_2)\mathrm{d}\tau_1\mathrm{d}\tau_2 \tag{7.23}$$

式(7.21)具有与式(7.20)相同的质量、阻尼和刚度矩阵，因此式(7.21)的脉冲响应函数矩阵与式(7.20)的 $\boldsymbol{h}(t)$ 相同，从而，

$$\langle \boldsymbol{X}_0\boldsymbol{X}_1^{\mathrm{T}}\rangle = \int_{-\infty}^{\infty}\int_{-\infty}^{\infty} \boldsymbol{h}(t-\tau_1)\langle \boldsymbol{F}(\tau_1)\boldsymbol{g}^{\mathrm{T}}(\boldsymbol{X}_0(\tau_2),\dot{\boldsymbol{X}}_0(\tau_2))\rangle_{h}^{\mathrm{T}}(t-\tau_2)\mathrm{d}\tau_1\mathrm{d}\tau_2$$

将式(7.23)代入式(7.22)，可得到 $\boldsymbol{X}$ 的自相关性。由于存在项

$$\langle \boldsymbol{F}(\tau_1)\boldsymbol{g}^{\mathrm{T}}(\boldsymbol{X}_0(\tau_2),\dot{\boldsymbol{X}}_0(\tau_2))\rangle$$

所以最后一个方程一般很难运算。Tung[7.34]通过采用 Foss 方法[7.37]解决了此问题。

### 7.3.3 附注

此处应给出两点评论。首先，除个别简单情况外，这些方法难以突破一阶近似范畴，因为一阶修正项的概率密度是非高斯的。其次，没有证据表明方程式(7.16)中的随机过程 $x$ 在均方或任何其他意义上收敛。因此，摄动法取决于如下假设：解过程 $x$ 的每个样本函数均可由 $\varepsilon$ 的幂级数表示。当然，上述两点评论也适用于多自由度系统。

摄动法的精确性问题最初由 Crandall[7.29]提出，他表明，当非线性参数被保留至一阶小量时，响应谱的结果与直接利用统计线性化方法获得的结果一致。

在本小节结束之前，需要特别说明 Lipsett[7.38]和 Rajan 和 Davies[7.39]所使用的多尺度时域分析。文献[7.38]采用了多尺度摄动法和随机变量的 Hermite 多项式来处理非线性单自由度系统。文献[7.39]采用了多尺度时域分析法来处理窄带噪声激励的 Duffing 振子。结果表明，随机跃迁会发生在两个不同的慢变水平之间(最后给出了数字仿真结果)。一阶近似技术可能不适用于共振情况，因为在共振情况下，施加的频率等于相关线性系统的固有频率。

## 7.4 函数级数法

针对函数级数法，这里介绍两个子类别：Volterra 级数展开法和 Wiener-Hermite(WH)级数

展开法。

### 7.4.1　Volterra 级数展开法

对于受随机载荷 $f(t)$ 激励的线性振子，响应 $x(t)$ 可由卷积积分给出：

$$x(t)=\int_{-\infty}^{\infty}h(\tau)f(t-\tau)\mathrm{d}\tau \tag{7.24}$$

其中，$h(t)$ 是振子的脉冲响应函数。

对于非线性振子，式(7.24)已得到推广[7.40-7.43]，其响应为

$$x(t)=\sum_{i=1}^{\infty}\int_{-\infty}^{\infty}\cdots\int_{-\infty}^{\infty}h_i(\tau_1,\tau_2,\cdots\tau_i)\prod_{r=1}^{i}f(t-\tau_r)\mathrm{d}\tau_r \tag{7.25}$$

其中，求和符号右边的表达式称为第 $i$ 阶 Volterra 算子；函数 $h_i(\tau_1,\cdots,\tau_i)$ 称为 Volterra 核，可视为第 $i$ 阶脉冲响应函数。

如果级数在 $i=2$ 处被截断，则式(7.25)变为

$$x(t)=\int_{-\infty}^{\infty}h_1(\tau_1,\tau_2)f(t-\tau_1)\mathrm{d}\tau_1+\int_{-\infty}^{\infty}\int_{-\infty}^{\infty}h_2(\tau_1,\tau_2)f(t-\tau_1)f(t-\tau_2)\mathrm{d}\tau_1\mathrm{d}\tau_2 \tag{7.26}$$

对于时不变振子，Volterra 核 $h_i(\tau_1,\cdots,\tau_i)$（或简写为 $h_i$）仅依赖时间差，且其参数完全对称[7.41,7.42]。对于记忆系统，式(7.25)通常称为 Volterra 级数展开。该级数在 $i=3$ 处被截断，其结果与模拟结果[7.43]比较吻合。这表明，在 $i=3$ 处截断级数的方法对于较弱的非线性很有用。对于中等强度的非线性和较大强度的非线性，必须考虑式(7.25)中的高阶项。这又涉及 Volterra 级数的收敛性问题。

Volterra 级数称为具有记忆的泰勒级数[7.44]。因此，Volterra 级数的收敛性与泰勒级数的收敛性密切相关。因此，对于具有符号函数特性的非线性系统响应，无法应用 Volterra 级数展开法，因为没有针对此类响应特性的收敛的泰勒级数。若振子具有有限的记忆，则 Volterra 级数收敛。换句话说，对于记忆有限的系统，任何输入对 Volterra 级数的影响在有限时间内都是微不足道的。有限记忆系统的一个反例是保险丝[7.44]，在超过其额定电流后，无论等待多长时间，它都不会恢复到其原始平衡状态。人们无法使用 Volterra 级数展开法来解决多重平衡点的问题，因为通常无法建立针对此类问题的 Volterra 级数的收敛性。关于 Volterra 级数收敛性问题的讨论详见文献[7.45]。

为了演示 Volterra 级数展开法，假设非线性单自由度系统满足收敛条件，且系统无多重平衡点。那么，式(7.25)可写为

$$x(t)=x_1(t)+x_2(t)+x_3(t)+\cdots+x_r+\cdots \tag{7.27}$$

其中，

$$x_r(t)=\int_{-\infty}^{\infty}\cdots\int_{-\infty}^{\infty}h_r(\tau_1,\cdots,\tau_r)f(t-\tau_1)\cdots f(t-\tau_r)\mathrm{d}\tau_1\cdots\mathrm{d}\tau_r \tag{7.28}$$

假定函数是对称的，例如

$$h_2(\tau_1,\tau_2)=h_2(\tau_2,\tau_1) \tag{7.29}$$

所谓高阶频率响应函数(FRF)或 Volterra 核变换可定义为

$$H_r(\omega_1,\cdots,\omega_r)=\int_{-\infty}^{\infty}\cdots\int_{-\infty}^{\infty}h_r(\tau_1,\cdots,\tau_r)\mathrm{e}^{-\mathrm{i}(\omega_1\tau_1+\cdots+\omega_r\tau_r)}\mathrm{d}\tau_1\cdots\mathrm{d}\tau_r \tag{7.30}$$

其为核函数 $h_r(\tau_1,\cdots,\tau_r)$ 的多维傅里叶变换。

可证,除了满足反射属性外,核变换的参数也对称,例如

$$H_1(-\omega)=H_1^*(\omega),\quad H_2(-\omega_1,-\omega_2)=H_2^*(\omega_1,\omega_2) \tag{7.31}$$

等等。注意,星号表示共轭复数。

对于给定的运动方程,有几种方法可确定其核函数。文献[7.42]中介绍的谐波探测法可直接使用。例如,文献[7.46]和本推导均使用了谐波探测法。如果假设给定的非线性单自由度系统由零均值高斯白噪声激励,则与式(7.27)相关的互频谱变为

$$S_{x_f}(\omega)=S_{x_1f}(\omega)+\cdots+S_{x_rf}(\omega)+\cdots \tag{7.32}$$

其中,例如

$$S_{x_1f}(\omega)=H_1(\omega)S_{ff}(\omega)=H_1(\omega)S \tag{7.33}$$

其中,$S_{ff}(\omega)=S$,是高斯白噪声的恒定频谱密度。

式(7.32)可重新表述为

$$S_{x_f}(\omega)=\mathbb{R}(\omega)S \tag{7.34}$$

其中,$\mathbb{R}(\omega)$是所谓的复合频率响应函数(CFRF)或复合接受度(CR)。当激励过程的功率谱减小到零时,后者以极限接近线性 FRF。参照式(7.32)的 RHS,CFRF 必须由输入和输出之间的单个互谱来近似。例如,从互相关函数开始:

$$\mu_{x_1f}=\langle x_1(t)f(t-\tau)\rangle \tag{7.35}$$

将 Volterra 级数一阶项的式(7.28)应用于式(7.35),有

$$\mu_{x_1f}=\left\langle\int_{-\infty}^{\infty}h_1(\tau_1)f(t-\tau_1)f(t-\tau)\mathrm{d}\tau_1\right\rangle \tag{7.36}$$

假设 Volterra 级数的收敛条件是数学期望运算和积分可交换,则上式为

$$\begin{aligned}\mu_{x_1f}&=\int_{-\infty}^{\infty}h_1(\tau_1)\langle f(t-\tau_1)f(t-\tau)\rangle\mathrm{d}\tau_1\\&=\int_{-\infty}^{\infty}h_1(\tau_1)\mu_{ff}(\tau-\tau_1)\mathrm{d}\tau_1\end{aligned} \tag{7.37}$$

其中,$\mu_{ff}(\tau-\tau_1)=\langle f(t-\tau)f(t-\tau_1)\rangle$是输入过程$f(t)$的自相关函数。对上式两边进行傅里叶变换,可得

$$S_{x_1f}(\omega)=\int_{-\infty}^{\infty}\mathrm{e}^{-\mathrm{i}\omega\tau}\mathrm{d}\tau\int_{-\infty}^{\infty}h_1(\tau_1)\mu_{ff}(\tau-\tau_1)\mathrm{d}\tau_1 \tag{7.38}$$

由于

$$S_{x_1f}(\omega)=\int_{-\infty}^{\infty}\mathrm{e}^{-\mathrm{i}\omega\tau}\mu_{x_1f}\mathrm{d}\tau$$

所以重新整理式(7.38)的右边项,有

$$S_{x_1f}(\omega)=\int_{-\infty}^{\infty}\mathrm{e}^{-\mathrm{i}\omega\tau_1}h_1(\tau_1)\mathrm{d}\tau_1\int_{-\infty}^{\infty}\mathrm{e}^{-\mathrm{i}\omega(\tau-\tau_1)}\mu_{ff}(\tau-\tau_1)\mathrm{d}(\tau-\tau_1)$$

利用傅里叶变换的定义,上述方程变为

$$S_{x_1f}(\omega)=H_1(\omega)S_{ff}(\omega)$$

此即式(7.33)。

接下来推导式(7.32)中的二阶项。遵循与一阶项相似的过程,互相关函数为

$$\mu_{x_2f}=\int_{-\infty}^{\infty}\int_{-\infty}^{\infty}h_2(\tau_1,\tau_2)\langle f(t-\tau_1)f(t-\tau_2)f(t-\tau)\rangle\mathrm{d}\tau_1\mathrm{d}\tau_2$$

上式的右边为 0,对于零均值高斯变量 $f_1$, $f_2$ 和 $f_3$,有[7.22,7.24]

$$\langle f_1f_2f_3\rangle=0 \tag{7.39}$$

对于零均值高斯变量 $f_1$, $f_2$, $f_3$和 $f_4$,结果变为[7.22,7.24]

$$\langle f_1f_2f_3f_4\rangle=\sum_{r=1}^{4}\prod_{s=1}^{4}\langle f_rf_s\rangle \tag{7.40}$$

式(7.39)表明,所有互相关函数,以及与偶数内核项关联的输入和输出之间的所有互谱均为0,即

$$S_{x_{2r}f}(\omega)=\mu_{x_{2r}f}(\tau)=0 \tag{7.41}$$

上式对所有整数 $r$ 均成立。

同理,可推导式(7.32)右边的三阶项。推导如下:

$$\mu_{x_3f}=\int_{-\infty}^{\infty}\int_{-\infty}^{\infty}\int_{-\infty}^{\infty}h_3(\tau_1,\tau_2,\tau_3)\langle\lambda_3\rangle\mathrm{d}\tau_1\mathrm{d}\tau_2\mathrm{d}\tau_3 \tag{7.42}$$

其中,

$$\langle\lambda_3\rangle=\langle f(t-\tau_1)f(t-\tau_2)f(t-\tau_3)f(t-\tau)\rangle$$

利用式(7.40)和 Volterra 核的对称性,式(7.42)可简化为

$$\begin{aligned}\mu_{x_3f}&=3\int_{-\infty}^{\infty}\int_{-\infty}^{\infty}\int_{-\infty}^{\infty}h_3(\tau_1,\tau_2,\tau_3)\langle f(t-\tau_1)f(t-\tau_2)\rangle\langle f(t-\tau_3)f(t-\tau)\rangle\mathrm{d}\tau_1\mathrm{d}\tau_2\mathrm{d}\tau_3\\&=3\int_{-\infty}^{\infty}\int_{-\infty}^{\infty}\int_{-\infty}^{\infty}h_3(\tau_1,\tau_2,\tau_3)\mu_{ff}(\tau_2-\tau_1)\mu_{ft}(\tau-\tau_3)\mathrm{d}\tau_1\mathrm{d}\tau_2\mathrm{d}\tau_3\end{aligned}$$

通过对上述方程进行傅立叶变换和一些代数运算,可得[7.47]

$$S_{x_3f}(\omega)=\frac{3S_{ff}(\omega)}{2\pi}\int_{-\infty}^{\infty}H_3(\omega_1,-\omega_1,\omega)S_{ff}(\omega_1)\mathrm{d}\omega_1 \tag{7.43}$$

式(7.43)可轻松推广到高阶项:

$$S_{x_{2r-1}f}(\omega)=\frac{(2r)!S_{ff}(\omega)}{2^r(2\pi)^{r-1}r!}\int_{-\infty}^{\infty}\cdots\int_{-\infty}^{\infty}I_r\mathrm{d}\omega_1\cdots\mathrm{d}\omega_{r-1} \tag{7.44}$$

其中,被积函数定义为

$$I_r=H_{2r-1}(\omega_1,-\omega_1,\cdots,\omega_{r-1},-\omega_{r-1},\omega)S_{ff}(\omega_1)\cdots S_{ff}(\omega_{r-1})$$

对于零均值高斯白噪声激励,CFRF 为

$$R(\omega)=\sum_{r=1}^{r=\infty}\frac{(2r)!S^{r-1}}{2^r(2\pi)^{r-1}r!}\int_{-\infty}^{\infty}\cdots\int_{-\infty}^{\infty}G_r\mathrm{d}\omega_1\cdots\mathrm{d}\omega_{r-1} \tag{7.45}$$

其中,

$$G_r=H_{2r-1}(\omega_1,-\omega_1,\cdots,\omega_{r-1},-\omega_{r-1},\omega)$$

为了提供更具体的示例,考虑由零均值高斯白噪声 $w$ 激励的 Duffing 振子。其运动方程为

$$m\ddot{x}+c\dot{x}+k_1x+k_3x^3=w \tag{Ⅰ-1}$$

其中,$m$ 为质量;$c$ 为黏滞阻尼;$k_1$ 为线性弹簧常数;$k_3$ 为三次弹簧系数。为了有效使用 Volterra 级数展开法,假设三次弹簧系数 $k_3$ 和 $w$ 的振幅都很小,从而满足收敛条件且不存在多重平衡点。为了便于说明和简洁起见,将基于方程式(7.45)对 CFRF 进行计算,并仅保留至 $o(S)$ 阶。因此,由式(7.45)可知,前两项为

$$\frac{S_{x_{1f}}(\omega)}{S}=H_1(\omega), \tag{Ⅰ-2a}$$

$$\frac{S_{x_3f}(\omega)}{S}=\frac{3S}{2\pi}\int_{-\infty}^{\infty}H_3(\omega_1,-\omega_1,\omega)\mathrm{d}\omega_1 \tag{Ⅰ-2b}$$

其中,

$$\langle w(t)w(t+\tau)\rangle=2\pi S\delta(\tau)$$

式(Ⅰ-2b)需要进一步运算。在本运算中,应用了谐波探测法[7.42]处理运动方程。文献[7.48]表明,对于具有 $p$ 次多项式刚度的稳定单自由度非线性系统,有

$$H_r(\Omega_1,\Omega_2,\cdots,\Omega_r)=-\frac{H_1(\Omega_1+\cdots+\Omega_r)}{r!}\mathbb{N} \tag{Ⅰ-3}$$

其中,

$$\mathbb{N}=\sum_{i=2}^{p}i!k_i\sum_{n_1,n_2,\cdots}[n_1!n_2!\cdots H_{n1}()H_{n2}()\cdots]$$

其中,在每个 $n_1,n_2,\cdots$求和中,都有 $i$ 项,且对所有 $n_1+n_2+\cdots=r$ 必须重复求和。对集合($\Omega_1,\Omega_2,\cdots,\Omega_r$)的所有可能排列,每项 $H_{n1}(\ )H_{n2}(\ )\cdots$也必须重复,以使每个 $\Omega_j(j=1,\cdots,r)$在每一次运算中出现且仅出现一次。显然,由于没有偶数阶非线性刚度项,所以只存在奇数阶高阶 FRF。对于较大的 $r$,应用上述方程并不简单。注意,用 $\omega_r$ 替代 $\Omega_r$,则等式左边与式(7.30)相似。

这里说明式(Ⅰ-3)的运算很有用。当 $r=1$ 时,有

$$H_1(\omega)=\frac{1}{k_1-m\omega^2+ic\omega}$$

当 $r=2$ 时,有

$$H_2(\omega,\omega)=-\frac{H_1(2\omega)}{2!}\{2!k_2[1!1!H_1(\omega)H_1(\omega)]\}=-k_2H_1(2\omega)[H_1(\omega)]^2,$$

$$H_2(\omega,-\omega)=-\frac{H_1(0)}{2!}\{2!k_2[1!1!H_1(\omega)H_1(-\omega)]\}=-k_2H_1(0)[H_1(\omega)]^2,$$

$$H_2(-\omega,-\omega)=[H_2(\omega,\omega)]^*$$

即式(7.31)。

当 $r=3$ 时,由式( Ⅰ-3)给出:

$$\begin{aligned}H_3(\omega_1,\omega_2,\omega_3)=-\frac{H_1(\omega_1+\omega_2+\omega_3)}{3!}\{&2!k_2[1!2!(H_1(\omega_1)H_2(\omega_2,\omega_3)\\&+H_1(\omega_2)H_2(\omega_1,\omega_3)+H_1(\omega_3)H_2(\omega_1,\omega_2))]\\&+3!k_3[1!1!1!H_1(\omega_1)H_1(\omega_2)H_1(\omega_3)]\}\end{aligned}$$

令 $\omega_1=\omega_2=\omega_3=\omega$,则有

$$H_3(\omega,\omega,\omega)=-\frac{H_1(3\omega)}{3!}\{2!k_2[1!2!(3H_1(\omega)H_2(\omega,\omega))]+3!k_3[1!1!1!H_1(\omega)H_1(\omega)H_1(\omega)]\}$$

代入 $H_2(\omega,\omega)$,可化简为

$$H_3(\omega,\omega,\omega)=H_1(3\omega)[H_1(\omega)]^3[2k_2^2H_1(2\omega)-k_3]$$

然而,在式( Ⅰ-1)描述的 Duffing 振子中,$k_2=0$,因此,

$$H_3(\omega,\omega,\omega)=-k_3H_1(3\omega)[H_1(\omega)]^3$$

依此类推,则有

$$H_3(\omega_1,-\omega_1,\omega)=-k_3[H_1(\omega)]^2|H_1(\omega_1)|^2 \tag{Ⅰ-4}$$

将式( Ⅰ-4)代入式( Ⅰ-2b),可得

$$\frac{S_{x_3f}(\omega)}{S}=\frac{3Sk_3[H_1(\omega)]^2}{2\pi}\int_{-\infty}^{\infty}|H_1(\omega_1)|^2\mathrm{d}\omega_1 \tag{Ⅰ-5}$$

应用残数定理和 Jordan 引理,则有

$$\frac{1}{2\pi}\int_{-\infty}^{\infty}|H_1(\omega_1)|^2\mathrm{d}\omega_1=\frac{1}{2ck_1}$$

因此,式( Ⅰ-5)变为

$$\frac{S_{x_3f}(\omega)}{S}=\frac{3Sk_3[H_1(\omega)]^2}{2ck_1} \tag{Ⅰ-6}$$

应用式( Ⅰ-2a)、式( Ⅰ-6)和式(7.34),则可得 CFRF 为

$$R(\omega)=H_1(\omega)+\frac{3Sk_3[H_1(\omega)]^2}{2ck_1} \tag{Ⅰ-7}$$

有趣的是,对于 Duffing 振子,CFRF 或 CR 的右边第二项是线性和非线性刚度系数、阻尼常数、高斯白噪声输入的频谱密度以及线性 FRF 的函数。当阻尼或线性刚度常数趋于 0 时,CFRF 趋于无穷大。当激励或非线性刚度系数趋于 0 时,式( Ⅰ-7)趋于线性 FRF。

在本小节结束之前,需要注意,对于高阶 FRF,代数运算量非常大,因此有必要使用诸如 MACSYMA 或 MAPLE 之类的符号运算包。Worden 等人[7.48]已推导并提出了更高阶的 FRF。

### 7.4.2 Wiener-Hermite 级数展开法

Orabi 和 Ahmadi[7.51,7.52]应用基于 WH 基[7.40,7.49,7.50]性质的函数级数展开方法,分析了时间调制随机激励下非线性单自由度系统的非平稳随机响应。该方法的基本思想是将随机激励 $f(t)$ 和系统响应 $x(t)$ 用 WH 基 $H_i$ 展开,即

$$f(t)=\int_{-\infty}^{\infty}F_1(t,\tau_1)H_1(\tau_1)\mathrm{d}\tau_1+\int_{-\infty}^{\infty}\int_{-\infty}^{\infty}F_2(t,\tau_1,\tau_2)H_2(\tau_1,\tau_2)\mathrm{d}\tau_1\mathrm{d}\tau_2+\cdots, \tag{7.46}$$

$$x(t)=\int_{-\infty}^{\infty}X_1(t,\tau_1)H_1(\tau_1)\mathrm{d}\tau_1+\int_{-\infty}^{\infty}\int_{-\infty}^{\infty}X_2(t,\tau_1,\tau_2)H_2(\tau_1,\tau_2)\mathrm{d}\tau_1\mathrm{d}\tau_2+\cdots \tag{7.47}$$

其中,$F_i(t)$ 和 $X_i(t)$ 是确定性核函数。WH 级数中的零阶项对应均值。

在 WH 级数展开法中,将式(7.46)和式(7.47)的级数代入振子的运动方程,并乘以 $H_i$。通过取期望值并应用 WH 基的正交性,可得到控制 $X_i$ 演化的确定性方程。需要注意,该方法需要迭代算法来确定核函数。

Roy 和 Spanos[7.53]也考虑了非线性随机系统的 WH 函数表示法,采用 WH 表示法和 Carleman 线性化过程研究了一般情形的非线性系统,利用摄动法得到了 WH 核和传递函数,并给出了 Duffing 振子的结果以及由 GC 方法和 MCS 法计算的结果。

在文献[7.54]中,Ahmadi 和 Orabi 已表明,当只应用 WH 级数的第一项时,该方法就等同于第 4 章提出的时间依赖的统计线性化格式。下面的示例包含这种情况。然而,应注意,WH 级数展开法在处理 Duffing 振子情况下的非高斯统计量时具有一种内置机制[7.52]。

由于 WH 级数展开法提供了随机响应的一个级数表示形式,所以将其应用在具有不连续非线性的系统中可能需要 WH 级数中的更多展开项。通常,7.4.1 小节中关于 Volterra 级数收敛性的论述在此处适用。

现在,考虑如下运动方程:

$$\ddot{x}+g(x,\dot{x})=f(t) \tag{Ⅰ-1}$$

其中,$g(x,\dot{x})$ 是位移 $x$ 和速度 $\dot{x}$ 的任意非线性函数。

为了应用 WH 级数展开法确定上述非线性系统的响应,采用式(7.46)和式(7.47)以及以下关系式:

$$\begin{aligned}\langle H_i\rangle&=0,\quad i\neq 0,\\ \langle H_iH_j\rangle&=0,\quad i\neq j\end{aligned} \tag{Ⅰ-2a,b}$$

注意,为了简单起见,上述关系式中的参数已被忽略。

为了说明,在本分析中仅考虑式(7.46)和式(7.47)右边的第一项。将式(7.46)和式(7.47)代入式(Ⅰ-1),所得方程与 WH 基的元素 $H_1$ 相乘,得到总体均值,并应用 WH 基的正交性[式(Ⅰ-2b)],可得

$$\ddot{X}_1+\langle H_1 g\rangle=F_1 \tag{Ⅰ-3}$$

为了简单起见，上式中的参数已被忽略。

为了对上式的第二项进行运算，应用扩展的 Navikov-Furutsu 公式[7.54]：

$$\langle H_1(\tau_1)g\rangle=\left\langle\frac{\delta g}{\delta H_1(\tau_1)}\right\rangle \tag{Ⅰ-4}$$

其中，δ 表示函数导数。该方程对任何高斯白噪声过程的函数 $g$ 均有效。应用文献[7.54]中的结果，有

$$\left\langle\frac{\delta g}{\delta H_1(\tau_1)}\right\rangle=\left\langle\frac{\partial g}{\partial x}\cdot\frac{\delta x(t)}{\delta H_1(\tau_1)}\right\rangle+\left\langle\frac{\partial g}{\partial \dot{x}}\cdot\frac{\delta \dot{x}(t)}{\delta H_1(\tau_1)}\right\rangle \tag{Ⅰ-5}$$

由式(7.47)可得

$$\left\langle\frac{\delta x(t)}{\delta H_1(\tau_1)}\right\rangle=X(t,\tau_1),\quad \left\langle\frac{\delta \dot{x}(t)}{\delta H_1(\tau_1)}\right\rangle=\dot{X}(t,\tau_1) \tag{Ⅰ-6}$$

由式(Ⅰ-5)和式(Ⅰ-6)，式(Ⅰ-3)可表示为

$$\ddot{X}_1(t,\tau_1)+\left\langle\frac{\partial g}{\partial \dot{x}}\right\rangle\dot{X}_1(t,\tau_1)+\left\langle\frac{\partial g}{\partial x}\right\rangle X_1(t,\tau_1)=F_1(t,\tau_1) \tag{Ⅰ-7}$$

注意，与尖括号相关的项明确了第 4 章中系统的等效参数 $\beta_e$ 和 ${\omega_e}^2$。上述方程可写为

$$\ddot{X}_1(t,\tau_1)+\beta_e\dot{X}_1(t,\tau_1)+\omega_e^2X_1(t,\tau_1)=F_1(t,\tau_1) \tag{Ⅰ-8}$$

将方程式(Ⅰ-8)乘以 $H_1(\tau_1)$，并对 $\tau_1$ 积分，然后应用式(7.46)和式(7.47)，可得

$$\ddot{x}(t)+\beta_e\dot{x}(t)+\omega_e^2x(t)=f(t) \tag{Ⅰ-9}$$

该方程与第 4 章中通过统计线性化方法得到的方程相同。也就是说，单项 WH 级数展开法与时间依赖的统计线性化方法相同[7.54]。为了得到更精确的解，需要 WH 级数的更高阶项，导致代数运算量增大。

# 附录　概率论、随机变量和随机过程

## A.1　引言

虽然读者在阅读本书之前可能已经接触过随机振动理论和应用的相关内容，但为了保持完整性，以及满足需要快速复习基本知识的部分读者的要求，本书的附录中包含了概率论、随机变量和随机过程的基本概念和理论概要。

## A.2　概率论

概率论涉及处理和分析物理世界中不确定性的哲学框架。在西方世界，概率论始于 17 世纪的赌博游戏，其最早的数学思想与 Blaise Pascal，Pierre Fermat，Chevalier de Méré，Pierre Laplace 和 Karl F. Gauss 等人有关[A.1]。

现代概率论是由 A. N. Kolmogorov 于 1933 年开创的，它从应用测度理论的公理化的角度发展起来。由于数学上的相对简单性，集合论技术已被应用于发展概率论的公理化方法，这部分内容将在本节介绍。概率的公理化体系由 Kolmorgorov[A.2]创立。

### A.2.1　集合论和概率论公理

本节介绍基于集合论的概率公理化体系，首先介绍基本的定义和概念。

在一个特定的试验过程中，每个可能的结果都称为样本点。一个试验的所有可能结果的集合称为样本空间，符号用 $S$ 表示，这个样本空间通常被称为全集。

事件是具有某些特定属性的样本点的集合。更准确地说，事件是样本点的子集。仅由一个样本点组成的事件称为简单事件或基本事件。包含多个样本点的事件称为复合事件。

一般来说，一个集合既可以是有限的，也可以是无限的，这取决于元素或对象的数量，或者样本点是有限的还是无限的。无限集既可以是可数的，也可以是不可数的。如果一个集合中没有任何元素，则称之为空集。

在样本空间 $S$ 中，由事件 $E_1$ 或 $E_2$ 中的所有样本点组成的事件称为 $E_1$ 和 $E_2$ 的并集。一个事件若包含 $E_1$ 和 $E_2$ 两个事件中全部共有的样本点，则其称为 $E_1$ 和 $E_2$ 的交集。如果两个集合的交集是空集，则称它们是互斥的。

下面介绍基于集合论的概率公理化体系。

样本空间 $S$ 中的每个事件 $E_i(i=1,2,\cdots,n)$ 都有一个量 $P(E_i)$ 满足以下公理：

**公理 1**：$P(E_i)\geqslant 0$；

**公理 2**：$0\leqslant P(S)=1$；

**公理 3**：如果 $E_1,E_2,E_3\cdots$ 是互斥的，那么其中任何一个事件发生的概率等于其概率之和。

公理 3 可以用符号表示为

$$P\left(\bigcup_{i=1}^{n} E_i\right) = \sum_{i=1}^{n} E_i \tag{A.1}$$

或

$$P(E_1\cup E_2\cup E_3\cdots)=P(E_1)+P(E_2)+P(E_3)+\cdots$$

其中，符号“∪”代表两个集合的并集。

### A. 2. 2　条件概率

$P(E_2|E_1)$ 表示在事件 $E_1$ 发生的情况下，事件 $E_2$ 发生的概率。其从符号体系的角度表示为

$$P(E_2|E_1)=\frac{P(E_2\cap E_1)}{P(E_1)},\ P(E_1)>0 \tag{A.2}$$

其中，符号“∩”代表两个集合的交集。

若 $P(E_1)=0$，则 $P(E_2|E_1)$ 是没有意义的。若事件 $E_2$ 与 $E_1$ 相互独立，则

$$P(E_2|E_1)=P(E_2)$$

这意味着

$$P(E_2)P(E_1)=P(E_2\cap E_1)$$

条件概率的概念可以推广到两个以上的事件。例如：

$$P(E_3|E_1\cap E_2)=\frac{P(E_1\cap E_2\cap E_3)}{P(E_1\cap E_2)},\quad P(E_1\cap E_2)>0$$

但是，

$$P(E_1\cap E_2)=P(E_1)P(E_2|E_1)$$

因此，

$$P(E_1\cap E_2\cap E_3)=P(E_1)P(E_2|E_1)P(E_3|E_1\cap E_2) \tag{A.3}$$

这是三个事件相交的概率，等于 $E_1$ 的概率乘以 $E_2$ 的条件概率（假设 $E_1$ 已经发生），乘以 $E_3$ 的概率（假设 $E_1$ 和 $E_2$ 同时发生）。将式(A.3)推广到 $n$ 个事件，则

$$\begin{aligned}P(E_1\cap E_2\cdots\cap E_n)=&P(E_1)P(E_2|E_1)P(E_3|E_1\cap E_2)\\&\cdots P(E_n|E_1\cap E_2\cdots\cap E_{n-1})\end{aligned} \tag{A.4}$$

式(A.4)称为复合概率的一般定律。

### A.2.3 边缘概率和贝叶斯定理

假设将全集或样本空间 $S$ 划分为两个事件序列 $E_1,E_2,E_3,\cdots,E_{n1}$ 和 $G_1,G_2,G_3,\cdots,G_{n2}$，这两个序列内部是两两互斥的，但在两个序列之间不一定两两互斥。在边缘概率的概念中，将 $S$ 划分成 $(n_1)(n_2)=n$ 个不相交的子集是必要的。例如，$E_2$ 的边缘概率定义为

$$P(E_2) = \sum_{i=1}^{n_2} P(E_2 \cap G_i) \tag{A.5}$$

如果样本空间 $S$ 被划分为有限个互斥的事件 $E_1,E_2,E_3,\cdots,E_n$，令 $A=(E_1 \cap A)\cup(E_2 \cap A)\cup\cdots\cup(E_n \cap A)$，则事件 $A$ 的绝对概率定义为

$$P(A) = \sum_{i=1}^{n} P(E_i)P(A|E_i) \tag{A.6}$$

若 $P(A)>0$，则对每一个 $i=1,2,\cdots,n$，贝叶斯定理的定义为

$$P(E_i|A) = \frac{P(E_i)P(A|E_i)}{\sum_{j=1}^{n} P(E_j)P(A|E_j)} \tag{A.7}$$

这个定理在工程中有许多实际应用。

## A.3 随机变量

随机变量是随机事件概念的推广，它是样本空间中样本点的实值函数。随机变量的所有值的概率是通过概率分布函数确定的。随机变量既可以是离散的，也可以是连续的。当样本空间中的元素个数有限或可数无限时，随机变量是离散的，而连续随机变量是指具有不可数值的随机变量。

注意，离散随机变量和连续随机变量的处理是不同的。在本书中，除非另有说明，否则只考虑连续随机变量。

### A.3.1 单个随机变量的概率描述

为了得到随机变量的完全概率描述，需要指定其分布，可以通过应用下面介绍的函数来完成。

A.3.1.1 分布函数

随机变量 $X$ 的概率分布函数用 $F(\cdot)$ 表示，定义为

$$F(x)=P(X \leqslant x) \tag{A.8}$$

其中，$X$ 是随机变量，$x$ 代表 $X$ 的一个特定值。概率分布函数是具有下列极限值的非递减函数：

$$F(-\infty)=0, F(+\infty)=1$$

示例如图 A.1 所示。

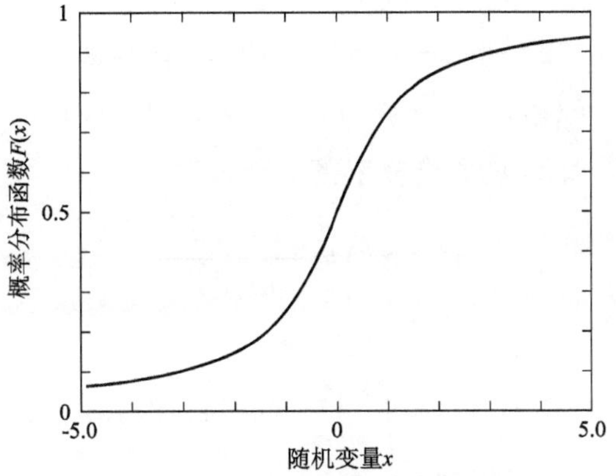


**图 A.1　概率分布函数**

A.3.1.2　密度函数

连续随机变量也可以用概率密度函数 $p(x)$ 来描述，定义为

$$p(x)=\frac{\mathrm{d}F(x)}{\mathrm{d}x}=\lim_{\mathrm{d}x\to 0}\frac{F(x+\mathrm{d}x)-F(x)}{\mathrm{d}x} \tag{A.9}$$

由此可知，概率分布函数为

$$F(x)=\int_{-\infty}^{x}p(\mu)\,\mathrm{d}\mu \tag{A.10}$$

概率密度函数的一个典型例子如图 A.2 所示。

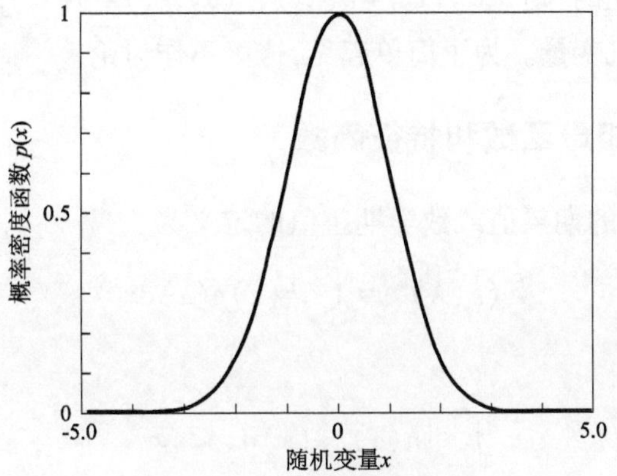


**图 A.2　概率密度函数**

## A.3.2　两个随机变量的概率描述

两个随机变量 $X_1$ 和 $X_2$ 的联合行为可以用 $X_1$ 和 $X_2$ 的联合概率分布函数来描述，记为

$$F(x_1,x_2)=P[(X_1\leqslant x_1)\cap(X_2\leqslant x_2)] \tag{A.11}$$

同时满足以下条件：

$$
\begin{gathered}
F(-\infty, x_2)=F(x_1,-\infty)=0, \\
F(-\infty,-\infty)=0, \quad F(\infty, \infty)=1, \\
F(x_1, \infty)=F(x_1), \quad F(\infty, x_2)=F(x_2)
\end{gathered} \tag{A.12}
$$

由式(A.11),随机变量 $X_1$ 和 $X_2$ 的联合概率密度函数为

$$
p(x_1, x_2)=\frac{\partial^2 F(x_1, x_2)}{\partial x_2 \partial x_1} \tag{A.13}
$$

因此,由式(A.13)可得

$$
F(x_1, x_2)=\int_{-\infty}^{x_1} \int_{-\infty}^{x_2} p(\mu_1, \mu_2) \mathrm{d} \mu_1 \mathrm{d} \mu_2 \tag{A.14}
$$

利用式(A.12)和式(A.14),可以得到

$$
\int_{-\infty}^{\infty} \int_{-\infty}^{\infty} p(x_1, x_2) \mathrm{d} x_1 \mathrm{d} x_2=1, \quad F(x_1)=\int_{-\infty}^{\infty} \mathrm{d} \mu_2 \int_{-\infty}^{x_1} p(\mu_1, \mu_2) \mathrm{d} \mu_1 \tag{A.15,A.16}
$$

和

$$
p(x_1)=\frac{\partial F(x_1)}{\partial x_1}=\int_{-\infty}^{\infty} p(\mu_1, \mu_2) \mathrm{d} \mu_2 \tag{A.17}
$$

根据 A.2.2 小节中条件概率的定义,条件概率密度函数可定义为

$$
p(x_2 | x_1)=\frac{p(x_2, x_1)}{p(x_1)}, \quad p(x_1) \neq 0 \tag{A.18}
$$

若 $p(x_1)=0$,则 $p(x_2|x_1)$ 为 0。

如果 $X_1$ 和 $X_2$ 是独立的,则 $p(x_2|x_1)=p(x_2)$,$p(x_2,x_1)=p(x_2)p(x_1)$。本小节的结果可以推广到两个以上的随机变量。为了简单起见,这里不作讨论。

### A.3.3 期望值、矩母函数和特征函数

随机变量函数 $h(X)$ 的期望值或数学期望值的定义为

$$
\langle h(X)\rangle=\int_{-\infty}^{\infty} h(x) p(x) \mathrm{d} x \tag{A.19}
$$

且

$$
\int_{-\infty}^{\infty}|h(x)| p(x) \mathrm{d} x<\infty
$$

在式(A.19)中,$\langle\cdot\rangle$ 表示数学期望。

如果 $h(X)=X^n$,其中 $n$ 为整数,则随机变量 $X$ 的 $n$ 阶矩或 $n$ 阶统计矩定义为

$$
\langle X^n\rangle=\int_{-\infty}^{\infty} x^n p(x) \mathrm{d} x \tag{A.20}
$$

当 $n=1$ 时,式(A.20)为 $X$ 的均值。当 $n=2$ 时,式(A.20)为 $X$ 的均方值。均方值的平方根是 $X$ 的均方根。$X$ 的方差定义为

$$
\sigma_X^2=\langle(X-m)^2\rangle \tag{A.21}
$$

其中,$m$,$\sigma_X$ 分别为 $X$ 的均值和标准差;$\sigma_X$ 与 $m$ 的比值称为随机变量 $X$ 的变异系数。

两个随机变量 $X_1$ 和 $X_2$ 的协方差定义为

$$C_{12} = \langle (X_1 - m_1)(X_2 - m_2) \rangle = \int_{-\infty}^{\infty}\int_{-\infty}^{\infty} (x_1 - m_1)(x_2 - m_2)p(x_1, x_2)\,\mathrm{d}x_1\mathrm{d}x_2$$

其中，$m_1$ 和 $m_2$ 分别为 $X_1$ 和 $X_2$ 的均值。

当 $h(X)=\mathrm{e}^{tX}$ 时，这个函数的期望值称为矩母函数，即

$$M(t) = \langle \mathrm{e}^{tX} \rangle = \int_{-\infty}^{\infty} \mathrm{e}^{tx}p(x)\,\mathrm{d}x \tag{A.22}$$

通过将 $\mathrm{e}^{tX}$ 展开为幂级数，可以得到

$$\langle X^n \rangle = \left.\frac{\mathrm{d}^n M(t)}{\mathrm{d}t^n}\right|_{t=0} \tag{A.23}$$

类似地，若 $h(X)=\mathrm{e}^{\mathrm{i}\theta X}$，则可以得到

$$M(\theta) = \langle \mathrm{e}^{\mathrm{i}\theta X} \rangle = \int_{-\infty}^{\infty} \mathrm{e}^{\mathrm{i}\theta x}p(x)\,\mathrm{d}x \tag{A.24}$$

其中，$M(\theta)$ 是 $X$ 的特征函数，$X$ 的 $n$ 阶矩可表示为

$$\langle X^n \rangle = \left(\frac{1}{\mathrm{i}^n}\right)\left.\frac{\mathrm{d}^n M(\theta)}{\mathrm{d}\theta^n}\right|_{\theta=0} \tag{A.25}$$

其中，i 是虚数单位。

需要注意的是，所有概率密度函数都存在特征函数，而矩母函数可能不存在特征函数。

类似地，可得到 $k$ 个随机变量 $X_1, X_2, \cdots, X_k$ 的联合特征函数为

$$M(\theta_1, \theta_2, \cdots, \theta_k) = \mathrm{e}^{\langle \mathrm{i}(\theta_1X_1+\theta_2X_2+\cdots+\theta_kX_k)\rangle} = \int_{-\infty}^{\infty}\cdots\int_{-\infty}^{\infty} \mathrm{e}^{\mathrm{i}\sum_{i=1}^{k}\theta_i x_i} p(x_1, x_2, \cdots, x_k)\,\mathrm{d}x_1\mathrm{d}x_2\cdots\mathrm{d}x_k \tag{A.26}$$

# A.4　随机过程

随机过程是一族参数化的随机变量。因此，随机过程理论是随机变量概念的推广。试验的结果或样本点也称为随机过程的实现或样本函数。所有可能的样本函数的集合称为集合。因此，对于特定的参数或指标，随机过程就是随机变量。

## A.4.1　样本函数的集合和集合平均

假设随机过程 $\{X(t)\}$ 中的参数 $t$ 是时间，研究随机过程的根本目的就是确定和理解每个时刻 $\{X(t)\}$ 的联合概率分布函数，在这个符号中，$X(t)$ 是随机变量。注意到其他符号，如 $\{x^k(t)\}$，其中 $k$ 是指标或参数，它可以是可数的，也可以是不可数的，用来表示随机过程 $\{X(t)\}$。在本书中，除非另有说明，否则 $X(t)$ 均表示随机过程。

一个随机过程的所有可能实现的总体称为集合。位移随机过程 $\{x^k(t)\}$ 的集合的三种实现如图 A.3 所示。

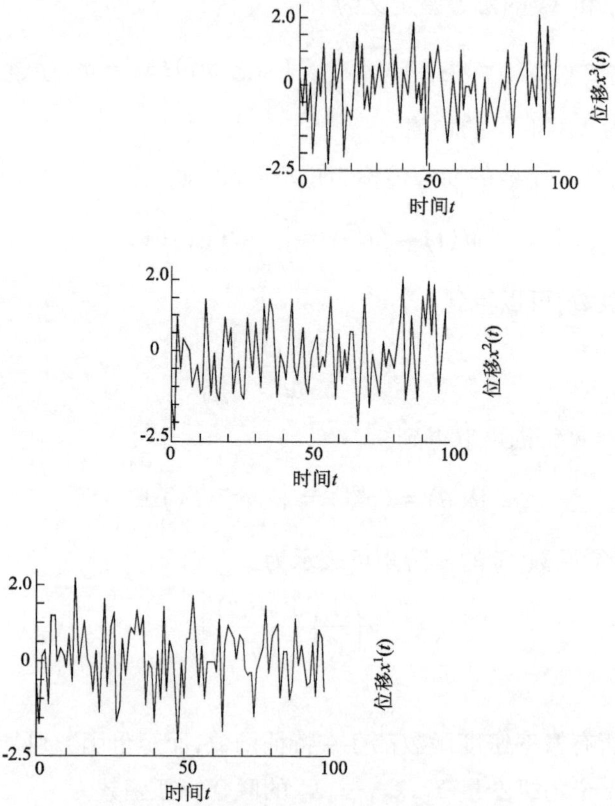


**图 A.3　位移随机过程的集合的三种实现**

已知随机过程$\{X(t)\}$的概率分布函数为$F(x,t)$，概率密度函数为$p(x,t)$，由此可以计算出集合的统计量，如集合平均或$\{X(t)\}$的均值和均方值。$\{X(t)\}$的统计矩和均方值是式(A.20)和式(A.21)的推广。因此，

$$\phi_1(t)=\langle X(t)\rangle=\int_{-\infty}^{\infty}xp(x,t)\,\mathrm{d}x, \tag{A.27}$$

$$\phi_2(t)=\langle X^2(t)\rangle=\int_{-\infty}^{\infty}x^2p(x,t)\,\mathrm{d}x \tag{A.28}$$

分别为随机过程$\{X(t)\}$的集合平均和均方值。$\phi_2(t)$的平方根称为$\{X(t)\}$的均方根。

## A.4.2　平稳、非平稳和演化随机过程

如果随机过程$\{X(t)\}$的所有统计特性不随时间$t$变化，则称其为强平稳或严格意义上的平稳。另外，如果只有第一和第二统计矩，如$\{X(t)\}$的均值和均方值不随时间变化，则称其为弱平稳或广义平稳。

从谱分析的观点来看，平稳随机过程的每个实现都可以写成一个随机 Stieltjes 积分，谱分析可以被看作将时变量表示为具有不同振幅、频率和相位的正弦波和余弦波组合的方法[A.3]：

$$X(t)=\int_{-\infty}^{\infty}\mathrm{e}^{\mathrm{i}\omega t}\mathrm{d}Z(\omega) \tag{A.29}$$

其中,$Z(\omega)$是随机变量,过程$\{Z(\omega)\}$是正交的,即两个不同点 $\omega$ 和 $\omega'$处的增量 $\mathrm{d}Z(\omega)$和$\mathrm{d}Z(\omega')$是不相关的随机变量。注意,$Z(\omega)$将随着实现而变化。式(A. 29)是平稳随机过程谱分析的基本结果。正交性条件是将谱密度作为能量分布进行物理解释的关键。

与平稳随机过程相反,如果$\{X(t)\}$的统计特性确实随时间变化,则称其为非平稳的。在数学意义上,在分析非平稳随机过程时,通常需要更多代数操作。例如,不是求平稳随机过程的均值,而是求非平稳随机过程的集合平均。

利用类似式(A. 29)的方法,得到一类特殊的非平稳随机过程,也是演化随机过程[A.4,A.5]。因此,如果 $X(t)$是非平稳随机过程,则其可以简单表示为

$$X(t)=\int_{-\infty}^{\infty}A(t,\omega)\mathrm{e}^{\mathrm{i}\omega t}\mathrm{d}Z(\omega) \tag{A.30}$$

其中,$A(t,\omega)$是包络函数。当然,若 $A(t,\omega)=1$,则式(A. 30)简化为由式(A. 29)定义的平稳随机变量。

### A. 4. 3　遍历性和高斯随机过程

当一个平稳随机过程的集合平均和时间平均相等时,这个平稳随机过程是遍历的,即

$$\langle X(t)\rangle=\overline{X(t)} \tag{A.31}$$

其中,时间平均值的定义为

$$\overline{X(t)}=\lim_{T\to\infty}\frac{1}{T}\int_{0}^{T}x(t)\,\mathrm{d}t \tag{A.32}$$

如果随机过程的相关函数是遍历的,则

$$\langle X(t)X(t+\tau)\rangle=\overline{X(t)X(t+\tau)} \tag{A.33}$$

其中,

$$\overline{X(t)X(t+\tau)}=\lim_{T\to\infty}\frac{1}{T-\tau}\int_{0}^{T-\tau}x(t)x(t+\tau)\,\mathrm{d}t \tag{A.34}$$

遍历性的含义是平稳随机过程的统计矩可以从单个较长的记录或测量值中确定。因此,在一个特定的分析中所需要的时间可以大大缩短。

一个随机过程$\{X(t)\}$是一个正态随机过程或高斯随机过程——如果它的概率密度函数为

$$p(x)=\frac{1}{b\sqrt{2\pi}}\mathrm{e}^{-\frac{(x-a)^2}{2b^2}} \tag{A.35}$$

其中,$a$ 是一个实常数,$b$ 是任意正常数。

### A. 4. 4　泊松过程

在计算或模拟到达事件的问题中,泊松过程构成了一类通用的计算过程。例如,到达火

车站的乘客数量和到达机场的飞机数量都是随机过程。

设 $N(t)$ 为半开半闭区间 $(0,t]$ 内的计数随机数。选择半开半闭区间 $(0,t]$，而非闭区间 $[0,t]$ 或开区间 $(0,t)$，这在本质上具有任意性。然而，选择半开半闭区间 $(0,t]$ 在某种程度上简化了结果的表达。

如果满足下列条件，则计数过程是具有平稳增量的泊松过程[A.6]。

**(1) 到达是独立的。**

未来的到达不受过去到达的影响。

**(2) 到达率是平稳的。**

对于任意的 $a$，在时间间隔 $(t,t+\Delta t]$ 内到达一次的概率等于在时间间隔 $(t+a,t+a+\Delta t]$ 内到达一次的概率，也等于 $\lambda\Delta t$，其中 $\lambda$ 是一个正常数。

**(3) 同时到达的概率可以忽略。**

在一个无限小的区间 $(t,t+\Delta t]$ 内，一次到达的概率为 $\lambda\Delta t$，两次或两次以上到达的概率与 $\lambda\Delta t$ 相比可以忽略不计。

如果满足上述三个条件，则随机过程 $\{N(t)\}$ 在 $t$ 时刻的概率分布为 $p_{\{N(t)\}}(n,t)$，其中 $n$ 为非负整数，则其概率方程如下：

$$p_{\{N(t)\}}(n,t+\Delta t)=P[N(t+\Delta t)=n] \tag{A.36}$$

右边项定义为

$$\begin{aligned}P[N(t+\Delta t)=n]=P[&\{N(t)=n\cap \text{ 在 } \Delta t \text{ 内没有到达}\}\cup\\&\{N(t)=n-1\cap \text{ 在 } \Delta t \text{ 内仅有一次到达}\}]\end{aligned} \tag{A.37}$$

因此，式(A.36)变为

$$p_{\{N(t)\}}(n,t+\Delta t)=[p_{\{N(t)\}}(n,t)]p_{\{N(t)\}}(0,t)+[p_{\{N(t)\}}(n-1,t)]p_{\{N(t)\}}(1,t)$$

但计数过程 $\{N(t)\}$ 具有平稳的到达率：

$$p_{\{N(t)\}}(1,t)=\lambda \mathrm{d}t,\quad p_{\{N(t)\}}(0,t)=1-p_{\{N(t)\}}(1,t)=1-\lambda \mathrm{d}t$$

将这些结果代入上一个方程并重新整理，得到

$$[p_{\{N(t)\}}(n,t+\Delta t)]-[p_{\{N(t)\}}(n,t)]=-p_{\{N(t)\}}(n,t)(\lambda\Delta t)+p_{\{N(t)\}}(n-1,t)(\lambda\Delta t)$$

将上式除以 $\Delta t$，并取 $\Delta t\to 0$，则有

$$\lim_{\Delta t\to 0}\frac{p_{\{N(t)\}}(n,t+\Delta t)-p_{\{N(t)\}}(n,t)}{\Delta t}=-p_{\{N(t)\}}(n,t)\lambda+p_{\{N(t)\}}(n-1,t)\lambda$$

这是一个一阶线性微分方程：

$$\frac{\mathrm{d}p_{\{N(t)\}}(n,t)}{\mathrm{d}t}+\lambda p_{\{N(t)\}}(n,t)=\lambda p_{\{N(t)\}}(n-1,t) \tag{A.38}$$

方程式(A.38)的通解具有递归关系：

$$p_{\{N(t)\}}(n,t)=\mathrm{e}^{-\lambda t}\int_0^t \lambda p_{\{N(t)\}}(n-1,\tau)\mathrm{e}^{\lambda\tau}\mathrm{d}\tau+C_n\mathrm{e}^{-\lambda t} \tag{A.39}$$

其中，$C_n$ 是积分常数，递归地应用式(A.39)可得

$$p_{\{N(t)\}}(n,t)=\frac{e^{-\lambda t}(\lambda t)^n}{n!},\quad n\geqslant 0,\quad t\geqslant 0 \tag{A.40}$$

式(A. 40)表明 $t$ 时刻的预期到达次数为 $\lambda t$。

当只满足条件Ⅰ和条件Ⅲ时,计数过程 $\{N(t)\}$ 称为非平稳随机增量泊松过程。在这种情况下,$\lambda$ 成为参数 $t$ 的非负函数。

如果同时到达的概率与单次到达的概率相比不可忽略,则计数过程 $\{N(t)\}$ 称为广义泊松过程。

# 参 考 文 献

## 第1章


[1.1] To, Cho W. S. : Nonlinear Random Vibration: Computational Methods. Zip Publishing, Columbus, Ohio, 2010.

[1.2] Caughey, T. K. : Nonlinear theory of random vibration. Advances in Applied Mecha-nics 11(1971), 209-253.

[1.3] Mitropolsky, Y. A. and Kolomietz, V. G. : Applications of asymptotic methods in sotchastic systems. In: Approximate Methods for Investigation of Nonlinear Systems, Kiev , Institute of Mathematics, Ukrainian Akad Nauk, U. S. S. R, 1976, 102-147(in Russian).

[1.4] Spanos, P. D. : Stochastic linearization in structural dynamics. Applied Mechanics Reviews 34(1)(1981), 1-8.

[1.5] Roberts, J. B. : Response of nonlinear mechanical systems to random excitation, Part I: Markov methods. The Shock and Vibration Digest 13(4)(1981), 17-28.

[1.6] Crandall, S. H. and Zhu, W. Q. : Random vibration: A survey of recent developments. Transactions of the American Society of Mechanical Engineers, Journal of Applied Mechanics 50(1983), 935-962.

[1.7] To, C. W. S. : The response of nonlinear structures to random excitation. The Shock and Vibration Digest 16(4)(1984), 13-33.

[1.8] Roberts, J. B. : Techniques for nonlinear random vibration problems. The Shock and Vibration Digest 16(9)(1984), 3-14.

[1.9] Roberts, J. B. and Spanos, P. D. : Stochastic averaging: An approximate method of solving random vibration problems. International Journal of Non-Linear Mechanics 21(2)(1986), 111-134.

[1.10] To, C. W. S. : Random vibration of nonlinear systems. The Shock and Vibration Digest 19 (3)(1987), 3-9.

[1.11] Zhu, W. Q. : Stochastic averaging methods in random vibration. Applied Mechanics Reviews 41(5)(1988), 189-199.

[1.12] Roberts, J. B. and Dunne, J. F. : Nonlinear random vibration in mechanical systems. The

Shock and Vibration Digest 20(1988),16-25.

[1.13]To,C. W. S.:Techniques for response analysis of nonlinear systems under random excitations. The Shock and Vibration Digest 23(11)(1991),3-15.

[1.14] Socha, L. and Soong, T. T.: Linearization in analysis of nonlinear stochastic systems. Applied Mechanics Reviews 44(10)(1991),399-422.

[1.15]Zhu,W. Q.:Recent developments and applications of stochastic averaging method in random vibration. Applied Mechanics Reviews 49(10) part 2(1996),572-580.

[1.16]Wiener,N.:Nonlinear Problems in Random Theory. The Technology Press of The Massachusetts Institute of Technology,and John Wiley and Sons,New York,1958.

[1.17]Sawaragi,Y.,Sugai,N. and Sunahara,Y.:Statistical Studies of Nonlinear Con-trol Systems. Nippon,Osaka,Japan,1962.

[1.18]Schetzen,M.:The Volterra and Wiener Theories of Nonlinear Systems. Wiley Interscience,New York,1980.

[1.19]Dimentberg,M. F.:Statistical Dynamics of Nonlinear and Time-Varying Systems. Research Studies Press Ltd.,England(John Wiley and Sons Inc.,New York),1988.

[1.20]Bendat,J. S.:Nonlinear System Analysis and Identification from Random Data. Wiley Interscience,New York,1990.

[1.21]Bendat,J. S.:Nonlinear System Techniques and Applications. Wiley Interscience,New York,1998.

[1.22]Stratonovich,R. L.:Topics in The Theory of Random Noise I. Gordon and Breach,New York,1963.

[1.23]Stratonovich,R. L.:Topics in the Theory of Random Noise II. Gordon and Breach,New York,1963.

[1.24]Socha,L.:Linearization Methods for Stochastic Dynamic Systems. Springer,New York,2008.

[1.25]Lin,Y. K.:Probabilistic Theory of Structural Dynamics. McGraw-Hill,New York,1967.

[1.26]Bolotin,V. V.:Statistical Methods in Structural Mechanics. Holden-Day,San Francisco,1969.

[1.27]Dinca,F. and Teodosiu,C.:Nonlinear and Random Vibrations. Academic Press,New York,1973.

[1.28] Soong,T. T.: Random Differential Equations in Science and Engineering. Academic Press,1973.

[1.29]Nigam,N. C.:Introduction to Random Vibrations. The MIT Press,Cambridge,Massachusetts,1983.

[1.30]Adomian,G.:Stochastic Systems. Academic Press,New York,1983.

[1.31]Bolotin,V. V.:Random Vibrations of Elastic Systems. Martinus Nijhoff,The Hague,1984.

[1.32] Ibrahim, R. A. : Parametric Random Vibration. John Wiley and Sons Inc. , New York, 1985.

[1.33] Piszczek, K. and Niziol, J. (translated by Beards, C. F.) : Random Vibration of Mechanical Systems. John Wiley and Sons, New York, 1986.

[1.34] Yang, C. Y. : Random Vibration of Structures. John Wiley and Sons, New York, 1986.

[1.35] Schmidt, G. and Tondl, A. : Non-Linear Vibrations. Cambridge University Press, New York, 1986.

[1.36] Roberts, J. B. and Spanos, P. D. : Random Vibration and Statistical Linearization. John Wiley and Sons, New York, 1990.

[1.37] Soong, T. T. and Grigoriu, M. : Random Vibration of Mechanical and Structural Systems. Prentice-Hall, Inc. , Englewood Cliffs, New Jersey, 1993.

[1.38] Lin, Y. K. and Cai, G. Q. : Probabilistic Structural Dynamics: Advanced Theory and Applications. McGraw-Hill, Inc. , New York, 1995.

[1.39] Lutes, L. D. and Sarkani, S. : Stochastic Analysis of Structural and Mechanical Systems. Prentice-Hall, Inc. , New Jersey, 1997.

## 第2章

[2.1] Bartlett, M. S. : An Introduction to Stochastic Processes. 2nd edition, Cambridge University Press, London, 1966.

[2.2] Pawula, R. F. : Generalizations and extensions of the Fokker-Planck-Kolmogorov equations. IEEE Trans. , Inform. Theory IT-13 (1967), 33-41.

[2.3] Soong, T. T. : Random Differential Equations in Science and Engineering. Academic Press, New York, 1973.

[2.4] Kolmogorov, A. N. : Über die methoden in der wahrscheinlichkeitsrechnung. Mathematische Annalen 104 (1931), 415-458.

[2.5] Ito, K. : On stochastic differential equations. Memoirs of the American Mathematical Society 4 (1951).

[2.6] Stratonovich, R. L. : A new representation for stochastic integrals and equations. S. I. A. M. Journal on Control 4 (1966), 362-371.

[2.7] Feller, W. : Diffusion process in one dimension. Transactions of the American Mathematical Society 77 (1954), 1-31.

[2.8] Lin, Y. K. and Cai, G. Q. : Probabilistic Structural Dynamics: Advanced Theory and Applications. McGraw-Hill, New York, 1995.

[2.9] Zhang, Z. Y. : New developments in almost sure sample stability of nonlinear stochastic dynamical systems. Ph. D. dissertation, Polytechnic University, New York, 1991.

[2. 10] Gray, A. H., Jr. and Caughey, T. K.: A controversy in problems involving random parametric excitation. Journal of Mathematics and Physics 44(1965), 288–296.

[2. 11] Mortensen, R. E.: Mathematical problems of modeling stochastic nonlinear dynamic systems. NASA CR-1168, 1968.

[2. 12] Mortensen, R. E.: Mathematical problems of modeling stochastic nonlinear dynamic systems. Journal of Statistical Physics 1(1969), 271–296.

[2. 13] Ibrahim, R. A. and Roberts, J. W.: Parametric vibration: Part V, stochastic pro - blems. Shock and Vibration Digest 10(5)(1978), 17–38.

[2. 14] Ibrahim, R. A.: Parametric vibration: Part VI, stochastic problems(2). Shock and Vibration Digest 13(9)(1981), 23–35.

[2. 15] Ibrahim, R. A.: Parametric Random Vibration. Wiley, New York, 1985.

[2. 16] Lin, Y. K.: Some observations on the stocha stic averaging method. Probabilistic Engineering Mechanics 1(1986), 23–27.

[2. 17] Kozin, F.: So me results on stability of stochastic dynamical systems. Elishakoff, I. and Lyon, R. H. (Eds.): Random Vibration: Status and Recent Developments, 1986, 163–191.

[2. 18] Brüchner, A. and Lin, Y. K.: Application of complex stochastic averaging to nonlinear random vibration problems. International Journal of Non-Linear Mechanics 22(1987), 237–250.

[2. 19] Brüchner, A. and Lin, Y. K.: Generalization of the equivalent linearization method for nonlinear random vibration problems. International Journal of Non-Linear Mechanics 22(1987), 227–235.

[2. 20] Yong, Y. and Lin, Y. K.: Exact stationary response solution for second order nonl-inear systems under parametric and external white noise excitations. Trans. A. S. M. E. Journal of Applied Mechanics 54(1987), 414–418.

[2. 21] To, C. W. S.: On dynamic systems disturbed by random parametric excitations. Journal of Sound and Vibration 123(2)(1988), 387–390.

[2. 22] Wong, E. and Zakai, M.: On the relation between ordinary and stochastic differential equations. Int. J. of Engineering Science 3(1965), 213–229.

[2. 23] Wong, E.: Stochastic Processes in Information and Dynamical Systems. McGraw-Hill, New York, 1971.

[2. 24] Kubo, R.: A stochastic theory of line-shape and relaxation. Ter Harr, D. (Ed.): Fluctuations, Relaxation and Resonance in Magnetic Sys., 1962, 23–68.

[2. 25] Kubo, R.: Stochastic Liouville equations. Journal of Mathematical Physics 4(1963), 174–183.

[2. 26] Sagués, F. and San Miguel, M.: Dynamics of Fréederickz transition in a fluctuating magnetic field. Physical Reviews A 32(1985),1843-1851.

[2.27] Sancho, J. M. and San Miguel, M.: Langevin equations with colored noise. Moss, F. and McClintock, P. V. E. (Eds.): Noise in Nonlinear Dynamical Systems 1(1989),72-109.

[2.28] Hernάndez-Machado, A. and San Miguel, M.: Dynamical properties of non-Markovi-an stochastic differential equations. Journal of Mathematical Physics 25(4)(1984),1066-1075.

[2.29] Kapitaniak, T.: Non-Markovian parametric vibration. International Journal of Engineering Science 24(8)(1986),1335-1337.

## 第3章

[3.1] Strutt, J. W. (Baron Rayleigh): Theory of Sound 1. Section 42a, Dover, New York, 1945.

[3.2] Fokker, A. D.: Dissertation Leiden, 1913.

[3.3] Smoluchowski, M. V.: Drei vortrage uber diffusion, Brownsche beregund und koagulation von kolloidteilchen. Physik Zeitschrift 17(1916),557-585.

[3.4] Andronov, A., Pontryagin, L. and Witt, A.: On the statistical investigation of dynamical systems. Zh. Eksprim. i Theor. Fiz. 3(1933), 165-180 (in Russian). An English translation by Barbour, J. B. appeared as an appendix in: Noise in Nonlinear Dynamical Systems, volume 1, Moss, F. and McClintock, P. V. E. (Eds.), Cambridge University Press, 1989, 329-348.

[3.5] Kramers, H. A.: Brownian motion in a field of force and diffusion model of chemical reactions. Physica 7(1940),284-304.

[3.6] Caughey, T. K.: On the response of a class of nonlinear oscillators to stochastic excitation. Proceedings Colloq. Int. du Centre National de la Recherche Scientifique, No. 148, Marseille, September, 1964, 392-402.

[3.7] Caughey, T. K. and Payne, H. J.: On the response of a class of self-excited oscillators to stochastic excitation. International Journal of Non-Linear Mechanics 2(1967),125-151.

[3.8] Dimentberg, M. F.: An exact solution to a certain nonlinear random vibration problem. Int. Journal of Non-Linear Mechanics 17(1982),231-236.

[3.9] Caughey, T. K. and Ma, F.: The exact steady-state solution of a class of nonlinear stochastic systems. International Journal of Non-Linear Mechanics 17(1982),137-142.

[3.10] Caughey, T. K. and Ma, F.: The steady-state response of a class of dynamical systems to stochastic excitation. Trans. of A. S. M. E. Journal of Applied Mechanics 49(1982),629-632.

[3.11] Yong, Y. and Lin, Y. K.: Exact stationary response solution for second order nonlinear systems under parametric and external white noise excitations. Trans. A. S. M. E. Journal of Applied Mechanics 54(1987),414-418.

[3.12] Lin, Y. K. and Cai, G. Q.: Exact stationary response solution for second order nonlinear systems under parametric and external white noise excitations: Part II. Trans. A. S. M. E. Journal of Applied Mechanics 55(1988),702-705.

[3.13] Lin, Y. K. and Cai, G. Q.: Equivalent stochastic systems. Trans. A. S. M. E. Journal of Applied Mechanics 55(1988),918-922.

[3.14] Cai, G. Q. and Lin, Y. K.: On exact stationary solutions of equivalent nonlinear stochastic systems. Int. J. of Non-Linear Mech. 23(4)(1988),315-325.

[3.15] To, C. W. S. and Li, D. M.: Equivalent nonlinearization of nonlinear systems to random excitations. Prob. Eng. Mech. 6(3 and 4)(1991),184-192.

[3.16] Graham, R. and H aken, H.: Generalized thermo-dynamic potential for Markoff system in detailed balance and far from thermal equilibrium. Zeits. fur Physik 203(1971),289-302.

[3.17] Cai, G. Q. and Lin, Y. K.: A new approximate solution technique for randomly excited nonlinear oscillators. International Journal of Non-Linear Mech. 23(5/6)(1988),409-420.

[3.18] Zhu, W. Q. and Yu, J. S.: The equivalent non-linear system method. Journal of Sound and Vibration 129(3)(1989),385-395.

[3.19] To, C. W. S.: A statistical non-linearization technique in structural dynamics. Journal of Sound and Vibration 160(3)(1993),543-548.

[3.20] To, C. W. S.: On dynamic systems disturbed by random parametric excitations. Journal of Sound and Vibration 123(2)(1988),387-390.

[3.21] To, C. W. S.: The response of nonlinear structures to random excitation. Shock and Vibration Digest 16(4)(1984),13-33.

[3.22] Mindlin, R. D.: Dynamics of package cushioning. Bell System Technical Journal 24 (1945),353-461.

[3.23] Klein, G. H.: Random excitation of a nonlinear system with tangent elasticity characteristics. J. Acoust. Soc. of America 36(11)(1964),2095-2105.

[3.24] Crandall, S. H.: Random vibration of a nonlinear system with a set-up spring. Trans. A. S. M. E. Journal of Applied Mechanics 29(1962),477-482.

[3.25] Scheurkogel, A. and Elishakoff, I.: Nonlinear random vibration of a two-degree-of-freedom system. I. U. T. A. M. Symposium on Nonlinear Stochastic Dynamic Engineering Systems, 1987, 285-299.

[3.26] Abramowitz, M. and Stegun, I. A. (Eds.): Handbook of Mathematical Functions. Dover, New York, 1972.

[3.27] Zhu, W. Q., Cai, G. Q. and Lin, Y. K.: On exact stationary solutions of stochastically perturbed Hamiltonian systems. Probabilistic Engineering Mechanics 5(2)(1990),84-87.

[3.28] Soize, C.: Steady-state solution of Fokker-Planck equation in high dimension. Probabilistic Engineering Mechanics 3(1988),196-206.

[3.29] Lin, Y. K. and Cai, G. Q.: Probabilistic Structural Dynamics: Advanced Theory and Applications. McGraw-Hill, Inc., New York, 1995.

# 第4章

[4.1] Cai, G. Q. and Lin, Y. K.: On exact stationary solutions of equivalent nonlinear stochastic systems. Int. J. of Nonlinear Mech. 23(4)(1988), 315-325.

[4.2] To, C. W. S. and Li, D. M.: Equivalent nonlinearization of nonlinear systems to random excitations. Prob. Eng. Mechanics 6(3 and 4)(1991), 184-192.

[4.3] Booton, R. C., Mathews, M. V. and S eifert, W. W.: Nonlinear servomechanisms with random inputs. Dyn. Anal. Control Lab., Report No. 70, M. I. T., Cambridge, Mass., U. S. A., 1953.

[4.4] Booton, R. C.: Nonlinear control systems with random inputs. I. R. E. Transactions Circuit Theory CT-1(1954), 9-18.

[4.5] Kazakov, I. E.: Approximate method for the statistical analysis of nonlinear systems. Trudy VVIA 394, 1954.

[4.6] Kazakov, I. E.: Approximate probability analysis of operational precision of essentially nonlinear feedback control systems. Automatic Remote Control 17(1955), 423-450.

[4.7] Sawaragi, Y., Sugai, N. and Sunahara, Y.: Statistical Studies of Nonlinear Contr-ol Systems. Nippon, Osaka, Japan, 1962.

[4.8] Kazakov, I. E.: Generalization of the method of statistical linearization to mulidimensional systems. Automatic Remote Control 26(1965), 1201-1206.

[4.9] Kazakov, I. E.: Sta tistical analysis of systems with multidimensional nonlinearities. Automatic Remote Control 26(1965), 458-464.

[4.10] Gelb, A. and Van Der Velde, W. E.: Multiple-input Describing Functions and Nonlinear System Design. McGraw-Hill, New York, 1968.

[4.11] Atherton, D. P.: Nonlinear Control Engineering. Van Nostrand, London, 1975.

[4.12] Sinitsyn, I. N.: Method of statistical linearization. Automatic Remote Control 35(1976), 765-776.

[4.13] Beaman, J. J. and Hedrick, J. K.: Improved statistical linearization for analysis and control of nonlinear stochastic systems, Part 1: An extended statistical linearization technique. Trans. A. S. M. E. Journal of Dynamic Systems, Measurement, and Control 103(1981), 14-21.

[4.14] Caughey, T. K.: Equivalent linearization techniques. Journal of the Acoustical Society of America 35(1963), 1706-1711.

[4.15] Foster, E. T.: Semilinear random vibrations in discrete systems. Trans. A. S. M. E. Journal of

Applied Mechanics 35(1968),560–564.

[4.16] Malhotra, A. K. and Penzien, J.: Nondeterministic analysis of offshore structures. Proc. A. S. C. E. J. of Eng. Mech. Division 96(1970),985–1003.

[4.17] Iwan, W. D. and Yang, I. M.: Application of statistical linearization techniques to non-linear multi-degree-of-freedom systems. Trans. A. S. M. E. Journal of Applied Mechanics 39(1972), 545–550.

[4.18] Atalik, T. S. and Utku, S.: Stochastic linearization of multi-degree-of-freedom nonlinear systems. Earthquake Eng. and Struct. Dyn. 4(1976),411–420.

[4.19] Iwan, W. D. and Mason, A. B., Jr.: Equivalent linearization for systems subjected to non-stationary random excitation. International Journal of Non-Linear Mechanics 15(1980),71–82.

[4.20] Spanos, P. D.: Formulation of stochastic linearization for symmetric or asymmetric M. D. O. F. nonlinear systems. Trans. A. S. M. E. Journal of Applied Mechanics 47(1980),209–211.

[4.21] Brückner, A. and Lin, Y. K.: Generalization of the equivalent linearization method for non-linear random vibration problems. International Journal of Non-Linear Mechanics 22(3) (1987),227–235.

[4.22] Chang, R. J. and Young, G. E.: Methods and Gaussian criterion for statistical linearization of stochastic parametrically and externally excited nonlinear systems. Trans. A. S. M. E. J. of Applied Mechanics 56(1989),179–185.

[4.23] Spanos, P. D.: Stochastic linearization in structural dynamics. Applied Mechanics Reviews 34(1)(1981),1–8.

[4.24] Socha, L. and Soong, T. T.: Linearization in analysis of nonlinear stochastic systems. Applied Mechanics Reviews 44(10)(1991),399–422.

[4.25] Roberts, J. B. and Spanos, P. D.: Random Vibration and Statistical Linearization. John Wiley and Sons, New York, 1990.

[4.26] Socha, L.: Linearization Methods for Stochastic Dynamic Systems. Springer, New York, 2008.

[4.27] Krylov, N. and Bogoliubov, N.: Introduction a la Mechanique: les Methodes Approaches et Asymptotiques. Ukr. Akad. Nauk. Inst. de la Mechanique, Chaire de Phys. Math. Ann., 1937. (Translated by Lefshetz, S. in Ann. Math. Studies, No. 11, Princeton, New Jersey, U. S. A., 1947.)

[4.28] Papoulis, A.: Probability, Random Variables, and Stochastic Processes. Second Edition, McGraw-Hill, New York, 1984.

[4.29] Lyon, R., Heckl, M. and Hazelgrove, C. G.: Narrow band excitation of the hard spring oscillator. J. Acoust. Soc. of America 33(1961),1404–1411.

[4.30] Dimentberg, M. F.: Oscillations of a system with nonlinear cubic characteristic under narrow band random excitation. Mechanics of Solids 6(2)(1971),142–146.

[4. 31] Richard, K. and Anand, G. V. : Nonlinear resonance in strings under narrow band random excitation, Part I: Planar response and stability. Journal of Sound and Vibration 86(1983), 85-98.

[4. 32] Davies, H. G. and N andlall, D. : Phase plane for narrow band random excitation of a Duffing oscillator. Journal of Sound and Vibration 104(1986), 277-283.

[4. 33] Rajan, S. : Random superharmonic and subharmonic response of a Duffing oscill-ator. Ph. D. Thesis, University of New Brunswick, Canada, 1987.

[4. 34] Dimentberg, M. F. : An exact solution to a certain nonlinear random vibration problem. Int. Journal of Non-Linear Mechanics 17(1982), 231-236.

[4. 35] Hernάndez-Machado, A. and San Miguel, M. : Dynamical properties of non-Markovian stochastic differential equations', Journal of Mathematical Physics 25(4) (1984), 1066-1075.

[4. 36] Yong, Y. and Lin, Y. K. : Exact stationary response solution for second order nonlinear systems under parametric and external white noise excitations. Trans. A. S. M. E. Journal of Applied Mechanics 54(1987), 414-418.

[4. 37] Ahmadi, G. : Mean square response of a Duffing oscillator to modulated white noise excitation by the generalized method of equivalent linearization. Journal of Sound and Vibration 71 (1980), 9-15.

[4. 38] Sakata, M. and Kimura, K. : Calculation of the nonstationary mean square response of a nonlinear system subjected to non-white excitation. Journal of Sound and Vibration 73(1980), 333-344.

[4. 39] Kimura, K. and Sakata, M. : Nonstationary response of non-symmetric, nonlinear system subjected to a wide class of random excitation. Journal of Sound and Vibration 76(1981), 261-272.

[4. 40] Wen, Y. K. : Equivalent linearization for hysteretic systems under random excitation. Trans. A. S. M. E. J. of Applied Mechanics 47(1980), 150-154.

[4. 41] To, C. W. S. : Recursive expressions for random response of nonlinear systems. Computers and Structures 29(3) (1988), 451-457.

[4. 42] Wan, F. Y. M. : Nonstationary response of linear time-varying dynamical systems to ran dom excitation. Trans. A. S. M. E. Journal of Applied Mechanics 40(1973), 422-428.

[4. 43] Roberts, J. B. : Response of nonlinear mechanical systems to random excitation, Part II: Equivalent linearization and other methods. The Shock and Vibration Digest 13(9) (1981), 15-29.

[4. 44] Crandall, S. H. and Zhu, W. Q. : Random vibration: A survey of recent developments. Transactions of the American Society of Mechanica Engineers Journal of Applied Mechanics 50(1983), 935-962.

[4. 45] To, C. W. S. : The response of nonlinear structures to random excitation. The Shock and Vibration Digest 16(4) (1984), 13-33.

[4. 46] Roberts, J. B. : Techniques for nonlinear random vibration problems. The Shock and Vibration Digest 16(9)(1984),3-14.

[4.47] Roberts, J. B. and Dunne, J. F.: Nonlinear random vibration in mechanical systems. The Shock and Vibration Digest 20(1988),16-25.

[4.48] To, C. W. S.: Random vibration of nonlinear systems. The Shock and Vibration Digest 19(3)(1987),3-9.

[4.49] To, C. W. S.: Techniques for response analysis of nonlinear systems under random excitations. The Shock and Vibration Digest 23(11)(1991),3-15.

[4.50] Constantinou, M. C. and Tadjbakhsh, I. G.: Response of a sliding structure to filtered random excitation. J. of Structural Mechanics 12(1984),401-418.

[4.51] Noguchi, T.: The response of a building on a sliding pads to two earthquake models. Journal of Sound and Vibration 103(1985),437-442.

[4.52] Su, L., Ahmadi, G. and Tadjbakhsh, I. G.: A comparative study of base isolation systems. Clarkson University, 1988.

[4.53] Kanai, K.: Semi-empirical formula for the seismic characteristics of the ground motion. Bulletin of Earthquake Research Institute 35, University of Tokyo, 1957, 309-325.

[4.54] Baber, T. T. and Noori, M. N.: Random vibration of degrading, pinching systems. Journal of Engineering Mechanics 111(8)(1985),1010-1026.

[4.55] Noori, M. N., Choi, J. D. and Davoodi, H.: Zero and non-zero mean random vibration analysis of a new general hysteresis model. Probabilistic Engineering Mechanics 1(4)(1986),192-201.

[4.56] Thyagarajan, R. S. and Iwan, W. D.: Performance characteristics of a widely used hysteretic model in structural dynamics. Proc. of 4th U. S. National Conf. on Earthq. Eng., Palm Springs, California, May 20-24, 1990, 177-186.

[4.57] Bouc, R.: Forced vibration of mechanical systems with hysteresis. Abstract, Proc. of 4th Int. Conf. on Nonl. Osc., Prague, Czechoslovakia, 1967.

[4.58] Roberts, J. B.: A stochastic theory for nonlinear ship rolling in irregular seas. S. N. A. M. E. Journal of Ship Research 26(1982),229-245.

[4.59] Roberts, J. B. and Dacunha, N. M. C.: The roll motion of a ship in random beam waves: Comparison between theory and experiment. S. N. A. M. E. Journal of Ship Research 29 (1985),112-126.

[4.60] Roberts, J. B.: Response of an oscillator with nonlinear damping and a softening spring to non-white random excitation. Probabilistic Engineering Mechanics 1(1)(1986),40-48.

[4.61] Gawthrop, P. J., Kountzeris, A. and Roberts, J. B.: Parametric identification of nonlinear ship motion from forced roll data. S. N. A. M. E. Journal Ship Research 32(1988),101-111.

[4.62] Chang, T. P.: Seismic response analysis of nonlinear structures using the stochastic equivalent linearization technique. Ph. D. Thesis, Columbia University, New York, 1985.

[4.63] Spanos, P. D. and Iwan, W. D. : On the existence and uniqueness of solutions generated by equivalent linearization. International Journal of Non-Linear Mechanics 13(1978), 71-78.

[4.64] Davies, H. G. and Rajan, S. : Random superharmonic response of a Duffing oscillator. Journal of Sound and Vibration 111(1986), 61-70.

[4.65] Langley, R. S. : An investigation of multiple solutions yielded by the equivalent linearization method. J. of Sound and Vib. 127(1988), 271-281.

[4.66] Fan, F. G. and Ahmadi, G. : On loss of accuracy and non-uniqueness of solutions generated by equivalent linearization and cumulant-neglect methods. Journal of Sound and Vibration 137 (3) (1990), 385-401.

[4.67] Iwan, W. D. and Yang, I. M. : Statistical linearization for nonlinear structures. Proc. A. S. C. E. J. of Engineering Mechanics 97(EM6) (1971), 1609-1623.

[4.68] Crandall, S. H. : Perturbation techniques for random vibration of nonlinear systems. J. of the Acoustical Society of America 35(1) (1963), 1700-1705.

[4.69] Roberts, J. B. : Stationary response of oscillators with non-linear damping to random excitation. Journal of Sound and Vibration 50(1977), 145-156.

[4.70] Payne, H. J. : An approximate method for nearly linear first order stochastic differential equations. Int. Journal of Control 7(5) (1968), 451-463.

[4.71] Beaman, J. J. : Accuracy of statistical linearization. Holmes, P. J. (Ed.) : New Approaches to Nonlinear Problems in Dynamics, Philadelphia: SIAM, 1980, 195-207.

[4.72] Ahmadi, G. and Orabi, I. I. : Equivalence of single-term Wiener-Hermite and equivalent linearization techniques. Journal of Sound and Vibration 118(2) (1987), 307-311.

[4.73] To, C. W. S. and Liu, M. L. : Recursive expressions for time dependent means and mean square response of multi-degree-of-freedom systems. Computers and Structures 48(6) (1993), 993-1000.

[4.74] Liu, M. L. and To, C. W. S. : Adaptive time schemes for responses of non-linear multi-degree-of-freedom systems under random excitations. Computers and Structures 52(3) (1994), 563-571.

[4.75] Hampl, N. C. : Non-Gaussian stochastic analysis of nonlinear systems. Casciati, F. and Favarelli, L. (Eds.) : Proceedings of the Second International Workshop on Stochastic Methods in Structural Mechanics, University Pavia, 1986, 243-254.

[4.76] Schuëller, G. I. and Bucher, C. G. : Nonlinear damping and its effects on the reliability estimates of structures. Elishakoff, I. and Lyon, R. H. (Eds.) : Random Vibration: Status and Recent Developments, the Stephen Harry Crandall Festschrift, Amsterdam: Elsevier, 1986, 389-402.

[4.77] Zhu, W. Q. and Yu, J. S. : On the response of the van der Pol oscillator to white noise excitation. J. of Sound and Vibration 117(3)(1987),421-431.

[4.78] Ariaratnam, S. T.: Bifurcation in nonlinear stochastic systems. Holmes, P. J. (Ed.): New Approaches to Nonlinear Problems in Dynamics, Philadelphia: SIAM, 1980, 470-474.

## 第5章

[5.1] Hampl, N. C.: Non-Gaussian stochastic analysis of nonlinear systems. Casciati, F. and Favarelli, L. (Eds.): Proc. 2nd Int. Workshop on Stochastic Methods in Structural Mechanics, University Pavia, 1986, 243-254.

[5.2] Schuëller, G. I. and Bucher, C. G.: Nonlinear damping and its effects on the reliability estimates of structures. Elishakoff, I. and Lyon, R. H. (Eds.): Random Vibration: Status and Recent Developments, the Stephen Harry Crandall Festschrift, Amsterdam: Elsevier, 1986, 389-402.

[5.3] Zhu, W. Q. and Yu, J. S.: On the response of the van der Pol oscillator to white noise excitation. Journal of Sound and Vibration 117(3)(1987),421-431.

[5.4] Ariaratnam, S. T.: Bifurcation in nonlinear stochastic systems. Holmes, P. J. (Ed.): New Approaches to Nonlinear Problems in Dynamics, Philadelphia: SIAM, 1980, 470-474.

[5.5] Lutes, L. D.: Approximate technique for treating random vibration of hysteretic systems. J. of the Acoust. Society of America 48(1970),299-306.

[5.6] Lin, A.: A numerical evaluation of the method of equivalent nonlinearization. Ph. D. Thesis, California Institute of Technology, 1988.

[5.7] Caughey, T. K.: On response of non-linear oscillators to stochastic excitation. Probabilistic Engineering Mechanics 1(1986),2-4.

[5.8] Zhu, W. Q. and Yu, J. S.: The equivalent nonlinear system method. Journal of Sound and Vibration 129(1989),385-395.

[5.9] To, C. W. S. and Li, D. M.: Equivalent nonlinearization of nonlinear systems to random excitations. Probabilistic Engineering Mechanics 6(3 and 4)(1991),184-192.

[5.10] Cai, G. Q. and Lin, Y. K.: On exact stationary solutions of equivalent nonlinear stochastic systems. International Journal of Non-Linear Mechanics 23(1988),315-325.

[5.11] To, C. W. S.: A statistical non-linearization technique in structural dynamics. Journal of Sound and Vibration 160(3)(1993),543-548.

[5.12] Cai, G. Q. and Lin, Y. K.: A new approximate solution technique for randomly excited nonlinear oscillators. International Journal of Non-Linear Mechanics 23(1988),409-420.

[5.13] Abramowitz, M. and Stegun, I. A. (Eds.): Handbook of Mathematical Functions. Dover, New York, 1972.

[5.14] Roberts, J. B. and Spanos, P. D.: Random Vibration and Statistical Linearization.

Wiley, New York, 1990.

[5.15] Caughey, T. K.: Nonlinear theory of random vibration. Advances in Applied Mechanics 11(1971), 209-253.

[5.16] Black, R. J.: Self excited multi-mode vibrations of aircraft brakes with nonlinear negative damping. Proc. the A. S. M. E. Design Engineering Tech. Confs. 3A, Boston, Massachusetts, September 17-20, 1995, 1241-1245.

[5.17] To, C. W. S.: A statistical nonlinearization technique for multi-degrees of freedom nonlinear systems under white noise excitations. Journal of Sound and Vibration 286(2005), 69-79.

[5.18] Caughey, T. K.: Derivation and application of the Fokker-Planck equation to discrete nonlinear dynamic systems subjected to white random excitation. Journal of The Acoustical Society of America 35(11)(1963), 1683-1692.

[5.19] Lin, Y. K. and Cai, G. Q.: Probabilistic Structural Dynamics: Advanced Theory and Applications. McGraw-Hill, Inc., New York, 1995.

[5.20] Soize, C.: Exact stationary response of multi-dimensional non-linear Hamiltonian dynamical systems under parametric and external stochastic excitations. Journal of Sound and Vibration 149(1)(1991), 1-24.

[5.21] Zhu, W. Q. and Lin, Y. K.: On exact stationary solutions of stochastically perturb-ed Hamiltonian systems, Prob. Eng. Mechanics 5(2)(1990), 84-87.

[5.22] Cai, G. Q. and Lin, Y. K.: Exact and approximate solutions for randomly excited mdof nonlinear systems. International Journal of Non-Linear Mechanics 31(5)(1996), 647-655.

[5.23] Zhu, W. Q. and Huang, Z. L.: Exact stationary solutions of stochastically excited and dissipated partially integrable Hamiltonian systems. International Journal of Non-Linear Mechanics 36(1)(2001), 39-48.

[5.24] Zhu, W. Q., Huang, Z. L. and Suzuki, Y.: Equivalent non-linear system method for stochastically excited and dissipated partially integrable Hamiltonian systems. Int. J. of Non-Linear Mechanics 36(2001), 773-786.

[5.25] Cavaleri, L., Di Paola, M. and Failla, G.: Some properties of multi-degree-of-freedom potential systems and application to statistical equivalent non-linearization. Int. Journal of Non-Linear Mechanics 38(2003), 405-421.

## 第6章

[6.1] Mitropolsky, Y. A. and Kolomietz, V. G.: Applications of asymptotic methods in sotchastic systems. Approximate Methods for Investigation of Nonlinear Systems, Kiev, Institute of Mathematics, Ukrainian Akad Nauk, U. S. S. R, 1976, 102-147(in Russian).

[6.2] Crandall, S. H. and Zhu, W. Q.: Random vibration: A survey of recent developments. Transactions of the American Society of Mechanical Engineers Journal of Applied Mechanics 50(1983),935-962.

[6.3] Roberts, J. B.: Response of nonlinear mechanical systems to random excitation, Part I: Markov methods. The Shock and Vibration Digest 13(4)(1981),17-28.

[6.4] Roberts, J. B.: Techniques for nonlinear random vibration problems. The Shock and Vibration Digest 16(9)(1984),3-14.

[6.5] Ibrahim, R. A.: Parametric Random Vibration. Chapter 5, John Wiley and Sons Inc., New York, 1985.

[6.6] Roberts, J. B. and Spanos, P. D.: Stochastic averaging: An approximate method of solving random vibration problems. International Journal of Non-Linear Mechanics 21(2)(1986),111-134.

[6.7] Zhu, W. Q.: Stochastic averaging methods in random vibration. Applied Mechanics Reviews 41(5)(1988),189-199.

[6.8] To, C. W. S.: Techniques for response analysis of nonlinear systems under random excitations. The Shock and Vibration Digest 23(11)(1991),3-15.

[6.9] Stratonovich, R. L.: Topics in the Theory of Random Noise II. Gordon and Breach, New York, 1963.

[6.10] Bogoliubov, N. N. and Mitropolsky, Y. A.: Asymptotic Methods in the Theory of Nonlinear Oscillations. Gordon and Breach, New York, 1961.

[6.11] Khasminskii, R. Z.: A limit theorem for the solution of differential equations with random right hand sides. Theory of Probability and Its Applications 11(1966),390-405.

[6.12] Stratonovich, R. L.: Topics in The Theory of Random Noise I. Gordon and Breach, New York, 1963.

[6.13] Iwan, W. D. and Spanos, P. D.: Response envelope statistics for nonlinear oscillators with random excitation. Trans. A. S. M. E. Journal of Applied Mechanics 45(1978),170-174.

[6.14] Roberts, J. B.: The response of an oscillator with bilinear hysteresis to stationary random excitation. Trans. A. S. M. E. Journal of Applied Mechanics 45(1978),923-928.

[6.15] Zhu, W. Q. and Yu, J. S.: On the response of the van der Pol oscillator to white noise excitation. J. of Sound and Vibration 117(3)(1987),421-431.

[6.16] Wu, W. F. and Lin, Y. K.: Cumulant-neglect closure for nonlinear oscillators under random parametric and external excitations. International Journal of Non-Linear Mechanics 19(4)(1984),349-362.

[6.17] Gradshteyn, I. S. and Ryzhik, I. M.: Tables of Integrals, Series and Products. Academic Press, New York, 1981.

[6.18] Abramowitz, M. and Stegun, I. A. (Eds.): Handbook of Mathematical Functions. Dover,

New York,1972.

[6.19]Davis,H. T. :Introduction to Nonlinear Differential and Integral Equations. Dover,New York,1962.

[6.20] Ariaratnam,S. T. :Bifurcation in nonlinear stochastic systems. Holmes,P. J. (Ed.):New Approaches to Nonlinear Problems in Dynamics,Philadelphia:SIAM,1980,470-474.

[6.21]To,C. W. S. :Response of a nonlinearly damped oscillator to combined periodic and random external excitation. Technical Report 97.1,Department of Mechanical Engineering,Univ. of Nebraska,Lincoln,Nebraska,1997.

[6.22]Spanos,P. D. :A method for analysis of nonlinear vibrations caused by modulated random excitation. International Journal of Non-Linear Mechanics 16(1)(1981),1-11.

[6.23]Brouwers,J. J. H. :Stability of a non-linearly damped second-order system with randomly fluctuating restoring coefficient. International Journal of Non-Linear Mechanics 21(1986),1-13.

[6.24]Arnold,L. :Stochastic Differential Equations. John Wiley,New York,1974.

[6.25]Ariaratnam,S. T. and Tam,D. S. F. :Random vibration and stability of a linear parametrically excited oscillator. Z. angew. Math. Mech. 59(1979),79-84.

[6.26]Stratonovich,R. L. and Romanovskii,Yu. M. :Parametric effect of a random force on linear and non-linear oscillatory systems. Kuznetsov,P. I. ,Stratonovich,R. L. and Tikhonov,V. I. (Eds.): Non-linear Transformations of Stochastic Processes,Pergamon Press,New York,1965,322-326.

[6.27]Morse,P. M. and Feshbach,H. :Methods of Theoretical Physics. McGraw-Hill,New York,1953.

[6.28]Erdelyi,A. ,Magnus,W. ,Oberhettinger,F. and Tricomi,F. G. :Higher Transcendental Functions I. McGraw-Hill,New York,1953.

[6.29]Roberts,J. B. :The energy envelope of a randomly excited nonlinear oscillator. Journal of Sound and Vibration 60(2)(1978),177-185.

[6.30] Roberts,J. B. :A stochastic theory for nonlinear ship rolling in irregular seas. S. N. A. M. E. Journal of Ship Research 26(4)(1982),229-245.

[6.31]Roberts,J. B. :Response of an oscillator with nonlinear damping and a softening spring to non-white random excitation. Probabilistic Engineering Mechanics 1(1986),40-48.

[6.32] Roberts,J. B. :Application of averaging methods to randomly excited hysteretic systems. Ziegler,F. and G. I. Schuëller,G. I. (Eds.):Nonlinear Stochastic Dynamic Engineering Systems,Proceedings of I. U. T. A. M. Symposium,Springer-Verlag,New York,1987,361-379.

[6.33]Dimentberg,M. F. :Oscillations of a system with nonlinear stiffness under simultaneous external and parametric random excitations. Mechanics of Solids(Meckhanika Tverdogo Tela.) 15(5)(1980),51-54.

[6.34]Dimentberg,M. F. :Statistical Dynamics of Nonlinear and Time-Varying Systems. John

Wiley and Sons Inc. ,New York,1988.

[6.35] Zhu, W. Q. : Stochastic averaging of the energy envelope of nearly Lyapunov systems. Hennig,K. (Ed.):Random Vibration and Reliability,Proc. Of I. U. T. A. M. Symposium,Akademic-Verlag,Berlin,Germany,1983,347-357.

[6.36] Zhu,W. Q. and Lei,Y. :Stochastic averaging of energy envelope of bilinear hysteretic systems. Ziegler,F. and Schuëller,G. I. (Eds.):Nonlinear Stochastic Dynamic Engineering Systems, Proceedings of I. U. T. A. M. Symposium Springer-Verlag,New York,1987,381-391.

[6.37] Zhu,W. Q. and Lin,Y. K. :Stochastic averaging of energy envelope. A. S. C. E. ,Journal of Engineering Mechanics 117(8),1991,1890-1905.

[6.38] Spanos,P. D. and Red-Horse,J. R. :Nonstationary solution in nonlinear random vibration. A. S. C. E. J. of Eng. Mech. 114(11)(1988),1929-1943.

[6.39] Red-Horse,J. R. and Spanos,P. D. :A closed form solution for a class of non-stationary nonlinear random vibration problems. Ziegler,F. and Schuëller,G. I. :Nonlinear Stochastic Dynamic Engineering Systems,Proc. I. U. T. A. M. Symposium,Springer-Verlag,New York,1987,393-403.

[6.40] Red-Horse,J. R. and Spanos,P. D. :A generalization to stochastic averaging in random vibration. Int. J. of Non-Linear Mechanics 27(1)(1992),85-101.

[6.41] To,C. W. S. :On stochastic averaging method of energy envelope. Journal of Sound and Vibration 212(1)(1998),165-172.

[6.42] Lin, A. : A numerical evaluation of the method of equivalent nonlinearization. Ph. D. Thesis,California Institute of Technology,1988.

[6.43] Soong, T. T. and Grigoriu, M. : Random Vibration of Mechanical and Structural Systems. Prentice-Hall,Englewood Cliffs,New Jersey,1993.

[6.44] Sethna,P. R. and Orey,S. :Some asymptotic results for a class of stochastic systems with parametric excitations. International Journal of Non-Linear Mechanics 15(1980),431-441.

[6.45] Sethna,P. R. :Method of averaging for systems bounded for positive time. Journal of Mathematical Analysis and Applications 41(1973),621-631.

[6.46] Sethna,P. R. :An extension of the method of averaging. Quarterly of Applied Mathematics 25(1967),205-211.

[6.47] Brüchner,A. and Lin,Y. K. :Application of complex stochastic averaging to nonlinear random vibration problems. International Journal of Non-Linear Mechanics 22(1987),237-250.

[6.48] Ariaratnam, S. T. and Tam, D. S. F. : Parametric random excitation of a damped Mathieu oscillator. Z. angew. Math. Mech. 56(1976),449-452.

[6.49] Rajan,S. and Davies,H. G. :Multiple time scaling of the response of a Duffing oscillator to narrow-band random excitation. Journal of Sound and Vibration 123(3)(1988),497-506.

[6.50] Davies,H. G. and Liu,Q. :On the narrow band random response distribution function of a nonlinear oscillator. International Journal of Non-Linear Mechanics 27(5)(1992),805-816.

[6.51] Baxter, G. K.: The nonlinear response of mechanical systems to parametric random excitation. Ph. D. Thesis, University of Syracuse, 1971.

[6.52] Schmidt, G.: Vibrations caused by simultaneous random forces and parametric excitations. Z. Angew. Math. Mekh. 60(9)(1981),409-419(in German).

[6.53] To, C. W. S. and Lin, R.: Bifurcations in a stochastically disturbed nonlinear two-degree-of-freedom system. J. of Struct. Safety 6(1989),223-231.

[6.54] Dimentberg, M. F.: Subharmonic response in a system with a randomly varying natural frequency. Appl. Math. Mech. 31(4)(Prikl. Mat. Mekh. 31(4),747-748)(1967),761-762.

[6.55] Lin, R., To, C. W. S., Lu, Q. S. and Huang, K. L.: Secondary bifurcations in two nonlinearly coupled oscillators. J. Sound and Vibr. 162(2)(1993),225-250.

[6.56] Schmidt, G. and Tondl, A.: Non-Linear Vibrations. Cambridge University Press, New York, 1986.

[6.57] Lin, Y. K. and Cai, G. Q.: Probabilistic Structural Dynamics: Advanced Theory and Applications. McGraw-Hill, Inc., New York, 1995.

[6.58] Fujimori, Y., Lin, Y. K. and Ariaratnam, S. T.: Rotor blade stability in turbulen-ce flow, Part II. A. I. A. A. Journal 17(7)(1979),673-678.

## 第7章

[7.1] Cumming, I. G.: Derivation of the moments of a continuous stochastic system. Inter-national Journal of Control 5(1)(1967),85-90.

[7.2] Bellman, R. and Richardson, J. M.: Closure and preservation of moment properties. J. of Math. Analysis and Applications 23(1968),639-644.

[7.3] Wilcox, R. M. and Bellman, R.: Truncation and preservation of moment properties for Fokker-Planck equation. Journal of Mathematical Analysis and Applications 37(1970),532-542.

[7.4] Crandall, S. H.: Heuristic and equivalent linearization techniques for random vibration of non-linear oscillators. Proc. 8th Int. Conf. on Non-Linear Oscillation, volume 1, Academia, Prague, 1978, 211-226.

[7.5] Iyengar, R. N. and Dash, P. K.: Study of the random vibration of nonlinear systems by the Gaussian closure technique. Trans. A. S. M. E. Journal of Applied Mechanics 45(1978),393-399.

[7.6] Wu, W. F. and Lin, Y. K.: Cumulant-neglect closure for non-linear oscillators under random parametric and external excitations. International Journal of Non-Linear Mechanics 19(4)(1984),349-362.

[7.7] Ibrahim, R. A. and Soundararajan, A.: Non-linear parametric liquid sloshing under wide band random excitation. Journal of Sound and Vibration 91(1)(1983),119–134.

[7.8] Ibrahim, R. A. and Heo, H.: Auto-parametric vibration of coupled beams under random support motion. American Society of Mechanical Engineers, Paper No. 85–DET–184, 1985.

[7.9] Ibrahim, R. A. and Heo, H.: Structural modal analysis under random external and parametric excitations. Proceedings of the 3rd International Modal Analysis Conference, volume 1, Orlando, Florida, 1985, 360–366.

[7.10] Ibrahim, R. A.: Numerical solution of non-linear problems in structural dynamics. Proceedings of the International Conference on Computational Mechanics, volume 2, Tokyo, Japan, 1986, 155–160.

[7.11] Ibrahim, R. A.: Parametric Random Vibration, John Wiley and Sons, Inc., New York, 1985.

[7.12] Sun, J. Q. and Hsu, C. S.: Cumulant-neglect closure method for nonlinear systems under random excitations. Trans. A. S. M. E. Journal of Applied Mechanics 54(1987), 649–655.

[7.13] Dimentberg, M. F.: An exact solution to a certain non-linear random vibration problem. Int. J. of Non-Linear Mechanics 17(4)(1982), 231–236.

[7.14] Ibrahim, R. A. and Soundararajan, A.: An improved approach for random parametric response of dynamic systems with non-linear inertia. International Journal of Non-Linear Mechanics 20(4)(1985), 309–323.

[7.15] Crandall, S. H.: Non-Gaussian closure for random vibration of nonlinear oscillator. Int. Journal of Non-Linear Mechanics 15(1980), 303–313.

[7.16] Liu, Q. and Davies, H. G.: Application of non-Gaussian closure to the nonstationary response of A Duffing oscillator. International Journal of Non-Linear Mechanics 23(3)(1988), 241–250.

[7.17] Liu, Q. and Davies, H. G.: The non-stationary response probability density functions of non-linearly damped oscillators subjected to white noise excitations. Journal of Sound and Vibration 139(3)(1990), 425–435.

[7.18] Liu, Q.: On non-Gaussian closure in nonlinear random vibration analysis: Theory, computation and applications. Research Report, Dept. of Mechanical Engineering, University of New Brunswick, Fredericton, Canada, 1990.

[7.19] Noori, M., Davoodi, H. and Saffer, A.: An Itô-based general approximation method for random vibration of hysteretic systems, Part I: Gaussian analysis. Journal of Sound and Vibration 127(2)(1988), 331–342.

[7.20] Noori, M. and Davoodi, H.: Extension of an Itô-based general approximation technique for random vibration of a BBW general hysteretic model, Part II: Non-Gaussian analysis. J. of Sound and Vibration 140(2)(1989), 319–339.

[7.21] Ibrahim, R. A. and Li, W.: Structural modal interaction with combination internal resonance under wide-band random excitation. Journal of Sound and Vibration 123(3)(1988),473–495.

[7.22] Lin,Y. K. and Cai,G. Q.:Probabilistic Structural Dynamics:Advanced Theory and Applications. McGraw-Hill,Inc.,New York,1995.

[7.23] Roberts,J. B. and Spanos,P. D.:Random Vibration and Statistical Linearization. Wiley, New York,1990.

[7.24] Soong,T. T. and Grigoriu,M.:Random Vibration of Mechanical and Structural Systems. Prentice-Hall,Englewood Cliffs,New Jersey,1993.

[7.25] Fan,F. G. and Ahmadi,G.:On loss of accuracy and non-uniqueness of solutions generated by equivalent linearization and cumulant-neglect methods. Journal of Sound and Vibration 137(3)(1990),385–401.

[7.26] Bergman,L. A.,Wojtkiewicz,S. F.,Johnson,E. A. and Spencer,B. F.:Some reflections on the efficacy of moment closure methods. Spanos,P. D.(Ed.):Proc. of 2nd Int. Conf. on Comput. Stochastic Mechanics:Computational Stochastic Mechanics,Athens,Greece,12–15 June 1994,87–95.

[7.27] Crandall,S. H.:Perturbation techniques for random vibration of nonlinear systems. J. of the Acoustical Society of America 35(1)(1963),1700–1705.

[7.28] Crandall,S. H.,Khabbaz,G. R. and Manning,J. E.:Random vibration of an oscillator with nonlinear damping. Journal of the Acoustical Society of America 36(7)(1964),1330–1334.

[7.29] Crandall,S. H.:The spectrum of random vibration of a nonlinear oscillator. Pr-oc. 11th Int. Congress on Appl. Mechanics,Munich,Germany,1964.

[7.30] Shimogo,T.:Nonlinear vibrations of systems with random loading. Bulletin of the Japanese Society of Mechanical Engineers 6(1963),44–52.

[7.31] Shimogo,T.:Unsymmetrical nonlinear vibration of systems with random loading. Bulletin of the Japanese Society of Mech. Eng. 6(1963),53–59.

[7.32] Khabbaz,G. R.:Power spectral density of the response of a non-linear system to random excitation. J. Acoust. Soc. of America 38(5)(1965),847–850.

[7.33] Manning,J. E.:Response spectra for nonlinear oscillators. Trans. A. S. M. E. Journal of Engineering for Industries 97(1975),1223–1226.

[7.34] Tung,C. C.:The effects of runway roughness on the dynamic response of airpla-nes. Journal of Sound and Vibration 5(1)(1967),164–172.

[7.35] Newland,D. E.:Energy sharing in the random vibration of nonlinearly coupled modes. J. of Inst. of Math. and Appl. 1(3)(1965),199–207.

[7.36] Soni,S. R. and Surrendran,K.:Transient response of nonlinear systems to statio-nary random excitation. Trans. A. S. M. E. Journal of Applied Mechanics 42(1975),891–893.

[7.37] Foss,K.:Co-ordinates which uncouple the equations of motion of damped linear dynamic systems. Technical Report 25-20, M. I. T. , 1956.

[7.38] Lipsett, A. W. : Nonlinear structural response in random waves. A. S. C. E. Journal of Structural Engineering 112(11)(1986), 2416-2429.

[7.39] Rajan, S. and Davies, H. G. : Multiple time scaling of the response of a Duffing oscillator to narrow band random excitation. Journal of Sound and Vibration 123(1988), 497-506.

[7.40] Wiener, N. : Nonlinear Problems in Random Theory. Technology Press, Massachus-etts Institute of Technology and John Wiley and Sons, 1958.

[7.41] Barrett, J. F. : The use of functionals in the analysis of non-linear physical problems. Journal of Electronics and Control 15(6)(1963).

[7.42] Bedrosian, E. and Rice, S. O. : The output properties of Volterra systems (Nonlinear systems with memory) driven by harmonic and Gaussian inputs. Proceedings of the I. E. E. E. 59(12)(1971), 1688-1707.

[7.43] Dalzell, J. F. : Estimation of the spectrum of nonlinear ship rolling: The functional series approach. Report SIT-DL-76-1894, Davidson Labs. , Stevens Institute of Technology, New Jersey, May 1976.

[7.44] Schetzen, M. : The Volterra and Wiener Theories of Nonlinear Systems. John Wiley Interscience Publication, New York, 1980.

[7.45] Boyd, S. and Chua, L. O. : Fading memory and the problem of approximating nonlinear operators with Volterra series. I. E. E. E. Transactions on Circuits and Systems 32(11)(1985), 1150-1161.

[7.46] Manson, G. : Analysis of nonlinear mechanical systems using the Volterra series. Ph. D. Thesis, Victoria Univ. of Manchester, United Kingdom, 1996.

[7.47] Bendat, J. S. : Non-Linear System Analysis and Identification from Random Data. John Wiley, New York, 1990.

[7.48] Worden, K. , Manson, G. and Tomlinson, G. R. : Pseudo-nonlinearities in engineering structures. Proc. Royal Soc. London A 445(1994), 193-220.

[7.49] Cameron, R. H. and Martin, W. T. : The orthogonal development of nonlinear functionals in series of Fourier-Hermite functionals. Annals of Mathematics 48(1947), 385-392.

[7.50] Meecham, W. C. and S iegel, A. : Wiener-Hermite expansion in model turbulence at large Reynolds numbers. Physics of Fluids 7(1964), 1178-1190.

[7.51] Orabi, I. I. and Ahmadi, G. : A functional series expansion method for response analysis of nonlinear systems subjected to random excitations. International Journal of Non-Linear Mechanics 22(6)(1987), 451-465.

[7.52] Orabi, I. I. and Ahmadi, G. : Nonstationary response analysis of a Duffing oscillator by the Wiener-Hermite expansion method. Trans. A. S. M. E. Journal of Applied Mechanics 54(1987),

434-440.

[7.53] Roy, R. V. and Spanos, P. D.: Wiener-Hermite functional representation of nonli-near stochastic systems. Structural Safety 6(1989), 187-202.

[7.54] Ahmadi, G. and Orabi, I. I.: Equivalence of single-term Wiener-Hermite and equivalent linearization techniques. Journal of Sound and Vibration 118(2)(1987), 307-311.

# 附 录

[A.1] Tsokos, C. P.: Probability Distributions: An Introduction to Probability Theory with Applications. Duxbury Press, Belmont, California, 1972.

[A.2] Kolmogorov, A. N.: Foundations of the Theory of Probability. Chelsea Publishing Company, New York, 1936 (Translated from Kolmogorov, A. N.: Grundbegriffe der Wahrscheinlichkeitsrechnung. Ergeb. Mat. Und ihrer Grenzg. 2(3), 1933).

[A.3] Priestley, M. B.: Power spectral analysis of nonstationary random processes. Journal of Sound and Vibration 6(1967), 86-97.

[A.4] Priestley, M. B.: Evolutionary spectra and nonstationary processes. Journal of Royal Statistical Society B, 27(1965), 204-237.

[A.5] Priestley, M. B.: Design relations for nonstationary processes. Journal of Royal Statistical Society B, 28(1966), 228-240.

[A.6] Lin, Y. K.: Probabilistic Theory of Structural Dynamics. McGraw-Hill, New York, 1967.